Caroline Prenn
Paul van Marcke

Projektkompass eLogistik

Business Computing

Bücher und neue Medien aus der Reihe Business Computing verknüpfen aktuelles Wissen aus der Informationstechnologie mit Fragestellungen aus dem Management. Sie richten sich insbesondere an IT-Verantwortliche in Unternehmen und Organisationen sowie an Berater und IT-Dozenten.

In der Reihe sind bisher erschienen:

SAP, Arbeit, Management
von AFOS

Modernes Projektmanagement
von Erik Wischnewski

Projektmanagement für das Bauwesen
von Erik Wischnewski

Projektmanagement interaktiv
von Gerda M. Süß
und Dieter Eschlbeck

Elektronische Kundenintegration
von André R. Probst
und Dieter Wenger

Moderne Organisationskonzeptionen
von Helmut Wittlage

SAP® R/3® im Mittelstand
von Olaf Jacob und Hans-Jürgen Uhink

Unternehmenserfolg im Internet
von Frank Lampe

Electronic Commerce
von Markus Deutsch

Client/Server
von Wolfhard von Thienen

Computer Based Marketing
von Hajo Hippner, Matthias Meyer
und Klaus D. Wilde (Hrsg.)

Dispositionsparameter von SAP® R/3-PP®
von Jörg Dittrich, Peter Mertens
und Michael Hau

Marketing und Electronic Commerce
von Frank Lampe

Projektkompass SAP®
von AFOS und Andreas Blume

Projektleitfaden Internetpraxis
von Michael E. Sträubig

Existenzgründung im Internet
von Christoph Ludewig

Joint Requirements Engineering
von Georg Herzwurm

Controlling von Projekten mit SAP R/3®
von Stefan Röger, Frank Morelli
und Antonio del Mondo

Silicon Valley – Made in Germany
von Christoph Ludewig, Dirk Buschmann
und Nicolai Oliver Herbrand

Data Mining im praktischen Einsatz
von Paul Alpar
und Joachim Niedereichholz (Hrsg.)

Die E-Commerce Studie
von Karsten Gareis, Werner Korte
und Markus Deutsch

Supply Chain Management
von Oliver Lawrenz, Knut Hildebrand,
Michael Nenninger und Thomas Hillek

B2B-Erfolg durch eMarkets
von Michael Nenninger
und Oliver Lawrenz

Der CMS-Guide
von Jürgen Lohr und Andreas Deppe

Optimising Business Performance with Standard Software Systems
von Heinz-Dieter Knöll, Lukas W. H. Kühl,
Roland W. A. Kühl und Robert Moreton

Geschäftsprozesse mit Mobile Computing
von Detlef Hartmann (Hrsg.)

Projektkompass eLogistik
von Caroline Prenn
und Paul van Marcke

Vieweg

Caroline Prenn
Paul van Marcke

Projektkompass eLogistik

**Effiziente B2B-Lösungen:
Konzeption, Implementierung, Realisierung**

Die Deutsche Bibliothek – CIP-Einheitsaufnahme
Ein Titeldatensatz für diese Publikation ist bei
Der Deutschen Bibliothek erhältlich.

SAP® ist ein ein eingetragenes Warenzeichen der SAP Aktiengesellschaft Systeme, Anwendungen, Produkte in der Datenverarbeitung, Neurottstr. 16, D-69190 Walldorf. Die Autoren bedanken sich für die freundliche Genehmigung der SAP Aktiengesellschaft, die genannten Warenzeichen im Rahmen des vorliegenden Titels zu verwenden. Die SAP AG ist jedoch nicht Herausgeberin des vorliegenden Titels oder sonst dafür presserechtlich verantwortlich.

1. Auflage März 2002

Alle Rechte vorbehalten
© Springer Fachmedien Wiesbaden 2002
Ursprünglich erschienen bei Friedr. Vieweg & Sohn Verlagsgesellschaft mbH, Braunschweig/Wiesbaden, 2002
Softcover reprint of the hardcover 1st edition 2002

www.vieweg.de

Das Werk einschließlich aller seiner Teile ist urheberrechtlich geschützt. Jede Verwertung außerhalb der engen Grenzen des Urheberrechtsgesetzes ist ohne Zustimmung des Verlags unzulässig und strafbar. Das gilt insbesondere für Vervielfältigungen, Übersetzungen, Mikroverfilmungen und die Einspeicherung und Verarbeitung in elektronischen Systemen.

Die Wiedergabe von Gebrauchsnamen, Handelsnamen, Warenbezeichnungen usw. in diesem Werk berechtigt auch ohne besondere Kennzeichnung nicht zu der Annahme, dass solche Namen im Sinne der Warenzeichen- und Markenschutz-Gesetzgebung als frei zu betrachten wären und daher von jedermann benutzt werden dürften.

Konzeption und Layout des Umschlags: Ulrike Weigel, www.CorporateDesignGroup.de
Gedruckt auf säurefreiem und chlorfrei gebleichtem Papier.
ISBN 978-3-322-84978-6   ISBN 978-3-322-84977-9 (eBook)
DOI 10.1007/ 978-3-322-84977-9

Vorwort

Aufgrund unzähliger Spannungsfelder zwischen dem theoretischen und praktischen Aufbau von B2B-Lösungen, haben wir unsere Erkenntnisse und Beobachtungen zu Weiterentwicklungen zusammengefasst. Die wilde Ansammlung von Studien und Fakten zum Thema B2B resultiert in einem komplexen Wust von B2B-Beschreibungen mit deren optimaler Lösung und Umsetzung. Diese Komplexität kann vom Normalverbraucher gar nicht durchschaut werden.

Eine Lösung muss auf einer individuellen Strategie basieren, und somit wandeln sich bestehenden fixe Gedankenmodelle und Lösungen.

Drei Hauptfragen dienten als Grundeckpfeiler unserer Überlegungen:

- Was muss B2B leisten und verbessern können?

- Warum ist diese Leistungsbeschreibung
  wichtig?

- Was darf B2B kosten?

Unsere Recherche orientierte sich nach folgender Gliederung:

- I: B2B   ein Phänomen?

- II: Spannungsfelder in der Praxis

- III: Spannungsfelder in der Theorie

- IV: Modellierung der Weiterentwicklungen

Aus unseren Untersuchungen kristallisierte sich die Kernproblematik heraus: Die optimale B2B-Umsetzung der Materialbewirtschaftung (Supply Chain Management), deren Fulfilment sowie kontinuierliche Leistungsmessung und -bewertung.

Mit Fokus auf oben genannte Geschäftsprozesse weisen wir auf Problemfelder sowie Risiken hin und schlagen verschiedene heuristische Gestaltungsmodelle mit erweiterten Vermarktungsmöglichkeiten vor, um damit die gewünschte Kundenzufriedenheit zu erzielen. Zur Vereinheitlichung sämtlicher Rechen- und Strategiemodelle legten wir die Daten auf den multinationalen luxemburgischen Konzern <u>Nouvo Rich Eisenwaren AG</u> - eine Firma, deren Name und Geschäftsdaten fiktiv sind - um.

Zur Einteilung der Kapitel: Jedes für uns interessante Spannungsfeld wurde in einem Kapitel beschrieben. Die daraus folgenden Weiterentwicklungen wurden mit Rechenbeispielen dokumentiert. Definitionen und Begriffe werden Schritt für Schritt erläutert. Hinsichtlich der aktuellen unübersichtlichen Informationsansammlung zum Thema rechtfertigt sich dieses Vorgehen. Um die Zusammenhänge der einzelnen Definitionen und Begriffe zu erkennen, wird auf das entsprechende Kapitel verwiesen.

Die Ergebnisse sollen nicht als wissenschaftliche Studie gesehen werden, sondern als ein Erfahrungsbericht bzw. Leitfaden für die Implementierung von eLogistic-Lösungen mit Ansatzpunkten, Denkmodellen und Orientierungshilfen.

Vaduz, Fürstentum Liechtenstein und Feldkirch, Österreich, im Februar 2002, Caroline Prenn und Paul van Marcke.

Inhaltsverzeichnis

Abbildungsverzeichnis

child, thee are not mine, go & do well. do not mind my crying,
for that's the way we are.
only this i ask: love me beyond the grave, for then i'll know,
i've done thee well[1]

I   Das Phänomen B2B

---

[1] Vgl. Yann. CHILD.

if i've got to write this / i've got to write this swift / i've got to endure words /
that soon may pass
so if i write this / i've got to write this well / simple in words /
for words are world's best act / i can tell [2]

B2B:Definitionen - Umfeld

1.1   Definitionen

Die angestrebte E-Orientierung einer Firma basiert auf deren Geschäftsmodell. Prinzipiell lassen sich drei komplementäre Modelle unterscheiden:

Modell	Geschäftsaktivität
Internet	Anbieter: Handel, Hersteller
Business-to-Consumer (B2C)	Zielgruppe: Endverbrauchermarkt
	Ansprache einer offenen Benutzergruppe
	Verkauf von Produkten und Dienstleistungen
Intranet	Anbieter: Unternehmen
Business-to-Employee	Zielgruppe: Unternehmenspersonal
	Einbindung von Unternehmenslieferanten, Optimierung des internen Bestellwesens
	Bestellung von allg. Bürobedarf
Extranet	Anbieter: Hersteller, Händler
Business-to-Business (B2B)	Zielgruppe: Fach-/Einzelhändler, Lieferanten, Zulieferer
	Ansprache einer geschlossenen Benutzergruppe

Electronic Commerce (B2C) beschreibt den Handel zwischen Konsumenten und Händlern (B2C) und ist somit auf **Internet** ausgerichtet. Wunschartikel werden elektronisch frei gewählt.

---

[2] Vgl. Yann. PIRATES.

Über Preise, Lieferkonditionen und Lieferzeit kann nicht mehr verhandelt werden.

E-Business (B2B) bindet Kunden und Anbieter aufgrund individuell ausgehandelter Kaufverträge („negotiated deals") für beratungsintensive Güterportfolios („durables") und Verbrauchsartikel („consumables"). Preise, Lieferkonditionen und Lieferzeit sind nur einige von vielen Attributen, welche kundenspezifisch gespeichert und später verwaltet werden müssen. B2B beruht auf Extranet, bekannt von EDI-gestützten Transaktionen in der Logistik von Großkunden. Neben Handelsvertretung, Ladenverkauf, Tele-Marketing, EDI etc. entpuppt sich B2B als neuartiger und selbständiger Absatzkanal.

Einige Zahlen zur Anschauung

F&E-Abteilungen renommierter Softwarehäuser entwickeln Programme für das Bestellwesen mit Eingangskapazitäten von 200.000 Bestelllinien pro Stunde oder einer Million pro Tag (E-Commerce). Doch gestützt auf die obige Definition von B2B sind bei mittleren Konzernen hundert E-Business-Transaktionen pro Tag noch ein fast unüberwindbares Ziel. Angenommen ein Marktgebiet zählt 200.000 Kunden mit 10 % Key Accounts. Bei einem Angebot über 250 Artikelnummern führt die elektronische Ablage der Preise für diese Key Accounts ohne sonstige Konditionen zu einer Preis-/Kunden-Matrix von 5×10^6 Positionen, oder anders ausgedrückt, zu einem „Basar Pricing"[3] in Abhängigkeit der individuellen Preisbereitschaft der Kunden.

Im Moment dient B2B noch primär dem Informationsangebot und nicht dem Bestellwesen. Aufgrund von Erfahrungswerten liegt der EDI-Verkehr bei 1,5 % aller Bestelllinien eines Marktes. So setzt ein Markt mit täglich 6.000 bis 10.000 Bestelllinien die Rahmenbedingungen für das B2B-Geschäft bis maximal 120 Bestelllinien pro Tag. Der effektive Einfluss von Internet auf den Detailhandel kennt viele Abstufungen[4].

---

[3] Vgl. Simon. Schumann. Butscher.

[4] Vgl. Maruca.

Eine B2B-Lösung sollte daher auf vier Säulen aufbauen:

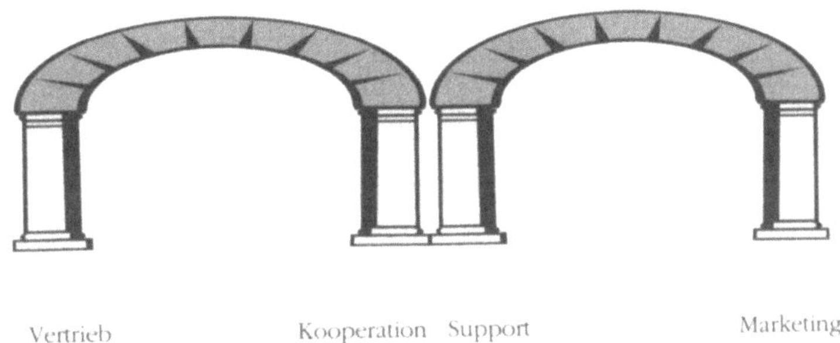

Abb. 1. Vier Säulen einer B2B – Lösung.

Der Begriff „Marktplatz" wird heute durch Bezeichnungen wie „Market" oder „Cyberspace" ersetzt[5]. Der Prozess des Handelns und nicht der Handel an sich wird vorrangig. E-Commerce, I-Store, E-Store, B2B und „E-Sonstiges" haben Folgendes gemeinsam: Marketingaktivitäten werden technisch zentralisiert[6] (R.B. Fuller: „Think global ..."). Die Auslieferung tendiert paradoxerweise durch globale E-Aktivitäten stark zur Dezentralisierung („... Act local!")[7].

1.2   Das Umfeld

1.2.1   Definition

B2B umfasst alle Handelsaktivitäten, die zwischen Industrie- und/oder Dienstleistungsunternehmen vollzogen werden. B2B-Lösungen der 2. Generation beziehen sich auf verbesserte Informationsflüsse, aber auch auf erweiterte Zusammenarbeit und das anbieten zustätzlicher Services.

---

[5] Vgl. Rayport. Sviokla.

[6] Vgl. Drucker.

[7] Vgl. Dubois.

Sie ermöglichen den Unternehmen neue Wege des Handelns, gemeinsam mit dem sie umgebenden Netzwerk von Zulieferern und Abnehmern.

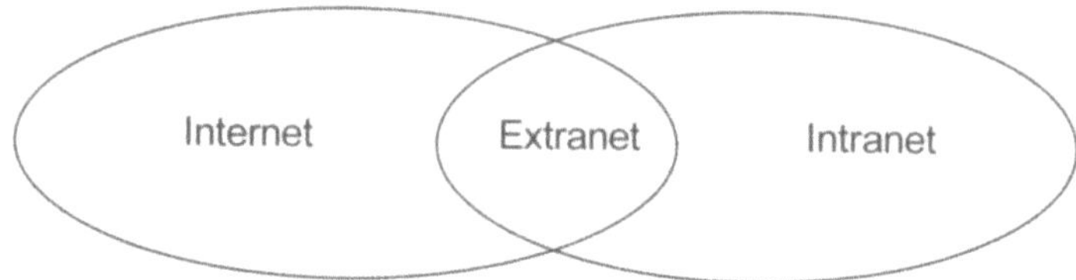

Abb. 2. Der Zusammenhang Inter-, Extra- und Intranet.

Internet: B2C: Business-to-Consumer

Extranet: B2B: Business-to-Business

Intranet: Business-to-Employee

Der Schlüssel zum Erfolg ist hier eindeutig: **INTEGRATION**!

B2B definiert das Verhältnis von Vertrieb und Einkauf neu. Es wird somit den traditionellen Maßstäben im Vertrieb die Möglichkeit geboten, Marktanteile neu zu gestalten[8] Zukunftsträchtige B2B-Angebote sollen Antwort darauf geben, was Unternehmen von wem, zu welchem Preis, wann und wo kaufen sollen.

Voraussetzungen dazu sind:

- Intranet – Knowledge Management und Enterprise Resource Planung

- Extranet – eProcurement und Supply Chain Management

---

[8] Vgl. von Dahlen.

Die Tragweite der Neudefinition traditioneller Werte bietet vor allem für den industriellen Handel einen Anreiz Mehrwert zu finden, beispielsweise durch sortimentspezifische IT-Hosting-Lösungen oder Konvertierungsservices bzw. Navigationsdienstleistungen[9]. Es ist zum Teil die Marktkonstellation, welche die Form des Marktplatzes bestimmt. Märkte, welche ein fragmentiertes Angebot und/oder eine fragmentierte Nachfrage kennen, wie beispielsweise im Gesundheits- oder Buchmarkt, bilden intermediärorientierte elektronische Marktplätze, d.h. sie bringen Marktteilnehmer zusammen[10]. **Potential:** Internet ist die virtuelle Filiale des Unternehmens, es ist ein Pre-Sell-Medium: 17 % der Käufe werden schon jetzt online vorbereitet[11]. Das Potential ist vielversprechend, aber von Branche zu Branche unterschiedlich. Alle Branchen haben dennoch eines gemeinsam: kurze Wege zwischen

- Kunde und Leistung,

- Geschäftspartner und Vertrieb,

- Produktentwicklung und Marketing.

Kurze Wege reduzieren die Kosten, während sie gleichzeitig die Reaktionsfähigkeit gegenüber dem Markt erhöhen.

1.2.2 Chancen und Risiken

B2B verspricht viel: Kosten senken, neue Märkte erschließen, Umsätze steigern. Doch wo liegt dabei der Haken? Probleme liegen in den Absatzkanälen, so laut die Analysten:

- „Das Extranet ermöglicht den direkten Kontakt zu Abnehmern, auch für die produzierenden Unternehmen."

- „Der Zwischenhandel ist tot."

- „Setzen Sie auf neue Formen der Absatzvermittlung und nutzen Sie innovative Formen, die Nachfrage und Angebot zusammenbringen."

---

[9] Vgl. von Dahlen.

[10] Vgl. Hanser.

[11] Internet. electronic-commerce.org.

Was tun?

Vor dieser Frage stehen nicht nur einzelne Unternehmen, sondern dazu kommt, dass das Portfolio der elektronischen Optionen sehr vielfältig ist:

- direkter Absatz,

- Versteigerungen,

- Mengenrabatte und

- Bonusprogramme für Einkaufsgemeinschaften.

Alle stehen sie neben Kunden- und Händlerbindung durch Extranets hoch im Kurs (Siehe Kapitel „Einkaufsmodelle"). Hinter dem Schlagwort von „**Channel Conflict**" verbirgt sich eine Reihe von weiteren Problemen:

- Rechnungsstellung und Inkasso

- Bestandhaltung und Produkt- oder Sortiments-anpassung

- Logistik

- Kundenservice

- Marketing

Ein „Channel-Conflict" ist vermeidbar, wenn Hersteller und Vertriebspartner gemeinsam vorgehen. Bei „pure-play" Internetfirmen gibt es keinen „Channel Conflict", zumindest was das Management unterschiedlicher Vertriebsmöglichkeiten betrifft. Die in der intensivierten Kommunikation erzielte Transparenz bildet die Basis für radikal geänderte Beziehungen der Handelspartner und häufig für ganz neue Geschäftsmodelle.

Wie werden die angekündigten Effizienzsteigerungen im Informationsaustausch, im Einkauf, im Absatz und Beschaffung vonstatten gehen?

Wie werden interne und externe Suchkosten ebenso wie Marketingprozesse optimiert und neue Umsatzquellen erschlossen?

1.3	**Formen von B2B**

1. Produktorientierter B2B-Handel[12]:

- *Massenguthandel* (Preis alleiniges Entscheidungsparameter, besonderes Produkt-Know-how ist weniger wichtig als Kenntnis der Beschaffungs- und Absatzmärkte)

- *Spezialitätenhandel* (wichtig ist Produktkenntnis, Lagerhaltung, Herstellung, Verpackung, Lieferservice, Finanzierung)

2. Herstellerorientierter B2B-Handel:

- (ehemalige) *Werkhandelsgesellschaften* (wichtig hier ist Vertrieb kompletter Sortimente und zusätzliche Leistungen)

- *Handelsvertreter* (wichtig ist der Vertrieb des Kernsortiments, Erschließung neuer Abnehmer-kreise, Einführung neuer Produkte, zusätzliche Dienstleistungen wie Beratung, Produktschulung etc.)

3. Länderorientierter B2B-Handel:

- charakterisiert durch Nachfrageaus-richtung

- Wichtig ist hier ein spezielles Know-how bezüglich regionaler Beschaffungs- und Absatzmärkte an Lieferanten und Kunden mit spezieller Orientierung an bestimmten Produkten und guten Kontakte zu Kunden.

4. Verwenderorientierter B2B-Handel:

- *Branchenorientiert*: Wichtig ist hier die Orientierung auf die Bedürfnisse spezieller Anwenderbranchen mit hoher Fachkompetenz und professionellen Problemlösungen. Dies lässt hohe und dauerhafte Präferenzen des Kunden auf das Unternehmen entstehen. Gefahr: Bindung an eine Abnehmerbranche, die Abhängigkeit von saisonalen oder konjunkturellen Schwankungen zur Folge hat.

---

[12] Vgl. Beisheim.

Die starke Ausrichtung auf den Kunden bietet aber die Möglichkeit zu langfristigen Profilierung am Markt. **Gefahren:** „Full-line obsession" oder ausufernde Sortimente mit Service im übertriebenen Maße, die keine Erlöse bringen.

- *Anwenderorientiert:* Hier steht die Lösung technischer und Abwicklungsproblemen (Anlagenhandel, Kompensationshandel) im Vordergrund. Zur Lösung von Beschaffungsproblemen (technischer Versandhandel) bietet hier das Unternehmen seine Waren per Katalog an und löst spezielle Beschaffungsprobleme. Prinzipiell können dadurch alle Funktionen übernommen werden, die sich mit der Distribution im B2B-Bereich befassen. In der Realität haben sich einzelne Spezialisierungen der Händler auf bestimmte Bereiche bzw. spezielle Funktionskombinationen herausgebildet.

1.4   Ausnutzung der Wertschöpfungskette

Prozessorientierte Herausforderung an den B2B-Handel

<u>Kern:</u> Durch den verschärften Wettbewerb sind die Wertschöpfungsprozesse und die damit zusammenhängenden Formen der Arbeitsteilung einem immer schnelleren Wandel unterzogen.

Die Unternehmen konzentrieren sich auf ihre Kernkompetenzen und -prozesse, was ein vermehrtes Outsourcing von Aktivitäten in vor- und nachgelagerten Branchen zur Folge hat. B2B-Handel ist das Verbindungsglied zwischen den verschiedenen Wertschöpfungsketten und führt zu weitreichenden Auswirkungen. Diese Entwicklung hat Konsequenzen auf die klassisch-konventionelle Wertekette:

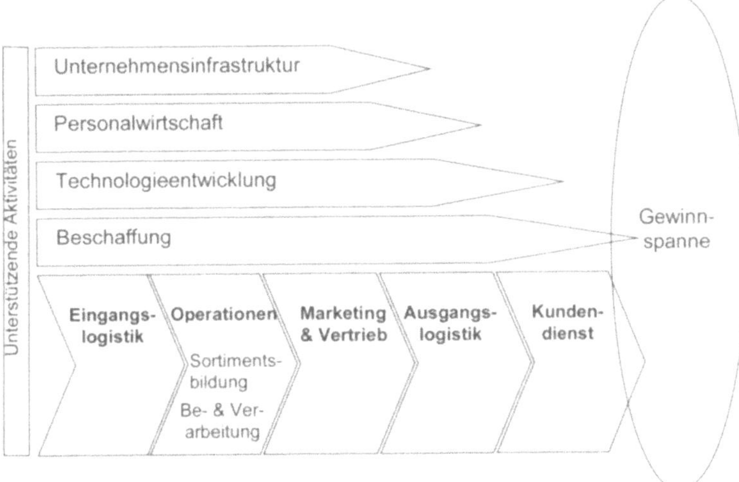

Abb. 3. Die klassisch-konventionelle Wertekette.

B2B bezieht sich vor allem auf die Prozessmodellierung der primären und unterstützenden Aktivitäten. Je nach Geschäftsmodell müssen die unterstützenden Aktivitäten angepasst werden. Hierbei existieren die wesentlichsten betriebstypenspezifischen Unterschiede zwischen den Händlern im Bereich der Operationen. Die verschiedenen Handelsbetriebe haben jeweils in unterschiedlichem Maße ihre Produktionskapazitäten aufgebaut und nehmen jeweils unterschiedliche Be- und Verarbeitungsfunktionen wahr.

1.5   Chancen einer modifizierten Wertekette

Für die Händler: Durch Fremdbezug auf Beschaffungs- und Absatzmärkten des B2B-Handels ergeben sich **Wachstumsmöglichkeiten** für die Händler. Diese liegen in der Übernahme von Produktions-, Be- und Verarbeitungstätigkeiten von Zulieferer- und Abnehmerseite. Auf der einen Seite wird der Händler so zum Konkurrenten der Produktionsbetriebe. Auf der anderen Seite kann er dadurch, dass er für die Produkte seiner Zulieferer Be- und Verarbeitungsleistungen offeriert, mit diesen auch eine Wertschöpfungspartnerschaft bilden, so dass sich für beide Seiten Vorteile ergeben.

Für den Zulieferer: Dem Zulieferer erwachsen durch Ausgliederung der Be- und Verarbeitungsleistungen an die Händler **Kostenvorteile**. Die Handelsbetriebe dürften durch ihre größere Nähe zu den Abnehmern sowie Spezialisierungsvorteilen die Vorarbeitungsleistungen in aller Regel effizienter als die Produktionsbetriebe erbringen. Kann das Angebot der Zulieferer aber konzentriert werden (trotz fragmentierter Nachfrage), so besitzen Verkäufersites von Zulieferer die besten Chancen (z. B. fasst www.rubbernet-work.com die sechs größten Reifenhersteller der Welt zusammen)[13].

Für den Abnehmer: Hier ergeben sich Vorteile, indem **Anpassungen** der Waren durch den Händler **an ihre speziellen Gegebenheiten** übernommen werden, die sie ansonsten selbst vornehmen müssten. Die Durchführung der Be- und Verarbeitung durch die Händler bzw. der Zukauf der vollständigen Leistung durch die Abnehmer verbessert die Kostensituation der Nachfrager durch die Umwandlung von fixen Kosten in variable. Somit wird eine flexiblere Anpassung an die jeweilige Nachfragesituation erleichtert.

Je standardisierter ein Produkt, desto größer sind die potentiellen Einsparungen für Kunden, bei der Suche und Auswahl über das Netz. Eine <u>Bain-Studie</u> zeigt, dass die Websuche nach einem Buch (i. e. ein standardisiertes Produkt) die Suchkosten um 67 Prozent gegenüber dem manuellen Suchaufwand im Laden reduziert. Bei einem nicht standardisierten Produkt (z. B. ein Traktor) beträgt dieser Vorteil 30 Prozent[14]. Die **Risiken** sind: Abnehmer verlangen immer häufiger maßgeschneiderte, individuelle Leistungen.

Steigende Leistungsindividualisierung

Der immer stärker werdende Wettbewerb stellt Anforderungen an die qualitative Handelsfunktion der B2B-Händler, d.h. ein optimales Management der Wertekette „Hersteller – B2B-Handel – Nachfrager" ist zu gewährleisten.

---

[13] Vgl. Hanser.

[14] Vgl. Hanser.

Bei der Definition der Herstellerleistung einer B2B-Lösung ist die Übermittlung der kundenseitigen Informationen über die spezifische Leistung durch den Hersteller, zwingend erforderlich. Dies gilt insbesondere für Kunden, welche die von einem technischen Händler gelieferten Artikel in die von ihnen gefertigten Produkte einbauen (**OEM**: Original Equipment Manufacturer) sollten. Um die fachliche Beratung der Abnehmer sicherzustellen, ist eine enge Zusammenarbeit zwischen technischem Händler und Konstrukteur erforderlich.

Fazit

Veränderte Marktbedingungen auf der Zulieferer- und Abnehmerseite des B2B-Handels führen zu einer Neugestaltung der Arbeitsteilung zwischen Hersteller- und Handelsunternehmen. An die damit einhergehende Differenzierung bzw. Individualisierung der Nachfrage muss sich der Handel oftmals durch eine Ausweitung seines Leistungsangebotes anpassen.

Der Wandel im Leistungsangebot

In einer dynamischen Umwelt wird auch der B2B-Handel zukünftig einem permanenten Wandel ausgesetzt sein. Neue Technologien und seine besondere Kundennähe stellen nicht nur Anforderungen, sondern eröffnen auch Chancen, die flexiblen Handelsbetrieben die Durchsetzung von Innovationen ermöglicht und somit das Überleben sichert. So existieren inzwischen im verwenderorientierten B2B-Handel technische Handelsbetriebe, die ihren Vertrieb nur über das Internet abwickeln, wobei das angebotene Produktspektrum stark standardisiert ist. Die Produktauswahl, Bestellung und Abwicklung kann dann über elektronische Kataloge vorgenommen werden, die der Händler im Netz bereitstellt und indem er mit ausgewählten Lieferanten zusammenarbeitet. Auch die Anbindung an Abrechnungssysteme ist möglich.

Für individuelle Problemlösungen ist das Internet weniger oder gar nicht geeignet. Der elektronische Vertrieb hat aber erhebliche Wettbewerbsvorteile, u.a. in den Dimensionen Lieferschnelligkeit, Kosten und Flexibilität ergeben.

Eine besondere Herausforderung ist aber der Aufbau einer partnerschaftlichen Zusammenarbeit mit der Zuliefererindustrie, denn der Absatzerfolg des Handelsbetriebes ist letztlich auch der Absatzerfolg des Zulieferers. Am Ende der Wertschöpfungskette stehen schließlich dieselben Kunden.

Aufbau netzgerechter Wertschöpfungsketten und Businesskonzepte

Die 1:1-Übertragung vom bestehenden Geschäftskonzept eines Unternehmens auf eine B2B-Lösung garantiert nichts als rote Zahlen. B2B der 2. Generation fordert Konzepte, die zum „Medium" Internet passen. Obwohl sich die Geschäftskonzepte für B2B äußerst dynamisch weiterentwickeln, lassen sich Erfolgsfaktoren ermitteln.

Zwei Beispiele

„Advanced Collaborative Filtering": Die Software beantwortet einfache Fragen ratsuchender Abnehmer. Voraussetzung dafür ist, dass sie immer wieder freiwillig Ratings von Produkten vornehmen. So kann das Einkaufverhalten der „Nearest neighbours", d.h. diejenigen mit identischen Präferenzprofilen, analysiert und in zufriedenstellende Kaufempfehlungen umgesetzt werden. Auf der gleichen Basis werden auch diejenigen Funktionalitäten realisiert, welche Websites heute beliebt machen. Beispielsweise beantwortet die Datenbank die Frage danach, wer mit den gleichen Interessen in diesem Moment online ist und eine Diskussion (Chat-Funktionalität) über dieses Thema bzw. Produkt/Dienstleistung hat.

Netzintelligente Taktik: Vor dem Break-even kommt die kritische Masse der Abnehmer, die erreicht werden muss. Es müssen die täglichen Handlungen und Ströme der Nutzer mittels „Traffic-Statistiken" beachtet werden, die nur in den seltensten Fällen den traditionellen regionalen Grenzen folgen. Dort, wo die Abnehmer hingehen, um sich im Web zu orientieren, haben sich die Portale aufgestellt, als große Drehscheibe des elektronischen Verkehrs. Dort, wo sich die Nutzer zu ihren Fragestellungen treffen, operieren die kommerziellen Destination Sites.

these are days of expectation / & grand these are indeed [15]

Verwirrendes Marktpotential

2.1   Das prognostizierte Wachstum

Wachstum- und Profitabilitätsstrategien lassen sich schlecht verschmelzen. Nur wenig Firmen beherrschen die seltene Kunst des nachhaltigen und profitablen Wachstums. Vor allem in Zeiten von stark fluktuierenden Währungsunterschieden werden klare währungsneutrale Analysen gefordert. Für „Start-ups" ist ein nachhaltig profitables Wachstum noch Zukunftsmusik.

Die virtuell erreichbare Marktgröße ist fast unendlich: Fast jeder Bewohner der industrialisierten Welt wird mittlerweile in Strategien zur Kundenreichweite miteinkalkuliert. Vorstandsmitglieder von Firmen sind in der Regel Pragmatiker, die ihre Karriere nie mit Hingabe zur „Hyperbel" oder Gelehrsamkeit aufgebaut haben. Doch das Internetzeitalter ändert vieles.

Einschmeichelnde Aussagen von dot.com-Führungskräften wie „you do the math!" („Machen Sie doch die Marktanalyse selbst!") sind vorbestimmt,um nicht fundierte wirtschaftliche Erklärungen beim großen Publikum gewinnend darzustellen. Verständlicherweise basieren dot.com-Firmen eben auf Strategien zur Markttausschöpfung, dank einer frühen Marktpräsenz. Das Ziel war es, als Erste am Markt präsent zu sein! Die Profitabilität folgt mit Sicherheit nach der Einführung. Die Mystifikation der Internet-Technologie (welcher Börsianer versteht schon etwas von Elektronik und Programmierung?) und die natürliche Neugier der Menschen für Neues, in Kombination mit der vermeintlichen Marktgröße, sorgen dann auch für Firmenbewertungen in Abhängigkeit ihrer Pressemitteilungen und der Stimmung des großen Publikums.

---

[15] Vgl. Yann. ALL RAINY GLOOM -MORNING PARK.

Die Börseneinführung (IPO=initial public offer) oder das „going public" von dot.com-Firmen ist innerhalb der letzten vier Jahre mit soviel „hype" verbunden worden, dass es die Börsennotierungen waren und nicht die Kundenorientierung, welche zentral im Geschäftsmodell standen.

Die Vielzahl von Prognosen und Studien im E-Commerce bezüglich der Einschätzung vom B2B-Marktpotentialen ergibt ein verwirrendes Bild. Einigkeit scheint bei Analysten und Marktforschern lediglich in einem Punkt zu bestehen: B2B ist der Bereich mit den besten Zukunftsaussichten.

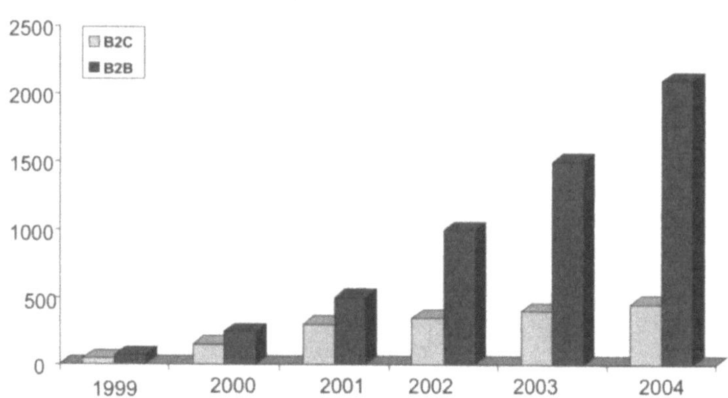

Abb. 4. B2B Umsätze[16].

Die vorgelegten Prognosen zur Entwicklung des B2B sagen ein enormes Wachstum voraus. Die Billionen-Dollar-Grenze im globalen E-Commerce wird nach folgenden Firmen terminiert:[17]

AMR Research	2002: 1 Bill. US$	2004: 5,70 Bill. US$
Gartner Group	2002: 2,18 Bill. US$	2004: 7,29 Bill. US$
IDC	2002: 0.8 Bill. US$	2004: 2,20 Bill. US$

[16] Vgl. IDC, Gartner 2000.

[17] Quelle: IDC, Gartner 2000.

Die üblichen Schwierigkeiten bei der Definition dessen, was als Umsatz zu zählen ist, liegen an der Basis dieser Unschärfe. Beispielsweise gemessen am EDI-Geschehen, gehen Experten davon aus, dass rund die Hälfte aller EDI-Transaktionen in absehbarer Zukunft über das Internet laufen wird. 1999 waren lediglich zehn Prozent des EDI-Verkehrs wirklich "Net-based". Sollten diese Umsätze in die Prognosen miteinbezogen werden? Die Boston Consulting Group sagt für 2003 einen B2B-Umsatz von mehr als 2 Bill. US$ voraus; dabei sollen knapp 800 Millionen aus Einkäufen stammen, die via EDI abgewickelt werden. Optimistische Prognosen sind des öfteren kennzeichnend für die Strategien von B2B Firmen. Nach eigenen Angaben von IDC beinhaltet ihre Potentialprognose, wie viel die Unternehmen in die Entwicklung ihrer B2B-Strategien investieren werden. Bei der Gartner Group wird zusätzlich die Erfahrung der Klienten miteinbezogen.

Dass das Pendel nach der B2B-Euphorie der letzten Jahre nun zur anderen Seite ausschlägt, verwundert wenig. Prägend für den B2B-Bereich soll dabei ein Schneeballeffekt sein: Halbherzige Einstiege sind eher selten, die Dimensionen betreffen häufig ganze Unternehmen und darüber hinaus Zulieferketten. Besonders interessant ist die Evolution von B2C gegenüber B2B:

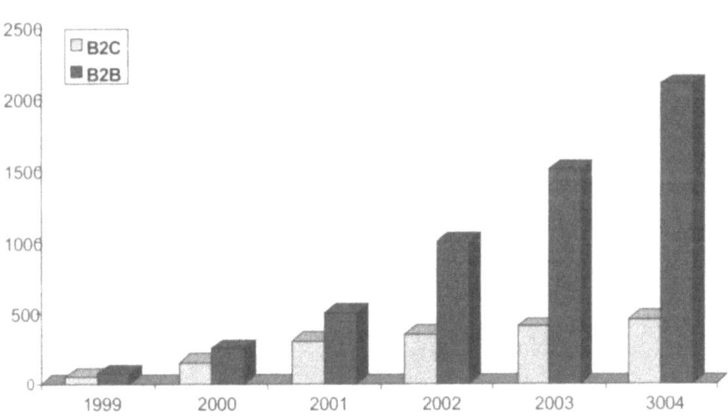

Abb. 5. B2B und B2C Umsätze bis 2004[18].

---

[18] Vgl. IDC 2000.

IDC ging davon aus, dass im Jahr 2000 der Anteil des B2C am globalen E-Commerce bei 22 Prozent liegt. Er sinkt bis 2004 auf 12 Prozent. Erstaunlich homogen zeigen sich die Prognosen für den B2B-Umsatz in Europa. Durlacher und Forrester kommen fast zu identischen Vorhersagen.

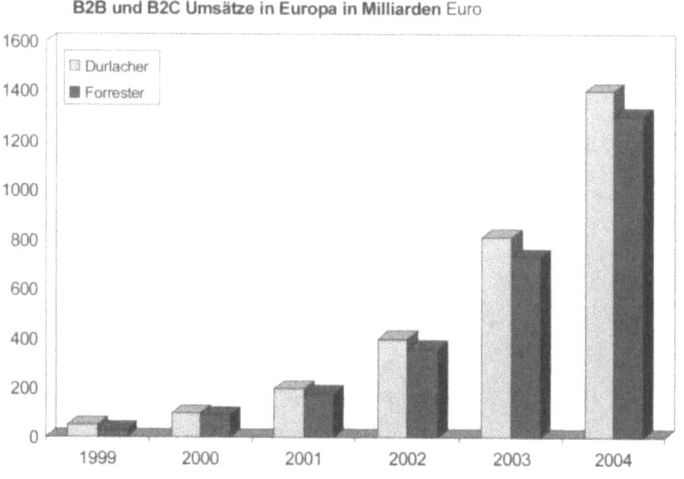

Abb. 6. B2B und B2C Umsätze in Europa bis 2004[19].

IDC (mit knapp 0,40 Bill. US$ in 2003) und Gartner (mit 2,34 Bill. US$ in 2004) liegen allerdings deutlich darunter bzw. darüber.

---

[19] Vgl. Durlacher, Forrester 2000.

Ein weiteres Beispiel

Deutschland	
Boston Consulting Group	2000: 175 Mrd. Euro
eco	2001: 32 Mrd. Euro
IDW	2002: 36 Mrd. Euro
Forit	2004: 540 Mrd. Euro [20]
Berlecon	2004: 250-350 Mrd. Euro

Bei optimistischen Schätzungen, e. g. durchgeführt von Goldman Sachs, wird eine einjährige Entwicklungsverzögerung von Deutschland gegenüber den USA angenommen. Ein konservativeres Szenario geht von einer zweijährigen Verzögerung aus. Grund für das Ausbleiben des großen „Rush" sind die mit dem Einstieg ins B2B verknüpften Unsicherheiten. Trotzdem ist das Zögern vieler, vor allem kleinerer Unternehmen, sicher nicht auf Ignoranz begründet.

Ausschlaggebender sind jene Unsicherheiten, die sich mit einem hohen Investitionsaufwand und einschneidenden Veränderungen der Unternehmensorganisation verbinden. Und nicht zuletzt mangelt es diesen Unternehmen häufig an Ressourcen für eine strategische Auseinandersetzung mit dem Thema B2B.

---

[20] Vgl. Hanser.

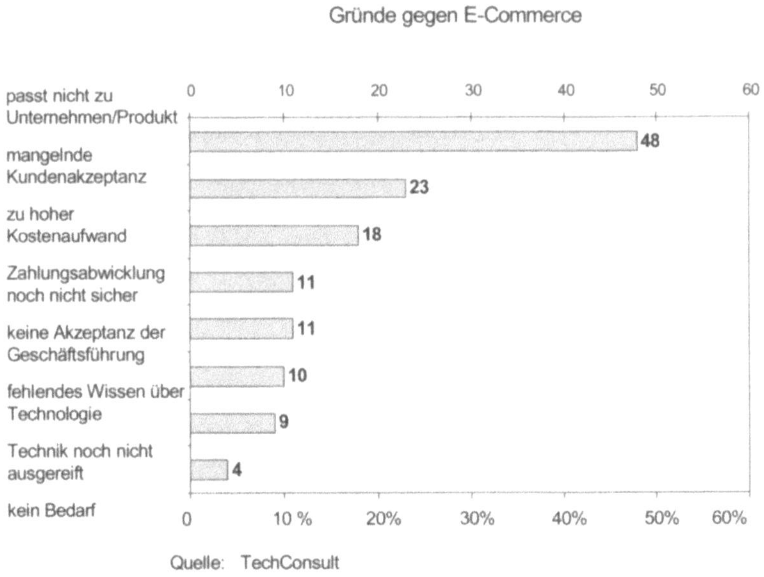

Gründe gegen E-Commerce

Abb. 7. Gründe gegen E-Commerce[21].

Führend unter den Passivnutzern ist das Argument, E-Business passe nicht zum Unternehmen oder den Produkten (48 Prozent). Knapp ein Viertel äußert Skepsis im Hinblick auf die Akzeptanz der Kunden; für knapp ein Fünftel ist B2B schlicht zu teuer. Sicherheitsaspekte halten immerhin ein Zehntel dieser Unternehmen von einem entsprechenden Engagement ab.

2.2   Potentialsegmentierung nach eMarktplätzen

Gegenwärtig von besonderem Interesse sind die „eMarketplaces". Hier führen die Unternehmen einen großen Teil ihrer Transaktionen durch. Viel Aufmerksamkeit finden dabei die Konsortien, die mit ihrer geballten Marktmacht, die Vorteile des elektronischen Geschäftsverkehrs realisieren wollen. Zur Senkung der Produktionskosten lassen sich viele Anbieter und Nachfrager zusammenbringen.

---

[21] Vgl. TechConsult.

Daraus resultieren Effizienzsteigerungen, die durch bessere Zusammenarbeit über die ganze Wertschöpfungskette hinweg realisiert werden können. Doch wie definiert man den Begriff „Marktplatz"? In einer Metastudie zum B2B unterscheidet eMarketer drei Typen des Online-Austauschs zwischen Unternehmen, je nach Marktplatzbetreiber:

- **Third-party Exchange:** Eine dritte Partei, häufig ein B2B-Start-up, besitzt und betreibt den Markt, ist aber selbst kein Handelspartner. Beispiel Ventro (früher Chemdex)

- **Consortia-led Exchange:** Der Markt wird gemeinsam von Industrieunternehmen und Technologiepartnern betrieben. Beispiel Covisint

- **Private/Propietary Exchange:** Der Austausch wird von einem, in der Regel großen Unternehmen in eigener Regie organisiert. Beispiel: RetailLink Walmart.

IDC unterscheidet im B2B zwischen „eDistribution", „eProcurement" und „eMarketplaces". Die Analysten gehen hier davon aus, dass das Wachstum der drei Bereiche unterschiedlich stark sein wird:

- *eDistribution* kann zwar in den Jahren 1999 und 2000 den größten Anteil des B2B-Umsatzes für sich verbuchen, wird aber 2004 nur ca. 20 Prozent erreichen.

- Der *eProcurement*-Bereich wird schneller wachsen, da die bereits existierenden EDI-Systeme in den nächsten Jahren zunehmend auf das Internet migrieren, 2004 liegt der Anteil dennoch nur bei ca. 25 Prozent.

- *eMarketplaces*: Vor diesem Hintergrund erklären die hohen Prozente des weltweiten eCommerce in Anbindung an B2B-Lösungen, die nach Angaben von IDC 2004 über Marktplätze abgewickelt werden.

Nach Einschätzung von IDC begrenzen rein praktische **Limits** das Wachstum in diesen beiden ersten Bereichen: Nur eine verhältnismäßig kleine Zahl von Unternehmen ist in der Lage, die hohen Investitionen für diese firmeneigenen Lösungen aufzubringen. Der Schlüssel zum Erfolg ist die Integration des Internetauftrittes (eCommerce) mit den Geschäftsprozessen (eBusiness).

Zwischen der Publikation einer informativen Website und der nahtlosen elektronischen Abbildung geschäftlicher Prozessketten ist ein weiter Weg. Viele Webanbieter realisieren bereits elektronische Transaktionen mit Kunden und Zulieferern. Die meisten Unternehmen sind aber passive Nutzer von Internet-Diensten oder verwenden Online-Medien überhaupt noch nicht in nennenswertem Umfang[22]. Offenbar wächst mit der Komplexität der vorgesehenen Anwendungen auch die Schwierigkeit, den Starttermin näher zu bestimmen. Fast 20 % der geplanten Transaktionsangebote (Online-Shops, End-to-end-Integration) können von den befragten Unternehmen nicht terminiert werden.

Drei aussagekräftige Grafiken zur <u>TechConsult</u>-Befragung:

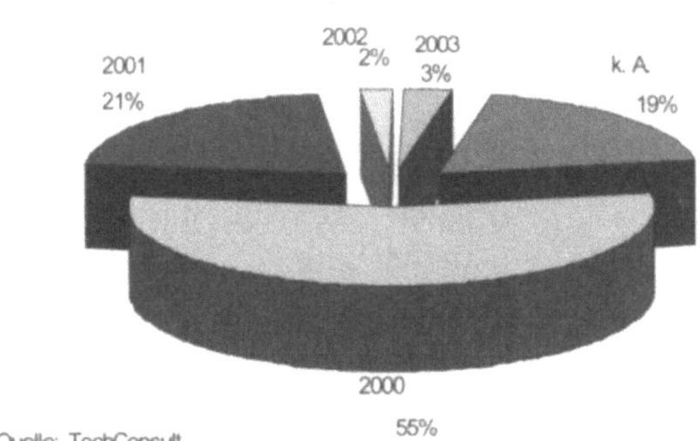

Abb. 8. Die Planung (1).[23]

---

[22] TechConsult. 2000.

[23] Vgl. TechConsult.

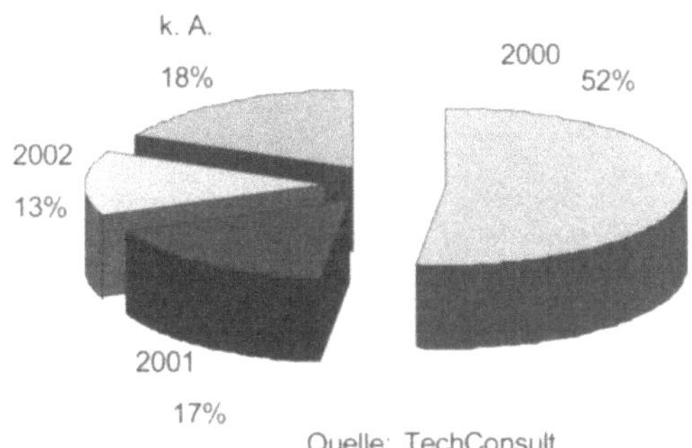

Abb. 9. Die Planung (2).[24]

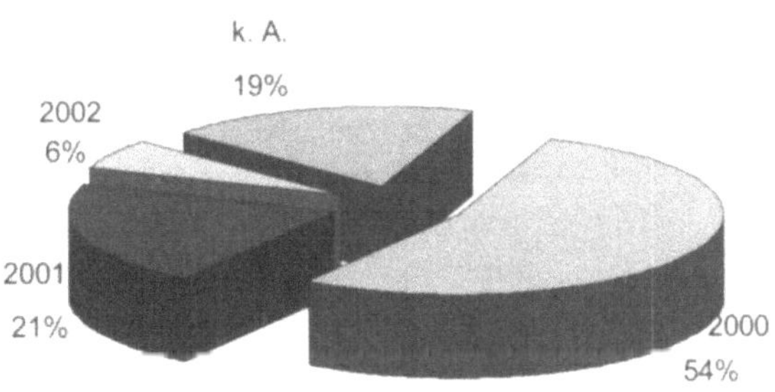

Abb. 10. Die Planung (3).[25]

---

[24] Vgl. TechConsult.

[25] Vgl. TechConsult.

Was steckt hinter dem B2B-Engagement?

Befragt nach dem ausschlaggebenden Grund für das Engagement im B2B geben drei Viertel der Unternehmen an, neue Wettbewerbschancen nutzen zu wollen. Kundenanforderungen rangieren an zweiter Stelle, danach erst der Druck durch die Konkurrenz.

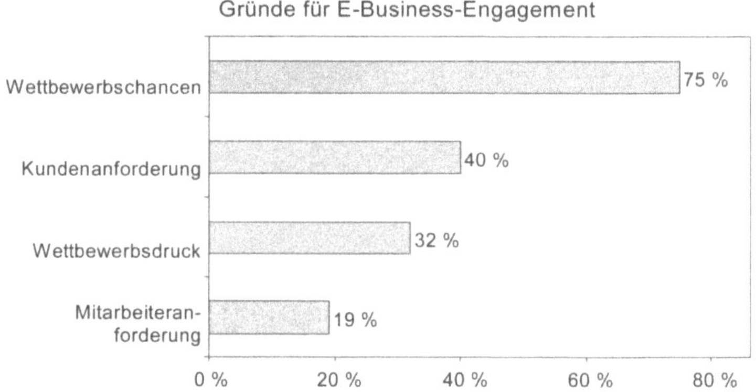

Abb. 11. Gründe für ein E-Business Engagment[26].

Der für die „New Economy" charakteristische Bedeutungszuwachs immaterieller Werte spiegelt sich auch in den Erwartungen der Befragten wider: An erster Stelle der durch B2B angestrebten Verbesserungen steht die Kommunikation mit Kunden/Zulieferern und Imagepflege sowie Kundenzufriedenheit.

Vergleichsweise weniger bedeutsam ist:

- die Erschließung neuer Vertriebs- und Beschaffungskanäle

- sowie die Gewinnung neuer Kunden.

Insbesondere sind die Segmente Handel und Dienstleistung eher regional ausgerichtet. Dafür sprechen die geringen Erwartungen im Hinblick auf eine mögliche Ausdehnung des Auslandsgeschäftes, und vielleicht erklärt sich so auch die relative Unerschrockenheit gegenüber der Globalisierung.

---

[26] Vgl. TechConsult.

Die ersten Erfolgsgeschichten:

Fast die Hälfte der Unternehmen wissen von erzielten Umsatzsteigerungen hauptsächlich durch Verkürzungen der Lieferzeiten, Stabilisierungs- und Einsparungen (siehe Abb. 12). Klar ist aber, dass die konkreten Kosteneinsparungen zahlenmäßig schwierig zu errechnen sind[27].

Erfolge durch eBusiness

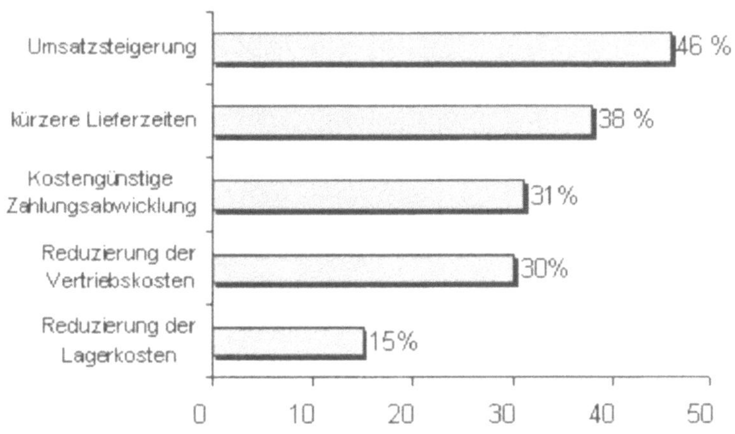

Abb. 12. Erfolge durch E-Business[28].

Startschwierigkeiten bei der Implementierung der eingesetzten B2B-Lösungen hingen besonders mit dem bestehenden Know-how der Mitarbeiter und der Integration neuer Technikkomponenten zusammen. Immerhin fast ein Drittel der Unternehmen (28 %) hat die Implementierung problemlos realisiert; größere Unternehmen hatten die geringsten Schwierigkeiten.

---

[27] Vgl. Schmid.

[28] Vgl. TechConsult.

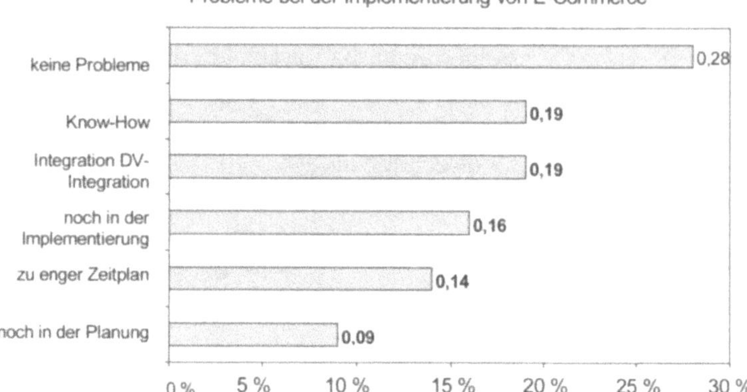

Abb. 13. Implementierungsschwierigkeiten.[29].

---

[29] Vgl. TechConsult.

for distractions are what we're made of / they're a blend of overkill /
they make us fail in reaching our goal / we'll never surface where we met [30]

Die Betreuung

Es fehlen vor allem die MitarbeiterInnen mit dem entsprechenden Realisierungswissen. Nicht nur EDV-Kenntnisse alleine, sondern vor allem Erfahrung im Umgang mit Veränderungen interner Abläufe sind gefragt. Die im B2B involvierten MitarbeiterInnen sitzen wortwörtlich auf einer Lernkurve, die sie unentbehrlich für die eigene Firma und interessant für „Head-Hunter" macht. „People-Retention" oder das „Halten" solcher exzellenter und hoch motivierter Mitarbeiter setzt die Personalabteilung unter hohen Druck. Harmonische Lösungen diesbezüglich finden mit Techniken statt, welche zurzeit noch recht unerforscht sind. Die Unfähigkeit in diesem Feld die eigenen Leute zu behalten, misst sich rasch an der Qualität aktualisierter Webseiten sowie an einer wenig systematischen Erhebung und Pflege individueller Kundendaten[31].

Die Kernfähigkeit solcher Projektmitglieder ist das exakte, mehrjährige Wissen aus Kundensicht über die Produkte sowie ein umfassendes Wissen von Hard- und Softwarewissen. Solche Profile sind in der Regel nur im Kundeninnendienst und Tele-Marketing (Callcenter) zu finden. Und dies ist ein weiteres Hemmnis beim Aufbau von B2B: solche Zentren muss der Betrieb erst einmal haben! Und wenn, wird die vermeintliche repetitive Telefon- und Bildschirmarbeit mit zu niedrigen Löhnen honoriert[32].

---

[30] Vgl. Yann. ZURICH FLIGHT 101.

[31] Vgl. Strauss.

[32] Vgl. DN.

Die Mischung in den Call-Centers von sehr erfahrenen Fachspezialisten und Trainees sorgt üblicherweise für einen extrem geringen Entscheidungsraum[33] in Managementangelegenheiten und Unsichtbarkeit im Sinne von „Management exposure" und „Executive visibility"[34].

Menschliche Kooperation im Betrieb muss alle an den Prozessen Beteiligte einbeziehen; alle müssen davon überzeugt sein, dass es auf ihre Aussagen ankommt. Die Qualifikation und Sensibilisierung der Prozesseigentümer für ihren Prozess eigenständig Lösungen und Maßnahmen zu erarbeiten, bringt eine hohe Akzeptanz und führt zu Weiterqualifizierung und Schulungen.

Der Aufbau von B2B-Funktionalitäten muss notgedrungen eine Marketing- und nicht eine MIS-Priorität sein. Marketing sollte stets die einzelnen Funktionalitäten erforschen, hinterfragen und kritisch bewerten. Selbst wenn sich nicht alle Kernfunktionalitäten auf das Marketing beziehen, müssen spätestens beim Starten der B2B-Maschine und während späterer Stabilisierungsprozesse alle Kompetenzzentren im Betrieb durch das Marketing überwacht werden.

---

[33] Vgl. Paulus.

[34] Vgl. Benson. Shapiro. Rangan. Sviokla.

see all without looking, know all without traveling, world without ending
words without beginning [35]

| II | **Spannungsfelder in der Praxis** |

---

[35] Vgl. Yann. CHILD OF DOUBT.

George says / if you wanna be a writer / write
if you wanna be a painter / paint
if you wanna be a lawyer / lie
& if you wanna be a salesman / you better make sure you learn how to cry.[36]

Bananenkurve, perfekte Bestellung

4.1   Die Bananenkurve im Bestellwesen

Ein gesunder Menschenverstand sagt, dass das Kundenverhalten die Bestelldynamik der Firma bestimmt. Paradox ist, dass diese Dynamik aber oft vom Verkaufsverhalten geprägt wird[37]. Eine Darstellung:

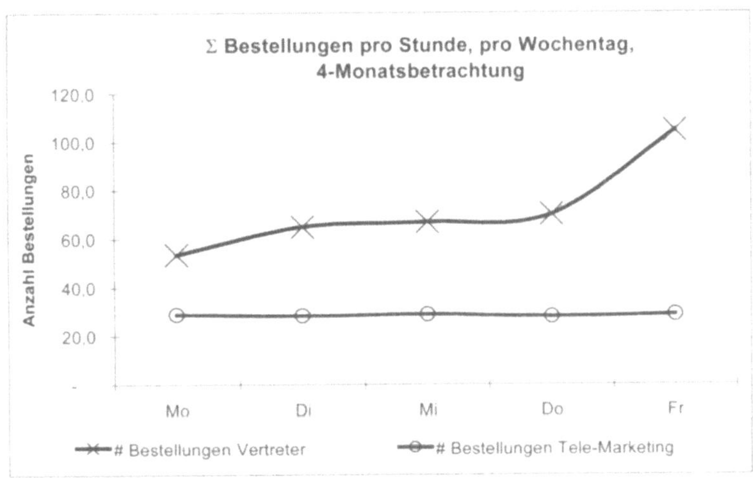

Abb. 14. Die Bestelldynamik nach Wochentag.

---

[36] Vgl. Yann. GEORGE SAYS.

[37] Vgl. van Marcke.

1. **Annahme**: Die italienische <u>Nouvo Rich Eisenwaren</u> <u>SA</u> verkauft ihre Ware über zwei Absatzkanäle, Handelsvertreter und Tele-Marketing, an homogene Kundschaft.

2. **Resultat**: Die Anzahl der im Tele-Marketing eingegangen Bestellungen zeigt an Freitagen kaum eine Wochenspitze. Die Handelsvertreter buchen aber gerade am Freitag den höchsten Wocheneingang. Die Wocheneingänge unterliegen einer sog. „**Bananenkurve**".

3. **Interpretation**: Handelvertreter erhalten Provisionen je gebuchter Bestellung sowie für die Einhaltung der monatlichen Planzahlen. Das wirkliche Steuerungsorgan ist aber das Einhalten der Planzahlen. Planüberschreitungen bringen zwar einen zusätzlichen Sonderbonus, aber auch Plankorrekturen im Folgejahr, wenn sie regelmäßig stattfinden. So buchen die Handelsvertreter an jedem Freitag von allen bereits erhaltenen Kundenbestellungen nur jene, welche die Zielerreichung garantieren. So bestimmen sie auch das Buchungs- und Verkaufsverhalten ab dem nächsten Montag. Kundennähe, Kundenzufriedenheit, Behebung von EDV-Kapazitätsengpässen etc. bleiben nach dem Motto „Nach mir die Sintflut!" komplett unbeachtet.

4.2   Die perfekte Kundenbestellung

Die perfekte Kundenbestellung ist, **aus Sicht des Kunden**, ein Maß für Kundenzufriedenheit. Der Kunde ist 100 % zufrieden, wenn ihm an die richtige Adresse, termingerecht genau das geliefert wird, was er zum verabredeten Preis inkl. Versand- und Zollspesen vereinbarte.

In so einem Fall zahlt der Kunde[38] termingerecht, ohne Reklamationen und Warenrücknahmen.

Aus Sicht des Betriebs berücksichtigt die perfekte Kundenbestellung zusätzlich alle ausgebliebenen Unterbrechungen sämtlicher internen Prozesse. Ein Perfektionsgrad von 75 % ist üblich[39].

---

[38] Vgl. Drucker.

[39] Vgl. Cross.

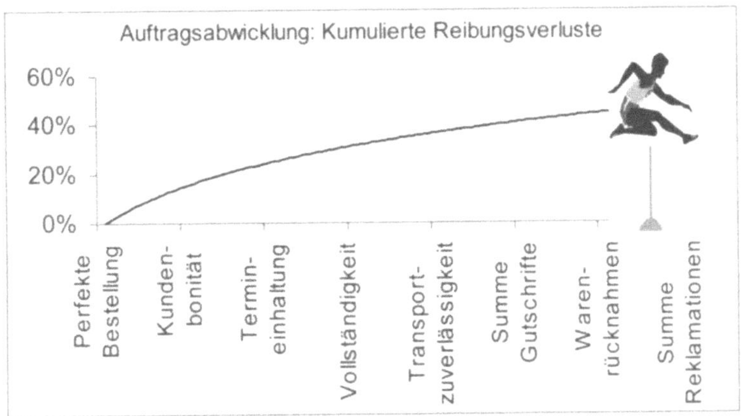

Abb. 15. Hürden der Bestellungsabwicklung.

Interne Prozesse sind für den Kunden nicht immer sichtbar und deren Einflüsse erscheinen nicht auf den Kundenrechnungen. Auftragssuspendierungen sind sog. Unterprozesse, die in der Regel eine menschliche Intervention zur Beseitigung eines Bestellproblems benötigen. Bestellprobleme kommen aufgrund von Kredit- und Rabattgewährungen, Disposition oder übermäßig großen Bestellungen (Big hits), Adressenkontrolle, Debitorenverluste durch IT-Ausfälle, nachgelagerten Reklamationen und Reparaturen zustande. All diese Vorfälle blockieren im Betrieb viele Ressourcen, werden aber oft in Minuten wieder erledigt. Konkret bedeutet dies, dass von 100 ausgelieferten Kundenbestellungen 60 mehr als nur einmal einen Unterprozess durchlaufen sind.

4.3   Die Bestelldynamik

Bei „Data modelling" sollte die Frage: „Welche Entscheidung trifft der Kunde in welchem Zeitrahmen?" zuerst beantwortet werden. Man denke hierzu an die verschiedenen Arten von Kundenprofilen („Contentgenerierung"). Dauert der Bestellvorgang im üblichen 11 oder 12 Sekunden, so empfindet der Kunde dies als äußerste Grenze. Überraschend für viele eLogistik-Spezialisten ist die Tatsache, dass sich bereits in diesem frühen Stadium die optimale Logistik in Gang setzt.

Wird durch die erhöhte Funktionalität des Mediums die Transaktionsgeschwindigkeit noch langsamer, beispielsweise durch viele Farbbilder und Grafiken, so muss die ganze Prozedur sorgfältig überdacht werden. Natürlich stellt sich hier auch die Frage, ob dem Kunden, der entschieden Fachinformation sucht, der ganze „Präsentationswirrwarr" dank „intelligent" gesetzter Links erspart werden sollte.

Voraussetzungen im Bestellwesen:

- aus Kundensicht selbsterklärendes Bestellwesen

- Online-Funktionalität der Produktpräsentation und Materialverfügbarkeit

- aktuelle Preise

- Selbstbestimmung der Lieferkonditionen: Frachtart, Versandzeit als Funktion von Auftragseingabe und/oder Auslieferung, aktuellem Auslastungsgrad des Lagers etc.

- konstanter Bearbeitungsfluss mit dem Hauptrechner, sei es online oder im „Batch"

- Notifikationsfunktionalität, d.h. dem Kunden wird bei Bedarf und/oder automatisch ein Mail gesandt, wie zum Beispiel: Versandzeit, Frachtstatus („eShipment: tracking and tracing[40]") der spedierten Ware

- Fotobild mit individuell zugeteilter Paket-ID der Ware zum Zweck der Wiedererkennung oder Schadenersatzbestimmungen. (Man denke hier besonders an „Exception Management"-Technologien)

Obige Analyse legt nahe, dass das Hauptproblem (Bananenkurve, Grad der Perfektion einer Bestellung) nicht im EDV-Bereich, sondern in der menschlichen Kommunikation zu suchen ist. Das früher „manuell" computerunterstützte Bestellwesen erlaubte eine großzügigere Kundennähe und hatte auch bekanntlich als Ergebnis große Reklamationsbestände.

---

[40] Vgl. Steiner.

Die Teams zur Bearbeitung der Reklamationen hatten dadurch den Vorteil, sich positiv im Betrieb zu profilieren, da sie viele Kundenkontakte zu generieren wussten und auch wirklich dem Kunden „am nächsten" waren. Sollte das Bestellwesen im B2B nach momentanen Betriebsabläufen aufgebaut werden - dies ist durchaus eine zeit- und sachgerechte Einstellung -, müssten schwierige Fragen beantwortet werden. Zum Beispiel sollte geklärt werden, ob die Genauigkeit der Bestellungen mit den Vertriebskanälen übereinstimmt, ob etwa nur der Umsatz eine Rolle spielt, ob die Lieferfristen wirklich kundennah sind etc. Maßnahmen des „Change Management" ermöglichen es, die Unternehmenskultur zu ändern, die vorhandenen „best practices" aufzuspüren, zu analysieren und sie zu verbessern.

4.4   Auftragssuspendierungen

Aus Sicht des Kunden ist eine Bestellung erst dann perfekt, wenn bei einer späteren Befragung die vollständige Zufriedenheit des Kunden bestätigt wird. Vollkommen zufrieden ist der Kunde erst dann, wenn die bestellte Ware funktions-, preis-, termin- und mengengerecht an die richtige Adresse, inklusive verabredeter Versand- und Zollspesen, geliefert wird. In der Folge zahlt der Kunde auch termingerecht, ohne Reklamationen oder Warenrücknahmen[41].

Diesbezüglich werden aber oft völlig unnötige Prozesse sehr effizient gestaltet. Betrachtet man aber deren Effektivität, dann ist sie gleich null. Die **Effektivität des Bestellwesens** eines Anbieters spiegelt jenen Bestellvorgang wider, der vom Kunden als perfekt eingestuft wird, da er oder sie sich rundum zufrieden fühlt. Die Voraussetzung für ein **effizientes Bestellwesen** ist eine adäquate Kundenorientierung. Dies beinhaltet, dass der Anbieter zusätzlich alle möglichen **Lücken** in internen Bestellprozessen berücksichtigt. Lücken können im Bestelleingang, bei der darauf folgenden Bestätigung, bei der Auslieferung bis hin zur Fakturierung bestehen. Jede Unterbrechung im Prozess der Bestellung bedeutet hier eine Auftragssuspendierung.

---

[41] Vgl. BizRate.com.

Interne Bestellprozesse sind multifunktional, weil sie übergreifend die Prozesse des Fulfilment, der Kredit- und Debitorenabteilung etc. mit einbeziehen. Diese Prozesse sind für den Kunden nicht immer sichtbar. Beispielsweise erscheint deren Aufwand als solches nicht auf der Kundenrechnung. Sie sind dennoch ausschlaggebend für die Steuerung der Effizienz im Bestellwesen.

Ein Fallbeispiel

Das Bestellwesen funktioniert erst dann effizient, wenn alle Bestelldaten - vor allem in Bezug auf den Kunden - exakt stimmen. Ein Realfall zeigte Folgendes auf: 17 Prozesseigentümer der drei wichtigsten Verkaufsniederlassungen des Konzerns <u>Nouvo Rich Eisenwaren AG</u> wurden u.a. zu einem Test unvorbereitet eingeflogen. Sie vertraten als „Spezialisten" die Funktionen Verkauf, Finanzen, Logistik, Kundenzufriedenheit und MIS ihrer Organisationen. Der Test sollte zeigen, wie einfach bzw. komplex der Bestellungsvorgang gestaltet ist, wie anfällig Prozesse für Fehler sind. Dazu wurde eine einfache Kundenbestellung (Handwerkergerät + Verbrauchsartikel) kurz vorgelesen, für die Antwort auf einem weißen Papier wurden 12 Minuten gewährt. So sollte man „Name Kunden", „Vorname Kunde", „Adresse Kunden" schreiben, falls diese als nützliche Information erschienen. In der Tat handelte es sich bei dieser einfachen Bestellung um 32 kaufmännische ohne materialbezogene Attribute. Konnte man sie alle 32 nennen, so war die Bestellungseröffnung 100 % perfekt. Das Ergebnis: Gerade eine Person schaffte alle Attribute, 25 Fragebögen zeigten einen Perfektionsgrad von unter der 80 % Marke. Anders gesagt: ein Desaster (!), und dies bei den Topspezialisten, gegebenenfalls die Erfinder der Abläufe und Formulare.

In nachfolgendem Text werden jene Auftragssuspendierungen, welche die Effektivität und Effizienz des Bestellwesens beeinflussen, genauer beleuchtet.

4.5   Auftragssuspendierungen – die Lücken

Als Auftragssuspendierung wird hier jede Lücke in der automatischen und von der EDV gesteuerten Auftragsabwicklung definiert, die in der Folge eine menschliche Intervention zur Beseitigung dieser Lücke benötigt. In der Regel laufen bei gut strukturierten Firmen 50 bis 60 %[42] aller Kundenaufträge ungehindert durch das System, d.h. jede zweite Bestellung läuft reibungslos ab. Auftragssuspendierungen betreffen Kundenbestellungen, bei denen entweder die Materialdisposition, der Kunden- und/oder Artikelstamm, das Preis- und/oder Rabattwesen, die Kreditlimits, das Transport- und Fakturawesen mit einem oder mehreren nicht automatisch lösbaren Problemen konfrontiert werden.

Zwei **Ursachen** führen zu einer Auftragssuspendierung:

- Systemtechnische Lücken

- Strategische Lücken

4.5.1   Systemtechnische Lücken

Moderne „order engines" oder die Software für das Bestellwesen sind äußerst effizient und zuverlässig, solange sie in einer einheitlichen Systemlandschaft integriert sind, d.h. dass die Definition und Umsetzung der Daten- und Prozessmodelle (Datenbanken) einheitlich aufeinander abgestimmt und verknüpft sind. Das Bestellwesen hat in innovativen und hightech-orientierten Firmen historisch gewaltige Veränderungen durchlaufen. Dennoch zeigt sich meist, dass die IT-Systemlandschaft („legacy systems") und deren Profilierung sich stets passiv nach der Umsatzentwicklung und nicht aktiv nach der Firmenstrategie orientiert.

Erst beim „de facto"-Erreichen der Kapazitätsgrenze der IT-Infrastruktur werden dringende, aber inkrementelle Maßnahmen zur Modifizierung der Systemarchitektur ergriffen. Die Folge ist ein unkontrollierter Wildwuchs in der IT-Struktur!

---

[42] Vgl. Benson. Shapiro. Rangan. Sviokla.

Bei vielen multinational operierenden Firmen besitzt die Konzernzentrale im Unterschied zu deren Tochtergesellschaften andere Datenbankstrukturen, Anwendungssoftware und somit nicht verknüpfbare Betriebssysteme sowie Subprozesse. Dass sich solche Firmen erfolgreich entwickeln und zur Kundenzufriedenheit führen, ist nicht immer der Fall.

Die rasante Globalisierung der Geschäfts- und Kundenbasis benötigt hier Unterstützung. Die unterschiedlichsten Softwarelösungen basieren auf Technologien, welche im Markt des öfteren bereits bis zu 80 % „obsolet" sind, d.h. es sind Auslaufprodukte! Das bedeutet wiederum, dass viele Firmen mit Software für Bestellwesen, Fulfillment, Finanzen usw. arbeiten, die seit längerem von ihren Herstellern nicht mehr bearbeitet, weiter entwickelt oder verkauft werden und zudem den dazu notwendigen Support einstellten. Dies zur Freude der vielen „Freelancer", welche ihre jahrelange Erfahrung mit einer auslaufenden Softwareversion in klingende Münze bei ihrem Ex-Arbeitgeber umsetzen. Daran sind auch die Spätfolgen von mangelhaften Überlegungen zur Effektivität und Effizienz bei der Formulierung der Budgets und IT-Strategie zu erkennen. Besonders im Bereich des Bestellwesens zeigen sich leistungsschwache Routinen auf: Im Sinne eines „Customer-Relationship-Management" sollten alle Kundendaten nicht einfach nur gesammelt, integriert und gepflegt, sondern auch aktiv in den Marketingkonzepten implementiert und gefördert werden.

Es dürfte für einen Konzern ein Zeichen einer drohenden Überlastung im IT-Bereich sein, wenn zentrale strategische und taktische Geschäftsberichte, beispielsweise Wochen- bzw. Monatsberichte, fast ausschließlich mit der billigsten Tabellensoftware erstellt werden müssen. Die IT-Infrastruktur ist bei der Verknüpfung von Betriebssystemen mit relationalen Datenbanken des öfteren nicht gewachsen, trotz des jährlichen Aufwands von teilweise mehreren Millionen Euro. Die Unterstützung der Unternehmensziele bei gleichzeitiger Senkung der Geschäftsrisiken sowie des Aufwands kann heutzutage nur mittels einer Betrachtung der kompletten IT-Architektur erfolgen.

Demzufolge siedeln sich systemtechnische Auftragssuspendierungen in den folgenden Bereichen an:

- Identifikation der vom Kunden gewünschten Artikel,

- Materialdisposition,

- Mengenreservierung,

- Pick & Pack,

- Transport,

- Auslieferung inklusive „Tracking & Tracing" mit Internet oder Global Positioning System.

4.5.2 Strategische Lücken – logistisch

Lücken in der Strategie sind entweder logistischer oder administrativer Natur. Wichtige Fragen zur Verhinderung logistischer Suspendierungen sind:

- Erlaubt der Inventarbestand des Anbieters eine komplette Auslieferung des Kundenauftrags, oder sollen mehrere Lagerorte bestückt werden?

- Erlaubt die Kommunikationstechnologie und das Personalwesen ein rechtzeitiges Spedieren der Aufträge?

- Gewährleisten die aktuellen Spediteure Zuverlässigkeit bezüglich des versprochenen Liefertermins?

Hierbei handelt es sich um die Beantwortung folgender Fragen:

- Abgrenzung, ob nun ein suspendierter Auftrag „komplett, aber nicht termingerecht" oder ob er „termingerecht, aber nicht komplett" spediert werden sollte?

- Wieso wurde der Auftrag nicht termingerecht spediert, obwohl alle Positionen vorrätig waren?

- Gehen die Leute des Zentrallagers abends nach Hause, ohne ihre Arbeit fertig zu machen?

- Wie streng wird „termingerecht" definiert?

Die Beantwortung dieser Fragen ist übergreifend und oft nicht sehr kundenfreundlich. Übergreifend, weil sie beispielsweise die Kapitalisierungsziele für Inventar, die Produktkomplexität und die angestrebte Flexibilität von Humanressourcen tangieren. Nicht kundenfreundlich, weil sich die Speditionszuverlässigkeit immer nach den für den Transport freigemachten Ressourcen richtet. Der interne Dokumentenfluss muss aber dem Kunden ebenso erspart bleiben.

Beispiel

Bestellt ein Kunde eine Ware, welche von verschiedenen Lagerorten geliefert wird, so gibt es intern pro Lagerort je eine Versanddokumentation, dem Kunden sollte aber genau ein Lieferschein sowie eine Rechnung gesendet werden.

4.5.3 Strategische Lücken – administrativ

Folgende Fragen sind hier von Relevanz:

- Unterstützt ein Kundenauftrag die Unter-nehmensstrategie zum Erreichen der Markt-, Produkt- und/oder Kostenführerschaft?

- Unterstützt ein Kundenauftrag das eigene Bestreben nach minimalem Risiko und Aufwand?

So wie sich die Marketingstrategien nach Marktanteil, Marktpenetration, Marktreichweite, Umsatz oder Ausrichtung der Produktlinien orientieren, lassen sich gleichwohl identische Kundenprofile, je nach Fall, unterschiedlich zusammenstellen und gewichten. Kredit- und Rabattsysteme, Kreditlimits, Zahlungsarten, minimale und maximale Bestellmengen, Liefer- und Rechnungsadressen, Debitorenverluste, nachfolgende Reklamationen, Reparaturen, Gutschriften usw. werden **je nach Kunde** festgelegt.

Schematisch

Die Anzahl (#) von Suspendierungen in beiliegender Grafik zeigt, welche Prozentzahl der Aufträge bei jeder Bestellstufe (nach Erfahrungswerten) bei der Deutschen <u>Nouvo Rich Eisenwaren GmbH</u> suspendiert wird. Der Grad der Perfektion zeigt die Gewichtung einer Lücke gegenüber einer 100-prozentigen Perfektion. Die Performance des Bestellwesens schmälert sich in Abhängigkeit der Multiplikation aller vorherigen Lücken mit der aktuellen. Wie bereits erwähnt, liegt hier die Nettoperformance des Bestellwesens mit kaum 57,9 % sehr tief.

	Unterbrechungen	**# Suspendierung**	**Grad der Perfektion**	**Σ Performance des Bestellwesens**
Start	Keine: die perfekte Bestellung	0 %	100 %	100,0 %
Eingabe	Kundenidentifizierung Kundenbonität Kreditlimit Zahlungsart Produktidentifizierung	16 %	84,0 % (*1)	84,0 %
Fulfilment	Termineinhaltung	5 %	95,0 % (*2)	79,8 % (*3)
	Auftragsvollständigkeit	5 %	95,0 %	75,8 %
	Transportzuverlässigkeit	8 %	92,0 %	69,7 %
Post Market	Gutschriften	8 %	92,0 %	64,2 %
	Warenrücknahmen	3 %	97,0 %	62,2 %
	Reklamationen	7 %	93,0 %	57,9 % (*4)

*(*1):* 84,0 % = 100 % -16 %

*(*2):* 95,0 % = 100 % - 5 %

*(*3):* 79,8 % = 100 % x 84 % x 95 %

*(*4):* 57,9 % = 62,2 % x 93 %

Die obige Zahl von 57,9 % bedeutet, dass ca. 60 % aller Bestellungen oder nur knapp jede zweite Bestellung problemlos durch das Bestellwesen geschleust wird.

Die Bestellungen der restlichen 42,1 % werden suspendiert und die Kundenzufriedenheit leidet massiv darunter. Auftragssuspendierungen binden im Betrieb viele Ressourcen. Sie werden aber oft in Minuten erledigt. Dies erklärt obige Bemerkung, dass vieles im Bestellwesen im Schatten des Kunden geschieht. Der Kunde wird in der Regel mit den Konsequenzen der Suspendierungen kaum konfrontiert.

Genauso wird der Bedarf an Lieferungen „frei Haus" oft unterschätzt. Das „Pick & Pack" in Versandzentralen, bei großen Mengen von Mindestbestellungen, wird sehr stark belastet. Im Sinne der perfekten Kundenbestellung überrascht es nicht, dass fehlgeschlagene Auslieferungen die reibungslose Auftragsabwicklung besonders hart treffen. Erfahrungsgemäss werden sieben bis neun Prozent aller Sendungen wegen Kleinigkeiten wie falsche Adresse oder falscher Preis retourniert.

Als Extranetlösung bindet B2B die Geschäfte durch individuell verhandelte Kaufverträge („Negotiated deals") für beratungsintensive Güterportfolios („Durables") und Verbrauchsartikel („Consumables"). Preise, Lieferkonditionen und Lieferzeit sind nur einige von den vielen Attributen, welche kundenspezifisch gespeichert und später verwaltet werden müssen.

Eines der Ziele von B2B ist die Schaffung eines Hilfsinstrumentariums zur Selbsthilfe der Kunden. Durch das neue Medium soll sich der Kunde bei seinem momentanen Arbeitsproblem oder bei Bedarf mit dem Lösungsansatz und den angebotenen Produkten sowie Dienstleistungen vertraut machen. Somit wird das firmeninterne Call-Center für intensivere Betreuung entlastet. Sollte der Bestellprozess mit einer vollwertigen „Order engine" bestückt werden, so ist vorhersehbar, dass bei mangelhaften Prozessen und Defaults der Kunde große Unzufriedenheit zeigen wird. Folgende Punkte schaffen eine Übersicht über einige Defaults oder automatische Verknüpfungen, welche auf exakt definierten Businessprozessen und Absprachen beruhen sollten.

4.6   Die Defaults

Die Auftragsabwicklung im Internet sollte auf einfachen Regelungen („defaults") basieren. Der Kunde zahlt mit seiner „Swipe card" oder Bankverbindung[43]. Alle Bestellprozesse bzw. Bezahlvorgänge werden nur noch durch die Maxime: „Wie vermeidet das Unternehmen Geschäftsrisiken sowie Kundenreklamationen und dies bei angenommener konstant steigender Kundenzufriedenheit?".

Die Verkürzung zwischen Bestell- und Auslieferungszeit führt zu einer fortschreitenden Automatisierung der Auftragsbearbeitung in Abhängigkeit zur Komplexität der benötigten Internettechnologie sowie zu der Differenzierungsstrategie der Firma. Es wird dadurch mehr Zeit für die Pflege der Kernkunden gewonnen. Je mehr Einflüsse auf strukturelle Abläufe zu erwarten sind (z.B. das Absterben der Zwischenhändlerkette), desto tiefgreifender drängen sich Reformen auf. Der User-Zugang zur B2B-Oberfläche sollte somit auf Basis der Kundenspezialität, Beratungstiefe und hierarchischen Kundenfreigabe („Firewalls") erfolgen.

Autopricing als Default

Electronic Shopping bei Verbrauchsartikeln kennt oft das Phänomen der „Spontankäufe". Diese Einkaufsart wird erheblich erschwert, wenn die Versandkosten, Zollkosten sowie die geltenden Geschäftsbedingungen zu dem Zahlungsvorgang und der möglichen Warenrückname inklusive Handlungsaufwand usw. nicht explizit angeführt werden. Eine elektronische Bestellung führt nur dann zur vollständigen Kundenzufriedenheit, wenn Vorrat, Preis und Lieferzeit den Kundenerwartungen in zufriedenstellender Weise entgegenkommen und vor allem als Service angegeben werden. „Echtzeit-pricing" oder „One-to-one-pricing" für die Abschöpfung der individuellen Preisbereitschaft sind bei den gängigen Preistaktiken im Internet schwer realisierbar. Einfacher wird die Preispolitik, wenn die B2B-Anwendung als „Default", d.h. mit automatischer Verlinkung den Listenpreis aufzeigt.

---

43 Vgl. Steimer.

Konkret bedeutet dies, dass man implizit vom Kunden eine Bestätigung des Listenpreises verlangt oder explizit den Kunden dazu bringt, „seine Konditionen" z.B. durch ein zweites Browserfenster am Bildschirm aufzurufen. Hierbei handelt es sich um „registered accounts", also Kunden, die mit ihren eigenen individuellen Konditionen registriert sind. Diese Taktik des „Default", wo eben der Kunde immer automatisch nach klar definierten und einfachen Konditionen gesteuert wird, verschafft auch eine elegante Lösung, um ewige Diskussionen und Reklamationen zum Thema „Transportkosten" zu umgehen.Aus der Sicht der Datenpflege lassen sich üblicherweise die Preisprobleme mit „Constant pricing" lösen. Hier wird jeder Kunde mit seiner Rabattstaffel gespeichert (je nach Branche, Produktlinie, Jahreszeit etc.).

Der Listenpreis bleibt somit als einzige Konstante gespeichert, und kann mit x % pauschal korrigiert werden[44] Die Erfahrung bestätigt rasche Früchte in einem realem Geschäftsfall: Lediglich 20 % der B2B-Bestellungen zeigten Preiskonditionen, welche von der Matrix abwichen. Sie alle sind Folgen von Vertriebsprivilegien, vor allem bei der Schaffung einer einheitlichen Rabattpolitik, welche durch die fortschreitende Kundenglobalisierung als Grundpfeiler des Geschäfts gilt.

Das Produktportfolio des Kunden wird gemeinsam zwischen Verkauf und Kundschaft festgelegt, folglich auch der gültige Preis pro Artikel. Angenommen, das Produktangebot eines Durchschnittskunden der Deutschen Nouvo Rich Eisenwaren GmbH zählt 240 Artikel aus einem Katalog von 2.300 Artikel. Der Aufbau der Preismatrix wird somit für geplante 100.000 B2B-Kunden in einem Lokalmarkt schnell bis zu 24×10^6-Preishinterlegungen führen. Zählt man weltweit eine Million kaufende Kunden, so kann B2B auf Dauer nicht mit einzeln verhandelten Preisen operieren. Dies würde eine ungeheure Verschwendung von kapitalintensiven Ressourcen bedeuten. Und dies unterstützt wiederum die These, dass sich aufgrund des umfangreichen Aufwands der Datenpflege B2B als ein besonders teurer Absatzkanal entwickelt.

Die zunehmende gesellschaftliche Differenzierung, die wir heutzutage erleben, hat zur Folge, dass die allgemeine Öffentlichkeit in zeitlicher, räumlicher, struktureller und funktionaler Hinsicht noch weiter zu untergliedern ist[44]. In diesem Sinne bestünde hier ein Entgegenwirken darin, die Kunden der Deutschen <u>Nouvo Rich Eisenwaren GmbH</u> nach ihren beruflichen Orientierungen (i.e. Branche) zu segmentieren und sie in Bezug zu ihrer Betriebsgröße (Anzahl Angestellte) neu zu strukturieren. Für jedes Segment ($K\text{-Branche}_i$ + $K\text{-Grösse}_{ii}$ = $K\text{-Preis } \varnothing_{iii}$) wird ein Durchschnitt von den echten Verkaufspreisen errechnet oder beispielsweise nach einer Gauss'schen Distributionskurve.

Fazit

- Separate Kundenpreise werden zu Unzufriedenheit der Kunden führen: Erstens sind sie Momentaufnahmen, zweitens wird die gespeicherte Datenmenge die Performance des Computersystems so sehr beeinflussen, dass die Taktzeiten irrational werden (d.h. Wartezeit am Bildschirm).

- Gebündelte Kundenpreise nach Segment und/oder Betriebsgröße werden vorübergehend zu einer Reklamationslawine führen. Dennoch kann die Lage dem Kunden einleuchtend und befriedigend erklärt werden. Der Nachweis, dass nun Ressourcen freigemacht wurden, die normalerweise zur Behebung von sonstigen besonders irritierenden Mängel - wie zum Beispiel falsche Kundenadressen - verwendet werden, führt zu einer gesteigerten Kundenzufriedenheit.

Automatisches Adressieren als „Default"

Die Erfahrung zeigt, dass in den meisten Fällen die Pflege der Kundenadressen eine sehr geringe Priorität genießt. Aussagen wie „die jüngste bzw. aktuellste Adresse des Kunden wird schon stimmen, er/sie hat ja schließlich seine/ihre Rechnung bezahlt", sind häufig. Doch gerade bei Baustellen oder industriellen Kunden, welche teilweise mehrere Dutzend Wareneingangsrampen kennen, kommt es vor, dass die Administration viele gespeicherte Lieferadressen besitzt.

---

[44] Vgl. Hosp.

Die Deutschen <u>Nouvo Rich Eisenwaren GmbH</u> kann mit 100.000 Kunden erfahrungsgemäß bei mangelhaften Konditionen bis zu $3{\times}10^{6}$-Auslieferadressen gespeichert haben. Wie beim „autopricing" werden auch hier die kräftigsten kommerziellen Rechensysteme ihren Meister finden.

Wo kommen die Adressen her?

Teilweise ist es verständlich, dass bei Baufirmen viele Baustellenadressen auftauchen. Es soll bis hin zu den einzelnen Stockwerk- und Wohnungsnummern zugeliefert werden. Der Handwerker hat weder immer die Möglichkeit, ein schweres Gerät selbst mitzunehmen, noch ist er tagsüber in seinem Lager, um die Ware entgegenzunehmen. Nach Bausschluss liegt es auf der Hand, die Adresse aus dem „Live"-System zu entfernen, doch wer informiert die Deutsche <u>Nouvo Rich Eisenwaren GmbH</u> darüber? Ein simpler Schreibfehler bei der Adresseneingabe eines Neukunden muss später korrigiert werden. Die ursprüngliche und falsche Adresse bleibt für Buchhaltungs-zwecke gespeichert. Manchmal erhält der Außendienst eine Provisionsgebühr für die Akquisition von Neukunden.

Eine astronomische Adressenvermehrung liegt somit vor und ist eigentlich hausgemacht, weil hier bewusste Manipulationen möglich gemacht werden: Beispielsweise lässt sich der Name Peter Müller GmbH als P. Müller GmbH, Peter Müller, Peter Müller usw. datenmäßig als absolut eindeutig speichern. Und wer käme auf die Idee, Kundenbestände nach den Adressen zu vergleichen? Bei der Deutschen <u>Nouvo Rich Eisenwaren GmbH</u> bestimmen die Kundenadressen die Verkaufsprovisionen. B2B ist der verlängerte Arm der Handelsvertretung. Somit führen alle in ihr Gebiet anfallenden Umsätze zur Auszahlung von Provisionen, basierend auf einer Postleitzahl. Dies führt bei größeren Kunden, welche beispielsweise über mehrere Vertretungsgebiete tätig sind, zu EDV-technischen Schwierigkeiten. Neben den Funktionen Bestell-, Faktura-, Ausliefer- und Sammelort kämpft der B2B-Anbieter mit der Mobilität seiner Kunden.

Beispielsweise der Handwerker aus Marseille bestellt Gips für die Baustelle in Montpellier oder für eine Auslieferung in der Kneipe um die Ecke des Sportstadiums (weil pikanterweise die Zulieferadresse als solches erst gerade gebaut wird).

Zudem kennen manche Liefersorte sehr strenge Vorschriften, indem sie nur erreichbar sind über eine Brücke, eine Straße, max. 18 Tonnen, nur vertikal ab Ladefläche, nicht seitlich, zwischen 10.15 und 10.25 Uhr usw.

Des öfteren suchen Firmen ihre Hilfe in der systematischen Löschung der Lieferadressen. Sind die Lieferadressen nicht einmal als Datenfeld definiert worden, so erleichtert sich die Handhabung der Adressenpflege zu Kosten der Lieferhistorik.

„Big Hit" als "Default"

Nach Erfahrungswerten im Bestellwesen der Deutschen <u>Nouvo Rich Eisenwaren GmbH</u> zeigen die „Big Hits" oder die Suspendierung von Großaufträgen, dass ein bis drei Prozent aller Artikelbestellungen mehr als zwei Monatsreserven für das gesamte Verkaufsgebiet in Anspruch nehmen (Big Hit). Inventartechniken der Just-in-time-Methode erlauben nicht solche großen Bewegungen bzw. Reservierungen. „Big Hits" sind umsatztechnisch gesehen zwar schön, sie können aber die Firma so beeinträchtigen, dass die Kundenzufriedenheit rasant sinken kann. Große Bestellungen sind:

- einerseits erfreuliche Bedarfsmeldungen,

- aber auch oft mehrfach bestätigte Schriftfehler: die Frage am Ende jeder Software-Routine „Sind Sie sicher? Y/N" wird in der Regel, mit felsenfester Überzeugung, mit Y beantwortet.

Ein Beispiel

Ein Kunde merkt nicht, dass das Akronym „VPE 1000", welches neben dem gewünschten Artikel (z.B. Metallschrauben) am Bildschirm erscheint, für 1.000 Stück pro „Verpackungseinheit" steht. Er braucht nun 700 Schrauben und wäre gut beraten, entweder nichts oder eine zu bestellen. Schreibt der liebe Kunde 700, so wird er möglicherweise am nächsten Morgen mit 700.000 Schrauben konfrontiert werden, wenn mittlerweile der Schraubenproduzent keinen Betriebsstillstand oder Produktionskollaps erlitten hat. Die Notifikation am Bildschirm „sind Sie sicher? Y/N" scheint in diesem realen Fall in Belgien wenig Abhilfe gebracht zu haben. Suspendierungen von Großaufträgen müssen eben diese „Intelligenz" einprogrammiert haben.

Basiert eine Großbestellung auf einem dummen, für jedermann möglich zu unterlaufendem Schriftfehler, so muss das Design der B2B-Lösung im Bereich der Suspendierung von Großaufträgen schnell überdacht und modifiziert werden. Der Fall wird erfahrungsgemäss jedoch noch komplexer: Manchmal ist ein „Big Hit" die Folge einer kundeneigenen und äußerst scharfen JIT-Taktik. Der Kunde wartet bis zum letzten Moment mit der Bestellung, nämlich bis er weiß, dass er die Ware sofort vertraglich weiterverkaufen bzw. einbauen kann, d.h. ohne Inventarrisiken. Seine Aufträge gehen beim Anbieter in den „Big Hit"-Modus und er kann folglich mengenmäßig nur eingeschränkt kaufen. Seine Idee des sofortigen und risikolosen Weiterverkaufs verschwindet. Nun deuten Großbestellungen auf eine gewisse Betriebsgröße hin, nachdem anzunehmen ist, dass der Kunde mehrere Filialen hat. Folgerichtig könnten diese Filialen parallel zueinander Kaufkunde sein, mit eigenen Preiskonditionen. Die nun vom Anbieter aufgezwungene Einkaufslimitierung pro Bestellung kann der Kunden nun umgehen, indem er seinen Auftrag über seine Filialen verteilt und wohlgemeint die günstigen Preiskonditionen des Großauftrags allen mitteilt. Das Ergebnis ist für den B2B-Anbieter das gleiche Chaos, mengen- und preismäßig.

Bereits heute werden solche Probleme mittels einer zeitverschobenen Auslieferung gelöst. Konkret bedeutet dies, dass nach eingehendem „Big Hit"-Signal ein Arrangement mit dem Kunden ausgehandelt wird. Die Lagerorte, bis hin zur Regal- und Fachnummer, werden für den Auftrag reserviert. Bis zur Auslieferung der Auftragsmenge werden die sonstigen „Normalverbraucher" aber blockiert (siehe Kapitel „Automatisierung der Auftragsabwicklung").

Die Problematik der globalen Taktzeiten

Die Eingabe der Bestellung reicht jedoch für eine perfekte B2B-Lösung alleine nicht aus. Eine elektronische Bestellung wird durch den Anbieter als Bestellungseingang und nicht als Bestellungsbestätigung mittels sofortiger E-Mail-Notifikation an den Kunden gehandhabt; auch ist diese Notifikation noch keine Auslieferungsbestätigung, sondern lediglich eine Bestätigung, dass weitere Bearbeitungsphasen gestartet sind.

Beim B2B müssen klare Regeln eingehalten werden: Nachträgliche Bestellungsänderungen durch den Kunden sollten prinzipiell untersagt werden. Die Erfahrung zeigt aber, dass B2B dem Kunden diese Flexibilität bis zum Moment des „Pick & Pack" der Ware gewähren muss. Man denke an die Rückkopplungsprozesse, welche solche Verfahren mit sich bringen! Ausgezeichnete lokale/regionale „Pick & Pack"-Logistiksysteme schaffen bei mittelgroßen Konzernen heutzutage 10.000 Bestelllinien pro Tag; Während 250 Arbeitstage pro Jahr werden somit 2,5 Millionen Bestelllinien verarbeitet. Kennt eine global aktive Firma jährlich annähernd fünf Millionen Bestellungen @ 2,5 Bestelllinien, so sind Bestelländerungen in letzter Minute bei der Bereitstellung und Auslieferung von 12,5 Millionen Bestelllinien eine rege Herausforderung.

Herstellung und Marktversorgung müssen kundennah sein, d.h. nachträgliche Bestellungsänderungen sollten in Echtzeit in der Versorgungskette geschehen. Man denke hierbei auch an o. g. „Exception Management", welches strategische Allianzen wie beispielsweise die logistische Kooperation zwischen der <u>Deutschen Post AG</u> (eShop) und <u>IBM</u> motivieren. „Exception Management", d.h. die schnelle Reaktion auf ungeplante Anforderungen ermöglicht eine äußerst kurze Reaktionszeit gerade bei Fragen wie z. B. Frachtstatus einer Sendung. Ebenfalls spielt hier die Funktionalität des „Tracking & Tracing" eine wichtige Rolle.

Der Zeitbegriff des globalen B2B

Internet ermöglicht theoretisch, den Bestellablauf mittels Datentransfer - online oder im Batchverfahren – innerhalb eines Zyklus von 24 Stunden / 7 Tage / 365 Tage [45] zu organisieren, losgelöst von Zeit- und Postleitzahlzonen[46]. Eine skurrile Frage: Was ist hier die Definition von einer „Lieferung heute um 14.00 Uhr" oder „Lieferung morgen um 08.00 Uhr" im globalen Geschäft? Die Zeitmessung im Internet kann nur über GMT geschehen. In diesem Sinne haben viele weltweite Firmen ihre Zeitmessung in den Lagern auf GMT umgestellt.

---

[45] Vgl. Berres.

[46] Vgl. Kauffels.

back in our room as we lay in gloom, there's a lady on the terrace, there's a man on the surface,
& there's this little silhouet on top of the construction site, he's neatly planned / please understand
this island is a shipyard / they're building wrecks of ev'ry size, to all's consent / to each's delight
they build them for our pleasure, they'll lease them for our leisure [47]

Kreditwürdigkeit

5.1   Offene Debitorenrechnungen als Investition

Die Entwicklungen in der Konjunktur der Neunzigerjahre hat in vielen Betrieben oft zu einer voreiligen Aufstockung der offenen Debitorenbestände geführt. Dies hatte den Zweck, Umsatz und Wachstum abzusichern. Viele Firmen wurden durch diese zwangsläufigen und unbeliebten Investitionen in das Umlaufvermögen sowie durch die Erweiterung der Kundenplattform, zu Zahlungsunfähigkeit oder sogar in den Konkurs getrieben. Dies lag daran, dass nun auch Debitoren aufgenommen wurden, die man in Normalzeiten wegen Brancheninkompatibilität, Strategie- oder gar Kreditwürdigkeitsüberlegungen wohl kaum in der Kundenkartei registriert hätte.

Das Factoring der ausstehenden Debitorenforderungen[48], d.h. der Abverkauf mit sofortiger Zahlung an spezialisierte Firmen, kostet Provision, schreckt gutgläubige Debitoren ab, wirft ein schiefes Licht auf die eigenen Liquiditätsbedürfnisse und birgt die Gefahr, dass vitale Betriebsinformationen freigegeben werden. Sowohl die stark voranschreitende Globalisierung, als auch die Megafusionen von Konzernkunden forcieren die Kreditoren zu einer zusätzlichen und noch größeren Erweiterung ihrer Debitorenbestände und Kreditrisiken.

---

[47] Vgl. Yann. LITTLE SILHOUET.

[48] Vgl. Internet. www.ksk-bc.de.

Die Aufschlüsselung von Kundenhierarchien, die Handhabung der Kreditlimits der Konzerne und die Bonität vieler Konzernfilialen bzw. der eigenständig operierenden Divisionen in einer Matrixorganisation oder Holding, kann nur durch einen tiefgreifenden Wandel in der Einstellung und mit neuen Instrumenten sowie mit komplexeren Businessprozessen zum Erfolg führen. B2B schafft jedoch Abhilfe! Bereits während der theoretischen Aufbauphase der Funktionalitäten des B2B lassen sich aufgrund verbesserter Prozesse in der Risikogewährung die Debitorenverluste spürbar senken.

5.2   Das Risikomanagement

Das Risikomanagement bestehender Kunden oder Neukunden sollte eine Minderung des Erfolgs verhindern und ist somit ein geeignetes Instrument zur Früherkennung von Entwicklungen, welche den Bestand des Unternehmens gefährden[49]. Zahlungskonditionen unterliegen Wirtschaftszyklen und die Erfahrung zeigt, dass Kunden vermehrt auf Lieferantenkredite angewiesen sind. Zwischen 1950 und 1995 wuchsen in einer Firma die Debitorenbestände anteilsmäßig zum Gesamtaktiva bis zu 20 %[50]. Das Umlaufvermögen ist eine Investition und sollte damit nicht historisch, sondern im Sinne eines Return on Investment wie bei Investitionen in Sachanlagen bewertet werden. Der Nutzungsgrad der hier blockierten Ressourcen muss gemessen werden. Beispielsweise sollte die Gewährung eines Kreditaufschubs von 5 Tagen in Abhängigkeit ihrer Rentabilität entschieden werden.

5.3   Die Kreditgewährungspolicen

Kreditgewährungspolicen dienen der Minimierung des Geschäftrisikos unter Beibehalten einer zufriedenen und zukunftsträchtigen Kundenplattform.

---

[49] Vgl. Internet. www.creditreform.de.

[50] Vgl. Block. Hirt.

Drei Variablen bestimmen diese Policen:

- die Kreditstandards

- die Handelskonditionen

- die Politik des Inkassos[51]

Die Kundenbonität wird oft anhand der fünf Kredit-C's („character, capital, capacity, conditions, collateral") bemessen. Subjektive Bemessungen oder auch Beurteilungen des Charakters, wie Moral und Ethik der Geschäftsleitung, werden assoziativ verknüpft mit der Ausstattung des Firmenkapitals, mit ihrer Kapazität zur Cashgenerierung und der Empfindlichkeit zwischen Betriebs- und Nettogewinn bei makroökonomischen oder zyklischen Veränderungen sowie mit den allfällig vorhandenen Bürgschaften.

Die Standards

Mikrogeographische Wirtschaftsauskünfte, welche gegen Entgelt von Instituten wie <u>Dun & Brad-street</u>, <u>Creditreform</u>, Betreibungsämter etc. erhältlich sind, sind uns bestens bekannt. In der Regel werden die Geschäftsdaten freiwillig von den Firmen geliefert. In einigen EU-Ländern ist dies sogar gesetzlich verankert.

Diese Institute veröffentlichen auch so genannte „Ratings" oder „Risikoindikatoren"[52]. Ratings sind die Bonitätsnoten zur Einschätzung von Schuldnerqualität und Ausfallrisiken. Die Zahlungsgepflogenheiten einer Firma werden somit widergespiegelt. Zum Beispiel wird eruiert, wie regelmäßig Steuern, soziale Abgaben und Zulieferanten bezahlt werden. Ein AAA („triple A") – Rating bedeutet sehr gut, eine Degradierung auf AA bis auf D ist vorgesehen. Diese gemeinnützliche Indexierung wird partnerschaftlich gepflegt. Dies erlaubt somit eine Bemessungsgrundlage für die Festlegung eines vernünftigen Kreditlimits und auch die Zahlungsdelinquenz (z.B. 90 + Tagen) des Kunden wird planbar.

---

[51] Vgl. Block. Hirt.

[52] Vgl. Penschke.

Die Effektivität von Kreditlimitvorschlägen ist erfahrungsgemäß insofern tief, da die Verkaufsabteilung der Firma symptomatisch die vom System vorgeschlagenen Kreditlimits beim Kunden tiefer ansetzt. Der Grund liegt darin, dass je tiefer das Kontokorrent gesetzt wird, desto schneller wird dem Kunden eine interne Liefersperre verhängt und desto häufiger kommt der Dialog zwischen Kunden und Vertrieb zustande, was wiederum den Umsatz fördert.

Beim Kreditkartenverkehr sind es die Besonderheiten in der Zahlungsweise, welche die Angaben zur Kreditbonität korrigieren. Eine unerwartete Steigung von Kreditkarteneinkäufen durch einen Kunden erlaubt eine so genannte "Fraud detection". Zum Thema „Fraud detection" folgende Bemerkung: Forensic Accounting ist eine sog. „Emerging"-Wissenschaft im Bereich der Buchhaltung. Es wird hierbei grundsätzlich davon ausgegangen, dass in jedem Handeln der Geschäftsleitung (im Falle einer finanziell schwer angeschlagenen Firma) bzw. vor Konkurs der Firma „negative" Einstellungen zu finden sind. Solche Analysen werden bereits durch große Finanzinstituten routinemäßig ausgeführt.

Die Handelskonditionen

Ein Rechenbeispiel

Angenommen eine Firma verkauft auf Kredit täglich eine Million , 30 Tage netto. Sie hat einen monatlichen Vorfinanzierungsbedarf von 30 Millionen abzüglich der Gewinnmarge. Ein Terminaufschub von zusätzlichen 30 Tagen bedeutet, dass bis zu 60 Millionen blockiert werden. Skonti wie 2 % in 10 Tagen, netto 30 Tagen, sind für finanzkräftige Kunden sehr vorteilhaft. Dennoch zeigt die Erfahrung, dass Zahlungen dennoch verspätet eintreffen und meist nach Abzug des Skonto. Paradoxerweise geht aus Sicht solcher Debitoren die Rechnung meistens auf: Das Inkassoprozedere kostet dem Kreditor oft mehr als die Differenz wert ist. Die Erfahrung zeigt auch, dass bis zu 45 % aller Rechnungen mindestens einmal gemahnt werden müssen. Doch nicht immer sind Mahnungen sachgerecht.

Gründe dafür sind die verschiedensten Zahlungsarten und deren oft schwierige Rückverfolgung: Banküberweisung mit Einzahlungsschein, Finanzierung inkl. Tilgung, Leasing, Wechsel, Scheck, Kreditkarte etc. Beispielsweise sind Zahlungen von Kleinbetrieben mit Scheck, auf Namen der Ehefrau, alltäglich.

Die Inkassopolitik

Die Inkassopolitik basiert im Wesentlichen auf ihrer beabsichtigten Steuerungsmethodik. Sollten lediglich die Einnahmen sichergestellt werden, oder sollte auch die Zusammenarbeit der „Service Channels" wie Marketing, Verkauf und Finanzen hinsichtlich proaktiver Maßnahmen unterstützt werden?

Methode 1: Die klassische Methode (Währung ist EUR; Aktueller Monat = Juni)

Monat	Tage (von)	Tage (bis)	Ø off. Tage	off. Debitoren ()	Anteil off. Debitoren
Juni		1	30	15 (*1)	30.000	52 %
Mai		1	30	45	18.000	31 %
April		31	60	75	6.000	10 %
März		61	90	105	2.000	3 %
offen seit		91	120	165	1.200	2 %
offen seit		121	180	180	800	1 %
Anwalt		181	240	240	200	0 %
					58.200	

*(*1)*	*Durchschnitt vom laufenden Monat*
*(*2)*	*nach Verfalldatum, d.h. 120 Tagen + 30 Tagen + 15*
*(*3)*	*Die ganze Periode oder 6 Monate*

Hier nimmt die Firma lediglich zur Kenntnis, dass 83 % des Debitorenbestandes (*Value at risk:* 58.200) in maximal 45 Tagen bezahlt wird. Diese Zahl ist nur bedingt interessant, weil ihre Steuerung eher abstrakt und schlecht zu messen ist.

Methode 2: die offenstehenden Debitoren in Tagen (Aktueller Monat = Juni)

Monat	Tage (von)	Tage (bis)	Ø off. Tage	off. Debitoren	Faktor (Tage x off. Umsatz)	Anteil off. Debitoren
Juni	1	30	15 (*1)	30.000	450.000	21 %
Mai	1	30	45	18.000	810.000	35 %
April	31	60	75	6.000	450.000	19 %
März	61	90	105	2.000	210.000	9 %
offen seit (*2)	91	120	165	1.200	198.000	8 %
offen seit (*3)	121	180	180	800	144.000	6 %
Anwalt	181	240	240	200	48.000	2 %
				58.200	2.310.000	

*(*x) siehe oben*

Je delinquenter eine Rechnung wird, desto höher ist ihr relativer Stellenwert (Faktor). Die Qualität der offenen Rechnungen wird hier in Tagen zum Grad der Delinquenz gemessen, oder der Σ Faktor 2.310.000 geteilt durch die offenen Debitoren 58.200 ergibt 40 Tage. Diese Methode erlaubt aus Sicht des Finanzcontrollings die konkrete Steuerung der Debitoren.

Methode 3: die offenstehenden Verkaufstage.

Monat	Umsatz ()
Aktueller Monat	30.000
Mai	50.000
April	65.000

Der Quartalsumsatz von 145.000 ergibt eine Tagesdurchsatz (Ø 90 Tagen) von 1.600. Der offene Debitorenbestand von 58.200, geteilt durch diesen Tagesdurchsatz, ergibt 37 Tage. Diese Methode erlaubt die konkrete Steuerung des Verkaufs.

5.4   Die Performance der Investition – die Gegensätze

Angenommen ein Kunde möchte jährlich 10.000 einkaufen. Als Anbieter wird eine Hochpreispolitik verfolgt. Ein Debitorenverlust von 10 % ist eingeplant, die Anwaltskosten betragen 5 % vom Umsatz, der Betriebsaufwand beträgt 60 %.

Übersicht:

Zusätzliches Geschäft		10.000
Debitorenverlust (Rückstellung)	10 %	-1.000
Zusätzlicher Nettoumsatz	9.000	9.000
Inkassoaufwand (Anwalt)	5 %	-500
Rabatt	-20 %	-2.000
Betriebsaufwand	60 %	-6.000
Nettoeinnahmen		500

Die kalkulatorischen Nettoeinnahmen betragen 500 /10.000 oder 5 % vor Steuern. Der ROI der zusätzlichen Investition im Umlaufvermögen, ist bei einer Zahlungsfrist von 60 Tagen aber interessant: 10.000 /6 = 1.667 . D.h. es werden dem Kunden 1.667 Kreditlimit im Zyklus von zwei Monaten zur Verfügung gestellt. Der ROI ist somit 500 /1.667 = 30 %.

Drei Kennzahlen erlauben hier eine Steuerung:

- Mit lediglich 40 % **Deckungsbeitrag** hat das Marketing bei einer Hochpreispolitik mit einem erheblichen Preiswiderstand zu kämpfen. Es stellt sich hier die Frage, ob die Produkte die Richtigen sind.

- Mit einem **Rabatt** von 20 % bringt der Kunden eine hohe Preisempfindlichkeit zum Ausdruck. Hier lautet die Frage: „Wollen wir diesen Kunden überhaupt?"

- Auf die Frage, ob ein **ROI** von 30 % der Zusatzinvestition für die Deckung vom internen Inkassoaufwand ausreichend ist, lautet die Antwort: Bei externen Anwaltskosten von 5 % dürfte der Realaufwand wahrscheinlich um zusätzliche 5 % erhöht werden.

Der Gegensatz zum obigen Beispiel besteht darin, dass die Anforderungen der Finanzabteilung (möglichst wenig Risiko!) mit den Verkaufsvorgaben (mehr Umsatz!) im Widerspruch liegen: Die Argumentation, dass eine restriktive Kreditvergabe einen Wettbewerbsnachteil darstellt, ist alltäglich. Ein weiterer Gegensatz ist, dass die höhere Anzahl an Mahnstufen den Debitorenbestand effektiv senkt[53]. Hier muss jedoch der Automatisierungsgrad des Mahnprozesses (i.e. Anzahl Mahnungen je Sachbearbeiter) überdacht werden.

5.5   Kundenhierarchien

Die Globalisierung der Kunden und Mergers von Konzerngruppen, und ihre Konsolidierung[54], erschweren das Bestellwesen im Generellen und das Problem der Einschätzung bei der Kreditvergabe im Speziellen. "Fleetmanagement" als auch die vermehrt auftretende Forderung von "Key Accounts", die Einzelbestellungen ihrer Filialen nur mittels einer einzigen monatlichen Sammelrechnung zu fakturieren, ist für Kreditoren bei der vorhandenen IT-Infrastruktur („legacy systems") nicht einfach zu lösen.

Universelle und einmalige Codes für solche in einer Pyramide aufgebauten Kunden, die bekannt sind von der US Federal Tax Identity oder Dun & BradstreetN etc., helfen den Filialen, die Divisionen, Tochter- und Schwestergesellschaften unter einer Nummer zu identifizieren.

Besonders wichtig erscheinen hier die gesetzlichen Bestimmungen bezüglich einer bevorzugten Behandlung von Seiten des Staats. Beispielsweise hat die „Federal Government" der USA per Dekret einen Anspruch auf den tiefsten Preis. Die Involvierung eines Regierungsapparats ist nicht immer sichtbar (z.B. die bestellende Firma John &John erfüllt einen Regierungsauftrag) und verursacht mit einem so genannten "Whistle blower" des öfteren einen „Schrecken" oder gar Bußen, indem die Regierung gegen Erhalt einer Prämie über höherdotierte Preise informiert wird.

---

[53] Vgl. Block. Hirt.

[54] Vgl. Salzbrei.

Dennoch zeigt die Erfahrung, dass historische oder gar persönliche Kenntnisse über die Kundschaft äußerst wichtig sind[55].

Die Häufigkeit der Kontaktaufnahme mit dem Kunden drückt aber wiederum die interne Effizienz der Kundenbeziehung. Man denke hier an die „Kontaktkosten".

Hierarchische Preis- und Rabattstrukturen

Angenommen, die <u>Bauwerk Müller AG</u> erteilt Aufträge an die <u>Bauinstallateure Meyer GmbH</u> und <u>Peter GmbH</u>. Die Materialbedürfnisse der drei Partner werden von der deutschen <u>Nouvo Rich Eisenwaren GmbH</u> gedeckt. Im Baugewerbe besteht die Gepflogenheit, dass die für ein genau definiertes Bauprojekt eingekauften Waren, dem Hauptauftraggeber (z.B. <u>Bauwerk Müller AG</u>) zu 100 % weiterverrechnet werden[56]. Nach obigem Modell erhält die <u>Bauwerk Müller AG</u> drei verschiedene Preise für die gleichen Artikel aufgrund separat ausgehandelter Rabatte. Die logische Folge ist, dass die <u>Bauwerk Müller AG</u> signalwirkend sämtliche Rechnungen (von der <u>Peter GmbH</u>, <u>Meyer GmbH</u> und der deutschen <u>Nouvo Rich Eisenwaren GmbH</u>) bis zur Klärung der Preislage schonungslos blockiert.

---

[55] Vgl. Internet. www.dbeuro.com.

[56] Vgl. Benson. Shapiro. Rangan. Sviokla.

Wie soll sich nun der deutsche Anbieter <u>Nouvo Rich Eisenwaren GmbH</u> verhalten? Es bestehen folgende zwei Optionen:

- **Option 1:** Sie lässt die Firmen <u>Meyer</u> und <u>Peter</u> im Ungewissen und offeriert der <u>Bauwerk Müller AG</u> eine "kick-back-Zahlung" auf deren gesondertes Einkaufsvolumen. Hier vermeidet die deutsche Niederlassung <u>Nouvo Rich Eisenwaren</u> eine Schmälerung des Preisausschöpfungspotentials von der <u>Meyer</u> und <u>Peter GmbH</u>.

- **Option 2:** Sie veranlasst, dass die <u>Bauwerk Müller AG</u> den Vorzug eines außerordentlichen Mengenrabatts erhält, wenn letztere alle Einkäufe zentralisiert. Im Gegenzug dazu trägt die <u>Bauwerk Müller AG</u> das Debitorenrisiko.

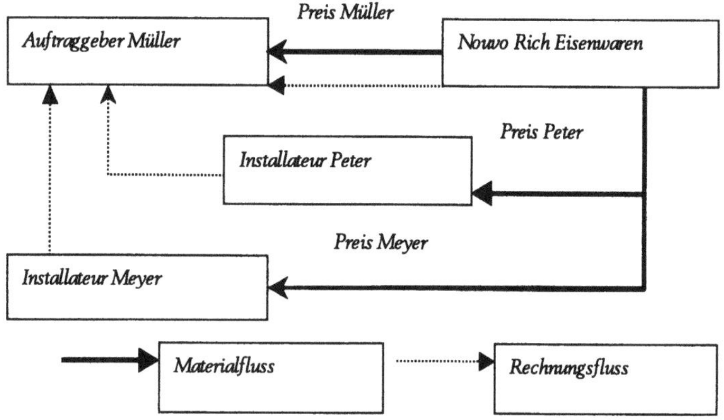

Abb. 16. Problem der Preistransparenz bei verknüpften Geschäftsereignissen.

Die Darstellung und Umsetzung solcher Kundenhierarchien oder Verknüpfungen sind EDV-technisch, beispielsweise mit einem Preisroboter, problematisch. Ein papierorientierter Vertrieb hat diesen komplexen Zustand aufgrund ihrer Marktnähe gut meistern können, indem persönliche Beratung mit Naturalrabatten, Kulanz oder Promotionspaketen verbunden wurden. Dies führte zu einer eigenen, den Kunden angemessenen Manövrierfreiheit mit einem so genannten „One-on-one-pricing"[57].

---

[57] Vgl. Simon. Schumann. Butscher.

Beispielsweise verschwindet die Preistransparenz dann, wenn eine Promotion von DM 700 dem Kunden so angeboten wird, dass er mindestens ein Gerät des Typs XYZ zu DM 350 kauft, und bei den Verbrauchsartikeln bis zum Wert von DM 350 die freie Wahl hat.

Lösungsansätze für die **Rabattpolitik** und die damit verbundenen harmonischen Preisstrukturen bei Kundenhierarchien bestehen insofern, dass Rabatte unterteilt werden nach „Tiered relations" (Umsatzgewichtung), „Cascade relations" (Rabattgewichtung) und „Cumulative relations" (Key Account Vertrag). Solche Ansätze auf höchster Ebene werden von den Firmen Meyer und Peter schnell vermerkt und konsequenterweise für ihre eigene Projekte, welche nicht unter der Obhut der Bauwerk Müller AG laufen, auch für sich fordern. „Chained relations" oder „Additive relations" sind subtile Abweichungen zum Grundgedanken, die Hierarchie gebündelt zu sehen.

Eine Maßnahme dagegen ist der **„pervasive impact on pricing"**, wie beispielsweise Kuponrabatte. D.h. Einkäufe während Randzeiten (06.00 bis 07.00 Uhr; 18.00 bis 21.00 Uhr) erhalten x % mehr Rabatt. Konzerne haben aber einen Einkaufsprozess mit professionellen Einkäufern, die wohl kaum während der Randzeiten einkaufen. Die Theorie besagt, dass der Preis das schnellste Marketinginstrument aller Zeiten ist. Allerdings auch eines, welches am schnellsten zu kopieren ist. Und da liegt das Paradoxon: Wird der Preis nur als Marketinginstrument betrachtet, so fungiert er zwar als eine zunehmend **effektive** Waffe, aber gleichzeitig auch als eine zunehmend **unbrauchbare** Waffe[58]. Es muss deshalb auch neben der Preisstruktur parallel in andere Bereiche investiert werden, die Wettbewerbsvorteile generieren.

Die Logistik bei hierarchischen Kreditlimits

Die Kreditlimits von pyramidenförmig aufgebauten Konzernen werden heute in der Regel pro Subeinheit festgelegt, gegebenenfalls auch mit einer Konzernbürgschaft.

---

[58] Vgl. Simon. Schumann. Butscher.

Ein Beispiel

Die Filiale Hamburg möchte für 8.000 bestellen, hat aber ihren
Limit von 10.000 weitgehend aufgebraucht, d.h. sie hat offene
Posten. Die Filiale Hannover dagegen hat ihren gleich hohen
Kredit nicht beansprucht und ist wenig aktiv. Manuell können
nun die 10.000 vom Bestellwesen des Anbieters von Hannover
auf Hamburg verschoben werden, solange Hannover nicht be-
stellt. Trifft aber gegen Erwartung auch noch eine Bestellung aus
Hannover ein, so wird die Logistik der Konti komplex und teuer.
Wenn Hamburg ihre Rechnungen aber nicht zahlt, so wird sämt-
lichen Filialen des Key Accounts eine Auslieferspeere verhängt.
Ein Optimierungspotential in den Prozessen ist somit gegeben.

„Process-reengineering": Kreditwürdigkeit

Es wurde noch nie eine Technologie entdeckt, die Chaos attraktiv erscheinen lässt. B2B ist auf keinen Fall der Prozess zur Automatisierung der Vergangenheit. Kundenbedürfnisse treiben die
eigene Geschäftstätigkeit an. Der einzige weltweit elektronisch
erfolgreich umgesetzte Businessprozess ist, aufgrund seiner genauen Regeln, der des Finanzcontrollings. Das einzige Benchmarking von B2B ist: „Wie verhält sich der Prozess auf globaler Ebene, wie viel schneller wird er, was spart er?"

Die Kreditlimits

Die vom Bestellwesen her bekannte Suspendierung der Kreditlimits erlaubt der Kundenzahlungsdelinquenz, sich proportional
zum Umsatz in den vom Betrieb verabschiedeten Rahmenbedingungen festzusetzen. Die Kreditsuspendierung soll als „Default"
verstanden werden, wonach der Kunde nach seinem Kreditlimit
eingestuft wird. Eine für Risikomanagement eingebaute Matrix in
der B2B-Architektur bestimmt das einzugehende Risiko mittels
Ratings, Branchenreferenzen (z.B. Auftraggeber, Banken usw.),
Bürgschaften und eigener Debitorenerfahrung. Meist kann aber
die IT eine Kundenadresse erst dann speichern, wenn eine Bestellung vorliegt. Das Eröffnen eines Neukunden kann bei herkömmlichen IT-Systemen bis zu vier Stunden in Anspruch nehmen, obwohl die Bonitätsprüfung in Sekunden zu erfolgen hat.

Eine B2B-Architektur muss demzufolge die Funktionalität der Zwischenspeicherung besitzen, bis eine effektive Bestellung den Kunden im Bestellwesen verankert. Die Verknüpfung der Datenbestände, auch „Demand Center Command Functionality" genannt, wie Kundenidentität, Preise, Adressen, Mengen, Vorräte, offene Forderungen, Reklamationen etc., führt zu hohen Taktzeiten (> 14 bis 15 Sek.). Die Online-Verknüpfung im Bereich E-Business, wie schon während Prototyping oder Simulation getestet, verlangsamt die Prozesse zusätzlich bis zu zwei Sekunden. Eine Stimmfunktionalität zum TCP/IP (Internet Protokoll) zeigt hierbei Resultate: Der Kunde erledigt einen Vorgang mittels vokalem Befehl bedeutend schneller als über eine Tastatur.

Die Prozess-Standards

E-Business ändert aber nicht die grundsätzlichen Geschäftsprozesse: Der angebotene Preis für ein Produkt bleibt eine Funktion von Vorrat, Obsoleszenz, Lieferzeit, Kreditgewährungskonditionen etc. B2B kennt kein Pardon bei Fehlern („garbage in", „garbage out"). Dies setzt die existierenden Prozesse unter den „Generalisierungsdruck" („minimize uniqueness!"), dass alles einfacher werden muss. Nur so werden gute Standards gesetzt, bevor die Kunden es tun. In einer ersten Betrachtung sollten nur jene Vorgänge, welche erhebliche Kostenvorteile ausweisen, unter die Lupe genommen werden. Man denke an die Eisenhowerschen Prioritisierungstechniken. Die Prozessproduktivität oder das Verhältnis zwischen den Erfolgsfaktoren wie Kosten, Zeit und Qualität - deren Größe durch den Markt mittels Benchmarking vorgegeben wird - beinhaltet nicht die Optimierung der Leistungsfähigkeit einzelner Funktionen, sondern die Gesamt-betrachtung als „Prime-mover-Konzepte" zur Produktions-steigerung, vorausgesetzt die schnelle Umsetzung der aufgedeckten Potentiale wird vorangetrieben.

„Silent commerce"[59], oder die stille (weil automatische) Kundenversorgung mittels Rahmenvertrag, setzt eine automatische und vor allem proaktive Kontrolle von Kreditlimits im Sinne eines „Exception Management" voraus.

---

59 Vgl. Cross.

Ein Mechanismus zur kreditgerechten Freigabe der Nachfrage („Demand Release Mechanism") wird hier oberstes Gebot. Die Zahlungsvorgänge kennen durch die Vermehrung von Standards wie SSL-Protokolle („Secure Sockets Layer")[60] und SET („Secure Electronic Transaction") in den USA gute Entwicklungszahlen und senken die Suspendierung von Kreditlimits im Bestellwesen. Nicht ersichtlich sind die Folgen unseres europäischen Denkens, welches von Sicherheit („Firewalls") und Mehrbankenfähigkeit geprägt ist.

---

[60] Vgl. Steiner.

so this is the big change, the point where no returns [61]

Kontaktaufwand

6.1   Der Aufwand für Kundengewinnung und -bindung

Treue wird nicht nur allein mit Technologie erzeugt, sondern auch mit der konsistenten Erfüllung von spezifischen Kundenbedürfnissen. Die Toleranzgrenze des Kunden für Inkonsistenz und Mittelmäßigkeit[62] ist schnell überschritten. E-Kunden suchen im Netz vor allem Anwenderfreundlichkeit. E-Kunden sind preisrationell, doch nicht preisobsessiv. Sie neigen meist stark zur Loyalität. „Preisschmetterlinge" reagieren im Gegensatz dazu auf Promotionen, Rabatte und Werbung. Loyalisten reagieren auf Referenzen. Ein segmentloser Ansatz bei der Kundenakquisition untermauert ihre Profitabilität.

Loyalität basiert auf drei Bausteinen:

- Fulfilment oder die Fähigkeit zu versprochenen Konditionen auszuliefern,

- Produktqualität, gemessen an der Ausfallfrequenz (e. g. Pannen)

- nachgelagerte Dienstleistung oder „post-sale-support", gemessen an einer zeitgerechten und fehlerfreien Unterstützung.

Viele Geschäftsführer konzentrieren sich auf die Akquisition neuer Kunden, statt darauf, sie zu behalten. Dieses morbide Festhalten an „Traffic statistics" führt dazu, dass die Online-Kundenakquirierung sehr teuer werden kann.

---

[61] Vgl. Yann. MENLOVE AVENUE'6'8.

[62] Vgl. Reichheld. Schefter.

Ohne wiederkehrende Verkäufe bleiben die großen Gewinne aus.

Entgegen der Annahme - Kunden zeigen keine große Neigung zur Loyalität - ergibt eine Studie von <u>Bain & Co</u>[63], wie „klebrig" der Webkunde ist, d.h. wie ausgeprägt deren Kundentreue („customer proclivity") ist und wie korrekt eingesetzte Webtechnologie diese inhärente Treue stärken kann:

- Im Bereich der Kundentreue erweisen alte Regeln noch stets die gleiche Vitalität.

- Ein Kundenstamm von lediglich 5 % erhöht die Profitabilität dieser mit 25 % bis 95 %.

- Nicht der Preis, sondern das Vertrauen regiert das Web.

- Paradoxerweise steigt die E-Treue, wenn der Zugang zur Website erschwert wird.

Die Akquisition von Neukunden erfolgt nicht mehr mit der üblichen Mund-zu-Mund Propaganda, sondern mit dem „Word-of-mouse". Solche akquirierten Neukunden zeigen in der Folge einen sehr niedrigen Akquisitionsaufwand auf. Wie beim Aggregationsmodell der „Einkaufssystematik" angesprochen, tendieren die Online-Kunden dazu, ihre Einkäufe bei einem einzelnen Primärlieferanten zu konsolidieren.

Stabile Langzeitkunden traditioneller „Brick-&-mortar"-Geschäfte, welche die offerierte Online-Funktionalität für Einkäufe ausnutzen, zeigen ein dreifaches Einkaufswachstum im Vergleich zur jenen Kundengruppen, welche auf der traditionellen Einkaufsmethodik beharren. Mit der technologischen Gestaltungsfreiheit kann viel realisiert werden, doch kommt schnell die Versuchung zu viel machen zu wollen. Dies löst beim Kunden Frustration und Verwirrung aus. Praktische Suchhilfen führen sehr schnell zum Erfolg[64].

---

[63] Vgl. Reichheld. Schefter.

[64] Vgl. HT.

Ein gutes Beispiel ist die Firma Grainger, ein US-Gerätespezialist für Instandsetzung und Reparatur: Die äußerst geschickte Webpräsentation erlaubt es, den physischen Katalog von 4.000 Seiten mit 90.000 Positionen in ein virtuelles Dokument umzuschreiben, welches 10.000 Seiten und eine viertel Million Positionen zählt. Es wurden auch hier kundenspezifische Preislisten hinterlegt, die mit modernster Navigationstechnologie das Einkaufserlebnis unterstützen und vereinfachen[65].

Im Gegensatz dazu ist bei der US-Firma Home Depot die Website als ein geschäftsförderndes Hilfsmittel für die Kundschaft gedacht. Die US-Firmenkette bietet knapp 50.000 Produkte im Bauhaupt- und Baunebengewerbe an. Sie zielt bewusst auf den Verkauf außerhalb der Hauptgeschäftszeiten[66] ab. Dies basiert auf der Überlegung, dass viele Baukunden auf ihrem Weg zur Baustelle zwischen der Zeit von 5.00 bis 8.00 Uhr bzw. bei ihrem Nachhauseweg zwischen 18.00 bis 22.00 Uhr, keine offene Läden für ihre Einkäufe finden. Diese Überlegung bildet somit das Basiskonzept dieser äußerst populären, schnell und nachhaltig wachsenden Ladenkette (mehr als 3.000 Mega-Großwarenhäuser). Ihre hoch profitablen Kleinkunden sollten mit B2B von einem wesentlich effizienteren Fulfilmentprozess profitieren können. Beispielsweise werden Online-Bestellungen auf Anfrage für eine frühmorgendliche oder spätabendliche Abholung (bis 22.00 Uhr) gerüstet. Diese Fähigkeit erhöht den Mehrwert der Firma Home Depot bei diesen Kunden und stärkt deren Treue.[67]

Die Entscheidung einer Firma, einen Webkatalog, ein Online-Bestellservice oder ein weborientiertes Kundenbindungsprogramm anzubieten, basiert auf den Marktforschungsergebnissen durch Analysen, Kundengesprächen, Pragmatismus und Wirtschaftlichkeit. Eine mögliche Benchmark ist der Kontaktaufwand oder „Cost-of-Contact". Die Frage dabei ist, was eine Kontaktaufnahme kostet, welchen Nutzen sie bringt, wie B2B sie verbessern kann und wie sie sich steuern lässt.

---

[65] Vgl. Reichheld. Schefter.

[66] Vgl. Horgren. Sundem. Elliot.

[67] Vgl. Reichheld. Schefter.

6.2   Das Geschäftsmodell

Beim Entwurf einer B2B-Lösung bestimmt das zugrunde liegende Geschäftsmodell einer Firma die Abgrenzung der Funktionalitäten.

Beiliegender Text basiert auf einem Realbeispiel

Die Luxemburgische multinationale Gesellschaft <u>Nouvo Rich Eisenwaren AG</u> (Nota: Name und Geschäftsdaten sind fiktiv), stellt Eisenwaren her und vermarktet sie. Der Produktkatalog beinhaltet beispielsweise Fensterbeschläge, Nägel, Klebstoffe, Schrauben, Handwerksgeräte etc. Ihr Distributionsnetz beruht auf eigenen Tochtergesellschaften mit regionalen Hauptsitzen. Die Wertschöpfungskette beginnt bei der Herstellung der Ware und endet beim Verkauf an den Endverbraucher. Eine solche vertikale Verknüpfung, vom Rohmaterial bis hin zum Endkunden, bildet somit eine Einheit und die wohl komplexeste Form eines Geschäftsmodells. In diesem Text konzentrieren wir uns auf die deutsche Verkaufsniederlassung Deutschen <u>Nouvo Rich Eisenwaren GmbH</u>. Der Verkaufsumsatz beträgt jährlich 115 Millionen mit 247 beschäftigten MitarbeiterInnen.

Die Verkaufsorganisation basiert auf den drei wesentlichen Eckpfeilern bzw. Absatzkanälen:

- Handelsvertretung

- Tele-Marketing

- Eigene Verkaufsshops

Es kann angenommen werden, dass die drei Absatzkanäle die gleiche fachliche und kaufmännische Kompetenz aufweisen. Bei komplexeren Anfragen wie beispielsweise mehrstufige Produktszenarien wird der Kundeninnendienst eingeschaltet. Bei länderübergreifenden Verkaufsaktivitäten wie zum Beispiel bei internationalen Großkunden wird die Luxemburgische Zentrale involviert. Das Neue am Call-Center ist das Sammeln und Zusammenlegen aller kundenrelevanten Daten an einer für den Kunden jederzeit zugänglichen Zentralstelle[68].

---

[68] Vgl. Tescher.

6.3   Die B2B-Strategie - das Ziel

Hierbei ist das Ziel, zu eruieren, ob bei der B2B-Lösung alle Funktionalitäten auszuarbeiten sind oder ob ihr nur eine informationstragende Rolle zugeschrieben werden sollte. Die Grundsatzfrage lautet, welcher Mehrwert aus einer B2B-Lösung zu extrahieren ist. Quantitative und qualitative Überlegungen untermauern die möglichen Szenarien. Die Währung soll die sein.

Die Eckpfeiler

Eine B2B-Strategie sollte sich auf drei Eckpfeiler stützen[69] [70]:

- Vision mit langfristiger Marketingstrategie

- Ausbau der Funktionalitäten

- Steigerung der Kundenzufriedenheit

Vision und langfristige Marketingstrategie

Eine langfristige Marketingstrategie berücksichtigt, dass sich die Webanwendung mit der Zeit zum eigenständigen Absatzkanal entwickelt. Das Konzept des Kundenlebenszyklus unterstützt insofern, da der Nutzen einer Webanwendung entlang des Zyklus aufgebaut werden kann. Ceteris paribus, läuft der Kundenlebenszyklus parallel zum Bestellprozess. Meldet sich der Kunde mit einem besonderen Wunsch, hat er dabei bewusst oder unbewusst einen Lösungsweg vor Augen. Er überlegt sich die angebotenen Alternativen, entscheidet über den Kauf und führt eine Kauftransaktion durch. Nach Erhalt des Produkts sowie kontinuierlicher Unterstützung bleibt er offen für weitere Käufe. Grob betrachtet spielt deshalb der Kundenlebenszyklus bei der Entwicklung und dem Aufbau von Kundenbeziehungen eine wichtige Rolle.

Der Gesamtaufwand der Kundenbetreuung nimmt bei steigender Kundentreue proportional ab. Somit können Großkunden mit größerer Sorgfalt betreut sowie zusätzliche Ressourcen freigestellt werden.

---

[69] Vgl. Internet. www.ctp.com.

[70] Vgl. Internet. www.forrester.com.

In diesem Sinne ist eine B2B-Strategie nur dann sinnvoll und wertschöpfend, wenn der Kundeninnendienst markant verbessert werden kann. Die Schaffung von internetbasierten Kundenbeziehungen erlaubt somit dem Tele-Marketing mehr Zeit für alternative und umsatzgenerierende Tätigkeiten, beispielsweise im Bereich der Reklamationsbearbeitung oder Schulung. B2B bildet somit primär ein profitables Zusatzgeschäft und senkt interne Kosten.

Der Aufbau

Vier Kernelemente bestimmen die Architektur beim Aufbau:

- Web-Produktkatalog

- Online-Bestellservice

- Weborientiertes Kundenbindungsprogramm

- Wissensmanagement

Der Produktkatalog im Web

Neben dem informativem Zweck des Webkatalogs sollte dem Kunden eine Hilfe zur Selbsthilfe gegeben werden. Das übergeordnete Ziel ist, die Abhängigkeit des Kunden vom Tele-Marketing und Kundeninnendienst zu reduzieren, und in weiterer Folge, die Kundenreichweite zu erhöhen. Der Kunde soll:

- gezielter gewünschte und alternative Lösungsansätze kennenlernen,

- in Berührung mit nicht unmittelbar verlangten Produktinformationen kommen,

- eine höhere Kundentreue mittels der „Warenkorbfunktionalität" entwickeln.

Er modelliert somit seine Produktszenarien zur Befriedigung seiner Bedürfnisse bzw. seiner Neugier, selbst wenn er im Moment nichts kauft. (Eine Erhöhung der räumlichen Reichweite mittels B2B wird hier nicht behandelt.) Bei der Angebotserstellung führt der Webkatalog während eines Betriebszyklus von 24 Std./7 Tagewoche/365 Tagen pro Jahr zu höheren Randkosten. Mit der Funktion „Warenkorb" ist dann die Preisanfrage die logische Konsequenz.

Mit Hilfe von „Datawarehousing" und „Datamining" kann der Kataloginhalt mit dem Kundenprofil verknüpft werden. Basierend auf Kundenprofil und Warenkorb können durch „Cross-Selling" weitere Angebote, welche den Kunden interessieren dürften, generiert werden.

Beispiel

Kundenanfrage nach Fenstersilikon: Der Kunde ist bereits als Fensterinstallateur registriert und wird mit einem Angebot für Fensterbeschläge assoziiert. Werbung und Verkaufsaktionen können gesondert auf Kundenprofile angepasst und am Bildschirm aktiviert werden.

Der Online-Bestellservice

Nachdem der Kunde seine Bestellung im Warenkorb zusammengestellt hat, liegt es auch nahe, zusätzlich einen Bestellservice anzubieten. Das Phänomen des schwarzen Lochs bei herkömmlichen Bestellroutinen, bei dem aus Kundensicht die Bestellung nach Eingang bis zur Auslieferung verschwindet, verunsichert die Kunden. Proaktive Informationen an den Kunden über Warenverfügbarkeit, Kreditkonditionen und Lieferverfolgung, auch das „Exception management" im Falle von Lieferpannen, bilden heutzutage unentbehrliche Wettbewerbsvorteile. Die webbasierte Transaktionsfunktionalität muss daher stabil, benutzerfreundlich und konsistent sein.

Geschäftsfall: Nouvo Rich Eisenwaren GmbH

Absatzkanäle und Umsatzverteilung

Das von der Deutschen <u>Nouvo Rich Eisenwaren GmbH</u> angebotene Produktportfolio enthält ca. 2.300 teilweise beratungsintensive Artikel. Die Rolle der Absatzkanäle wird dadurch definiert, dass das Geschäftsvolumen der Verbrauchsartikel und der wiederkehrenden Bestellungen möglichst ohne Miteinbeziehen der Handelsvertretung erfolgen sollte. Beratung und Akquisition von Neukunden ist die Domäne der Handelsvertretung.

Die klassischen Kosten der Kontaktaufnahme:

	Umsatz (Mio.)	Umsatz p. P.	Umsatzverteilung	# Leute
Handelsvertretung	40	220.000	35 %	183
Tele-Marketing	52	1.300.000	45 %	40
Ladenverkauf	23	960.000	20 %	24
Total	115	2.480.000	100 %	247

<u>Zur Umsatzverteilung</u>: Die Zahlen zeigen, dass Tele-Marketing die höchste Anzahl an Bestellungen verbucht. Der Prozentanteil des Ladenverkaufs ist insofern niedrig, da ein Laden auch die Funktion von Demonstration und Schulung wahrnimmt.

Die Trefferrate nach Absatzkanal

Je Absatzkanal handelt es sich hierbei um die Anzahl der Kontakte, welche erfolgreich, d.h. mit einer Bestellung, abgeschlossen werden. In der Logik des Geschäftsmodells dient die Handelsvertretung der Kundenbetreuung und deren Akquisition, was die Trefferrate tief hält. Ein Jahr zählt 225 Arbeitstage.

Die Anzahl Kontakte:

	Trefferrate	# Kontakte je Tag	# Kontakte je Tag p. P.	# Kontakte mit Verkauf je Tag p. P
Handelsvertretung	23 %	1.900 [*1]	10 [*2]	2 [*3]
Tele-Marketing	27 %	1.900 [*1]	40	
Ladenverkauf	40 %	700	29	12

[*1]	*Erfahrungszahl errechnet durch den Telefonrechner vom Kundeninnendienst*
[*2]	*1.900/183 = 10*
[*3]	*Kontakt pro Tag x 23 % Trefferrate= 2 erfolgreiche Kontakte*

<u>Erläuterung</u>: Damit die Handelsvertretung ihre Verkaufsziele erreicht, sollten elf Kunden je Tag besucht bzw. kontaktiert werden.

Zwei oder drei Kontakte je Tag können erfolgreich mit einer Bestellung abgeschlossen werden. Insgesamt hat die Firma somit: 1.900 + 1.600 +700 = 4.200 Kundenkontakte **täglich**, oder 945'000 **jährlich**. An „Inbound"-Arbeitsplätzen, wo eingehende Anrufe beantwortet werden, können die Beschäftigten noch nicht einmal selbst ans Telefon gehen. Ein Computer schaltet ihnen die Anrufe automatisch auf den Kopfhörer. Das durchschnittliche Gespräch dauert drei Minuten. Bis zu 250 Anrufer sind an einem Tag abzufertigen[71]. In unserem Modell ist auch im Call-Center die beratende Rolle nicht zu vernachlässigen; demzufolge zeigt die Erfahrung zwischen 40 und 60 Anrufe pro Tag.

Der Aufwand einer Kontaktaufnahme

Unabhängig dessen, ob ein Kontakt extern oder intern, informativer oder geschäftlicher Natur ist, kostet ein Kundenkontakt der Deutschen Nouvo Rich Eisenwaren GmbH 24. In der Tat zeigt die Handelsvertretung mit 47 den höchsten Aufwand pro Kontakt an, das Tele-Marketing weniger als ¼:

	Personal-stamm	Aufwand p. P. inkl. NBK	Aufwand Personal	Aufwand je Kontakt
Handelsvertretung	183	110.000 (*5)	20 Mio. (*6)	47 (*7)
Tele-Marketing	40	45.000	1,85 Mio.	5 (*8)
Ladenverkauf	24	125.000	3 Mio.	19
Total	247		24,85 Mio.	24 je Kontakt

*(*5)*	*Rechenannahmen basierend auf BetriebsAbrechnungsBögen*
*(*6)*	*183 x 110.000 = 20 Mio.*
*(*7)*	*20 Mio. /1.900/225 = 47*
Bem.	*In der Rubrik Aufwand pro Person inkl. Nebenkosten sind Sachkosten wie Auto, Ladenmiete etc. pauschal je Mitarbeiter mit einbezogen.*

---

[71] Vgl. Paulus.

Entlastung des Tele-Marketing durch B2B

Die Arbeitsroutine im Tele-Marketing: Basierend auf o.g. Statistik erscheint es sinnvoll, die hohe Produktivität des Tele-Marketing weiter auszuschöpfen. Eine Optimierungsmethode läge darin, die allgemeine Kundenberatung in der Webpräsentation zu integrieren. Im Sinne der „Single source of communication" sollten auch die damit zusammenhängenden Produkt- und Bestelldatenbanken in der Webanwendung integriert werden. Zahlenmäßig lässt sich die Entlastung des Tele-Marketing durch das B2B nach der Arbeitseinteilung wie folgt festhalten:

	Verteilung der Tageszeit	Zeit (Std.) je Tag	Jahresaufwand Personal
Allgemeine Kundenberatung	50 % (*9)	4.00 $^{(*10)}$	925.000 (*11)
Beratung Handelsvertreter	25 %	2.00	462.500
Aufträge buchen	20 %	1.60	370.000
Variabel	5 %	0.40	92.500
Total	100%	8.00	1.850.000 (*44)

*(*9) Rechenannahmen basierend auf BetriebsAbrechnungs Bögen*

*(*10) 8 Std. je Tag x 50 % = 4 Std..*

*(*11) Jährliches Gehalt pro Person = 46.250 . Beispiel: 4/8 x 46.250 x 40 = 925.000*

*(*44) Summe Jahresaufwand Personal*

Aufwand eines Anrufes durch Tele-Marketing

Basierend auf 225 Tagen pro Jahr, liegt der Tagesumsatz pro MitarbeiterIn im Tele-Marketing bei DM 11.500. Der jährliche Umsatz des Tele-Marketing beträgt 103,5 Millionen DM:

Jahresumsatz	115.000.000
Anteil Umsatz Tele-Marketing	45 %
Umsatz Tele-Marketing	51.750.000 (*12)

*(*12) 115 Mio. x 45 % = 51,75 Mio*

Der Umsatz je MitarbeiterIn liegt somit bei 5.750:

Anzahl Arbeitstage pro Jahr	225 (*13)
Tagesschlagrate Tele-Marketing	230.000
# MitarbeiterInnen Tele-Marketing	40 (*14)
Tagesumsatz pro MitarbeiterIn	5.750 (*15)

*(*15) 51,750 Mio (*12)/225 (*13)/40 (*14) = 5.750*

Der Umsatz je erfolgreicher Anruf beträgt 523 :

Eingehende Telefonanrufen pro Person je Tag	40 (*16)
Trefferrate	27 % (*17)
# Gespräche mit Verkauf pro Person je Tag	11 (*18)
Umsatz pro erfolgreicher Anruf	523 (*19)

*(*16) 1.600 tägl. Anrufe Innendienst/40 (*14) = 40 Kontakt pro Person*

*(*18) 40 Kontakte pro Person (*16) x 27 % = 11*

*(*19) 5.750 (*15)/11 (*18)= 523*

Ein Anruf, unabhängig von dessen Erfolg, dauert 12,1 Minuten und kostet je MitarbeiterIn 5 *(*8)* oder pro Stunde 26 :

Gesprächsdauer, in Minuten	12,0 (*20)
Stundensatz je MitarbeiterIn	26 (*21)

*(*20) 8 Std. pro Tag x 60 Min/40 Kontakte pro Tag (*12) = 12,0 Min. pro Kontakt*

*(*21) Personalaufwand 1.850.000 (*44)/40 Leute (*14)/225; Tage pro Jahr(*13)/ 8 Std. pro Tag = 26 p Std.*

*(*44) Summe Jahresaufwand Personal*

Verschiebung durch den Einsatz von B2B

Ein genaueres Kundenprofil bei allgemeinen Fragen, inklusive Detailkalkulationen, System- und Produkterklärungen, Preise und Konditionen durch die Webpräsentation ausfindig zu machen, erlaubt dem Tele-Marketing mehr Ressourcen für zusätzliche Bestellungen. B2B dient hier Informationszwecken.

Bei dieser Potentialanalyse ist der gestiegene Wissenstand der Kundschaft nicht berücksichtigt. Indem sich die Kundschaft im Vorfeld eines Telefongesprächs durch die Website mit Produkten und Dienstleitungen vertraut macht, wird die Gesprächsdauer mit Tele-Marketing wesentlich verlängert. Hier wiederum kann Tele-Marketing effektiv und effizient eingreifen, indem sie die Kundschaft mit vorhandenem Kundeninnendienst verbindet. Die Hälfte der Tagesarbeit im Tele-Marketing (vier Stunden pro Tag), wird der allgemeinen Kundenberatung gewidmet. Eine Entlastung durch den Webauftritt sollte ca. 10 %, 20 % und 30 % betragen:

Entlastung	Zeitersparnis (Std.) je Tag im Tele-Marketing	jährliche Gesamtersparnis (Std.)	jährlicher Wertersparnis
10 %	16 (*22)	3.600 (*23)	93.600 (*24)
20 %	32	7.200	189.800
30 %	48	10.800	286.000

*(*22) 10 % x 8 Std. x 50 % (*9) x 40 Leute (*14) = 16 Std.*

*(*23) 16 Std. (*22) x 225 Tage pro Jahr (*13) = 3.600 Std.*

*(*24) 3.600 Std. (*23) x 26 (*21) = 93.600*

Diese Entlastung führt zu mehr Bestellungen ohne Personalzuwachs und zusätzlichen erfolgreichen Verkaufsgesprächen:

Entlastung	Σ zus. Anrufe je Tag	Σ zus. erfolgreiche Anrufe je Tag	zus. Verkaufspotential p. a.
10 %	80 (*25)	22 (*26)	2,6 Mio. (*27)
20 %	160	43	5,2 Mio.
30 %	240	65	7,8 Mio. (*28)

*(*25)   16 Std. (*22) x 60 Min p Std./12 Min pro Kontakt (*20) = 80 zusätzliche Kontakte pro Tag*

*(*26)   80 zusätzliche Kontakte pro Tag (*25) x 27 % Trefferrate (*17) = 22 erfolgreiche Kontakte pro Tag*

*(*27)   22 erfolgreiche Kontakte pro Tag (*27) x 225 Tage pro Jahr (*13) x 523 Umsatz pro erfolgreichem Kontakt (*19)=2,6 Mio.*

Vom Mehrumsatz beträgt das jährliche Potential 2,6 bis 7,8 Millionen .

6.4   Investition der Umsetzung

Folgende Aufstellung zeigt summarisch die wichtigsten Kostenelemente, welche ein Webauftritt mit 40 Lizenznehmern ermöglicht:

Investition für die B2B-Lösung	Einsatz	Aufwand ()
Gestaltung und Programmierung	ca. 10 Wochen @ 10 Mann	250.000 (*28)
Entwicklung	ca. 20 Wochen @ 10 Mann	560.000 (*29)
Schulung (25 Std.)	40 MitarbeiterInnen	1.900
Server	3 @ 20.600	62.000
Software für die Datenbank Server	3 @ 316	950 (*30)
Anwendungsserver & Lizenz	inkl. 40 Lizenzgebühren	220.000 (*31)
Investition für die Umsetzung		1.094.850
Betriebskosten p. a.	4,5% (geschätzt) am Umsatz (*33) [72]	351'000 (*32)
Total (abgerundet)		1'500'000 (*34)

*(*28) 10 W x 10 M x 40 Std. pro Woche x 62 p Std. = 250.000*

*(*29) 20 W x 10 M x 40 Std. pro Woche x 70 p Std. = 560.000*

*(*30) 3 x 20.600 = 62.000 ; 3 x 316 = 950*

*(*31) 40 L (*14) x 5.500 /Lizenz = 220.000*

*(*32) 7,8 Mio. (*28) x 4,5 % IT Aufwand (*32) = 351.000 p. a.*

*(*33) 4,5 % IT-Aufwand, gemessen am Umsatz*

*(*34) Summe*

Bemerkung: Hier wird die Investition ins Intranet (zwischen Ladenverkauf, Tele-Marketing und Zentralrechner) von ca. jährlich 500.000 nicht weiter berücksichtigt.

Basierend auf der rasanten Entwicklung der heutigen IT ist es sinnvoll, die gesamte Investition im ersten Geschäftsjahr abzuschreiben.

---

[72] Vgl. Britzelmaier.

Somit würde das „cash-out" 1,5 Millionen ausmachen mit einer „Pay-back-Rate" von zwei bis sieben Monaten.

Entlastung	zusätzliche Einnahmen	E-Aufwand p. a.	Gewinn p. a.	Pay-back (Aufwand/ Ertrag)
10 %	2,6 Mio. (*27)	1,5 Mio. (*34)	1,1 Mio. (*34)	7 Monate (*35)
20 %	5,2 Mio.	1,5 Mio. (*34)	3,7 Mio.	4 Monate
30 %	7,8 Mio.	1,5 Mio. (*34)	6,3 Mio.	2 Monate

*(*35)   1,5 Mio. (*34)/2,6 Mio. (*27) = 0,58 Jahr = 7 Monate*

Kosten der Kontaktaufnahme durch die Webpräsentation

Bei der Berechnung des Aufwandes der Kontaktanbahnung durch B2B kann die o.g. Entlastung/Verschiebung zu zwei Geschäftsansätzen führen:

Ansatz 1 - die Integration: Tele-Marketing betrachtet B2B als entlastendes Instrument bei kleinen bzw. wiederkehrenden Anfragen. Tele-Marketing behält aber die Priorität gegenüber dem Internet;

Ansatz 2 - die Entflechtung: Dem B2B wird hier eher eine informative Rolle zugemessen. Dieser Ansatz versteht sich als vorbereitende Maßnahme, den **vierten Absatzkanal** zu entwickeln.

- **die Integration**

Entlastung	Zusätzlicher Erlös (Mio.)	Umsatz aktuell (Mio.)	Total Umsatz (Mio.)	Σ zus. Anrufe je Tag	aktuelle Kontakte pro Tag	Kontakte je Tag
10 %	2,6 (*27)	51,75 (*12)	54,35 *36)	80 (*25)	1.600 (*34)	1.680 *37)
20 %	5,2	51,75	56,95	160	1.600	1.760
30 %	7,8	51,75	59.55	240	1.600	1.840

*(*36) 2,6 (*27)+ 51,75 (*12) = 54,35*

*(*37) 80 (*25)+1.600 (*4) = 1.680*

Die Einbindung des Aufwandes von B2B in das Geschäft des Tele-Marketings, erhöht den Kontaktaufwand von ursprünglich 5 [8] auf 8 bis 9 . Die Produktivitätssteigerung bei gleichem Personalstamm beträgt 80 bis 240 zusätzlicher Anrufe je Tag.

Entlastung	Jahresaufwand Personal O	E-Aufwand O p.a.	Totaler Aufwand O	Kontaktaufwand O
10 %	1,85 Mio (*44)	1,5 Mio. (*34)	3.35 Mio. (*38)	9 (*39)
20 %	1,85 Mio	1.5 Mio.	3.35 Mio.	8
30 %	1,85 Mio	1.5 Mio.	3.35 Mio.	8

*(*38) 1,85 Mio (*44) + 1,5 Mio. (*34) =3,35 Mio.*

*(*39) 3,35 Mio. (*38)/225 Tage pro Jahr (*13)/1.680 Kontakt pro Tag (*37) = 9 pro Kontakt*

• Die Entflechtung als gesonderter Absatzkanal

Die Firma betrachtet B2B als einen zukünftigen Absatzkanal, welcher autonom ist und sich dahingehend als vierte Absatzmöglichkeit etabliert.

Entlastung	E-Aufwand () p. a.	B2B Kontakte je Tag	B2B-Kontakte jährlich	Kontaktaufwand
10 %	1,5 Mio. (*34)	80 (*25)	18.000 (*40)	83 (*41)
20 %	1,5 Mio.	160	36.000	42
30 %	1,5 Mio.	240	54.000	28

*(*40) 80 Kontakte pro Tag (*25) x 225 Tage pro Jahr (*13) = 18.000 Kontakte pro Jahr*

*(*41) 1,5 Mio. (*34)/18.000 (*40) = 83 (*34)*

Bemerkung 1: Entgegen dem populären Glauben ist eine B2B-Lösung ein zukunftsträchtiges Verkaufsinstrument, nicht das preisgünstigere.

Bemerkung 2: In diesem Sinne gilt zu berücksichtigen, dass die Bildung eines neuen Absatzkanals als eine Investition samt Abschreibung zu betrachten ist. Dies dürfte die finanzielle Berührungsangst lindern.

Der „Break-even-point" des Aufwandes zur Anbahnung des Kontaktes via B2B liegt bei ca. 656.000 Anrufen *(*42)*; der Aufwand beträgt dann ebenso viel wie ursprünglich im Tele-Marketing (DEM 10,10) *(*8)*:

(*42)	(3,35 Mio. (*38)/1,85 Mio. (*44) * 1.600 Kontakte pro Tag (*4) x 225 Tage pro Jahr (*13) = 655.978 Kontakte pro Jahr
(*43)	3,35 Mio. (*38)/655.978 Kontakte pro Jahr (*42) = 5 (*8)

Im Tele-Markting beträgt die Anzahl der Anrufe: 1.600 *(*4)* täglich x 225 Tage *(*13)*, oder 360.000 pro Jahr. Ein „Pure-play"-B2B-Geschäftsmodell, d.h. ohne „Click-und-smoke-stack"-Funktionalitäten, erscheint somit aus praktischen und logistischen Gründe vorläufig noch als utopisch.

it all came down to this final misunderstanding, they just couldn't cope with the whole situation anymore
so the only way to make this misunderstanding final, was by making it the final one
yet by making it the final one they felt demolished[73]

Break-even: Umsatz je Artikel

Die elektronische Geschäftsabwicklung zwischen Unternehmen liegt im Trend. Prognosen sagen hier den größten Markt voraus. Nach eBoss beträgt die Marge der letzten Handelsstufe (B2C) mehr als 10 % des Gesamtpreises. B2B wird auf Dauer nicht 90 % aller e-orientierten Umsätze vereinnahmen. eBoss schätzt, dass längerfristig zwei Drittel der Umsätze im B2B- und B2C-Bereich anfallen werden.

Wieso online handeln?

Die meisten Unternehmen unterhalten langjährige Beziehungen mit ihren Lieferanten. Der Preis der Ware ist wichtig, aber nicht allein ausschlaggebend. So schnell wird ein bewährter Lieferant durch einen unbekannten Online-Billiganbieter, besonders bei anspruchsvollen Komponenten, nicht abgelöst. Der Online-Handel muss also zusätzliche Anreize bieten.

Commodities

Darunter werden einfache Serienartikel (z.B. Schrauben) verstanden. Sie sind standardisiert in Abmessungen, Leistung und Qualität. Lieferanten sind in diesem Segment am ehesten einem Preiskampf unterworfen und insofern leichter austauschbar. Diese Artikel eignen sich ohne viel zusätzlichen Aufwand (Informationen, Beratung etc) für den Online-Handel. Da dies aber so genannte C-Teile sind, machen sie keinen großen Anteil des B2B-Umsatzes aus.

---

[73] Vgl. Yann. THE FINAL MISUNDERSTANDING.

Anspruchsvolle Güter

Solche Güter können nur aufwendig verkauft werden. Der Käufer benötigt zuerst Informationen, eventuell auch eine Demonstration. Nach dem Kauf ist meist eine Schulung notwendig. Die Wartung ist ebenso ein zu beachtender Kostenfaktor. Der Online-Auftritt ist hier eher als Verkaufsförderung zu sehen. Informationen, Schulung, Service (z.B. Reparaturanleitungen) müssen ebenfalls online („download" von „Manuals" etc.) angeboten werden. Hier können B2B-Umsätze entstehen durch zusätzliche Handelsmöglichkeiten entstehen: Videokonferenzen statt persönliche Besuche, enge wiederholte Zusammenarbeit zwischen Lieferanten und Kunden, bereits in der Konstruktion der Güter usw.

Informationen

Sie sind besonders bei anspruchsvollen Gütern nötig. Die meisten Unternehmen verfügen über eigene Einkaufserfahrung in ihrem Kerngeschäft. Sie brauchen allenfalls die Unterstützung der Einkäufer bei Commodities oder Gütern, welche sie selten benötigen.

Beispiel

Ein Baumwoll-Händler wird im Internet kaum Informationen zu Qualität, Ernteaussichten usw. suchen. Dieses Wissen ist im Hause vorhanden. Hingegen braucht er vielleicht Beratung in der Datenverarbeitung.

Fazit

Unternehmen - sowohl von der Käufer - als auch von Verkäuferseite - schließen sich zum Aufbau von Marktplätzen zusammen. Wer B2B betreiben will, muss sich im Klaren sein, welche Einkäufer angesprochen werden sollen. Daraus ergibt sich der Aufwand für die zusätzliche Beratung und Information. Start-up-Unternehmen wittern in diesem Markt ihre Chance, sei es als Contentanbieter oder Softwarehäuser[74]. Dies gilt ganz besonders für Marktplätze.

---

[74] Vgl. Hanser.

7.1   Angebotspolitik: personalisiert oder kundenorientiert?

Das Internet ermöglicht ein personalisiertes und/oder ein kundenorientiertes Angebot. Beide unterscheiden sich: beim **personalisierten Angebot** besteht die Strategie darin, dass der Kunde das gewünschte Produkt oder die Dienstleistung und den Erfahrungsinhalt mitbestimmt. Beispielsweise bestimmt der Kunde in einem Online-Blumengeschäft seine Auswahl, losgelöst von vordefinierten oder menügesteuerten Blumenkombinationen. Beim **kundenorientierten Angebot** baut die Strategie auf Basiselementen des Angebot auf - auf Menüs, welche spezifisch die einzelnen Kundenbranchen nach festgelegten Modellen berücksichtigen. Beispiele sind Online-Bankkredite für den Normalverbraucher, für KMUs', Computerkonfigurationen etc. Es ist diese Dichotomie „personalisiert vs. kundenorientiert" welche in der neuen Wirtschaft den Firmenerfolg bestimmt. So genannte „click-und-mortar"-Geschäfte - bei denen sich der Kunde sowohl physisch als auch virtuell die gewünschten Bücher anschauen kann - erfahren, dass die traditionelle (physische) Geschäftsform sich weiterentwickeln und mit Sicherheit nicht schrumpfen wird[75]. Daraus resultiert die logische Frage über die Virtualität vom Web[76].

Wie virtuell ist das Web nun wirklich?

Das Web ist nur interessant, wenn folgende Benutzeranforderungen berücksichtigt werden:

- *Technologie:* Inwiefern kann die Internettechnologie die Online-Vermarktung (e. g. Software) vereinfachen?

- *Logistik:* Wie ist die Gestaltung (Form, Verpackungsgröße, Zerbrechlichkeit etc.) von Produkt und Dienstleistung. und wie einfach lässt es sich liefern? (e. g. simpel bei CDs und Büchern, schlecht bei Möbeln)?

- *Kultur:* Internet ist noch stets ein Medium, das vor allem durch höher geschulte, gut verdienende Kunden eingesetzt wird und die Interesse an Kulturprogrammen zeigen (e. g. Bücher und CDs)

---

[75] Vgl. Prahalad. Ramaswamy.

[76] Vgl. Reichheld. Schefter.

Bei „Click & mortar"-Geschäften stellte sich heraus, dass 60 % der Europäer[77] ihre Kaufware erst begutachten möchten, bevor gekauft wird. Dies ist auch ein klarer Indikator dafür, dass der traditionelle Kleinhandel nie völlig durch das Internet verschwinden wird. Die Differenz zwischen kaufen und „shoppen" ist somit noch besser definiert: Im Internet wird Information gesucht, gekauft wird in physischen Läden. „Brick & mortar"-Geschäfte mutieren zu „Click & mortar"-Geschäften. Es ist sicher richtig, dass der kleine Laden aufgrund seiner hohen Fixkosten kaum mit dem Wettbewerb des Internet mithalten kann, so doch wohl auf dem Gebiet der Auslieferung und dem Kundenservice[78].

7.2   F-Commerce anstatt E-Commerce

Nicht B2B, sondern F-Commerce - Fulfilment-Commerce - ist die neue Richtung[79]. Zum Verständnis von F-Commerce wird folgende Frage aufgeworfen: „Wie sind Waren oder Dienstleistungen, welche sich nicht auf der Festplatte herunterladen lassen, d.h. Zahnbürsten, Bücher, Bastelgerät usw. am effizientesten auszuliefern?" Es ist jedem gegeben, ein Buch über das Internet verkaufen zu wollen, doch wie gelingt es, diesen Gegenstand kostengünstig, zeitgerecht und zuverlässig dem Kunden zu liefern? Die Erfüllung der Bestellung (Fulfilment) wird zur Überlebensprobe.

Ein weiteres Beispiel

Zur Bewältigung des aktuellen, mit einem Faktor zehn gestiegenen Distributionsvolumen plant Amazon.com die Errichtung von sieben regionalen Distributionszentren, mit knapp 350.000 m^2 Lagerraum[80].

---

[77] Vgl. Vandormael.

[78] Vgl. Vandormael.

[79] Vgl. Prahalad. Ramaswamy.

[80] Vgl. Prahalad. Ramaswamy.

Bei der belgischen Firma <u>Proxis</u> - der Vorreiter im Online-Handel mit Büchern und CDs – muss der Kunde manchmal Monate auf die Auslieferung warten, ohne jegliche Form von Notifikation im Sinne eines „Exception Managements"[81]. Das vorübergehende Übel, dem Kunden zuviel zu schnell zu versprechen, ist nicht nur technischer, sondern vor allem kultureller Natur. Auch das „Change Management" bezogen auf die kulturelle Dimension genießt generell eine rasant wachsende Priorität in der Branche.

7.3   Der Artikelaufwand im B2B

B2B ist eine kostspielige Angelegenheit. Die Planung einer B2B-Lösung hat „step-by-step" zu erfolgen. Ein anwendbares Instrument zur Messung des Gesamtaufwandes ist die Wirtschaftlichkeitsanalyse. Sie beantwortet nach dem Prinzip der Grenzkosten „Marginal Costs", pro Artikel die folgende **Kernfrage**: „Was ist der Mindestumsatz, den jeder angebotene Artikel jährlich bringen muss, damit sich der fixe Aufwand für die Artikeleingabe, seine Pflege, seine Stillegung usw. in den Bereichen EDV, Logistik, Produktmanagement, Verkauf, Finanzbuchhaltung usw. rentiert?" Die Analyse sollte zwei Optionen aufzeigen: das historisch-klassische und das B2B-Geschäfts-modell. Dieser Text bezweckt ein ansatzmäßiges Modell nach den vielen, aber dennoch wenig berücksichtigen Kostenarten bei Produkten.

Die Ergebnisse

Nach den zwei Geschäftsmodellen betrachten wir folgende drei Alternativen zur Berechnung der notwendigen Umsätze je Artikel zur Deckung der Artikelkosten, **ohne Herstellkosten und Gewinnziel**: Eine Muttergesellschaft stellt ihrem Vertrieb Ware zur Verfügung.

- Artikelaufwand #1 (Break-even) von **2.380**

- Der Vertrieb verkauft diese Ware weiter an die Endkunden.

- Artikelaufwand #2 (Break-even) von **3.118**

- Der Vertrieb kauft regional Artikel zu.

- Artikelaufwand #3 (Break-even) von **1.000**

---

[81] Vgl. Vandormael.

Anders ausgedrückt: Damit sich das Anlegen eines Verkaufsartikels lohnt, muss er jährlich mindestens 3.118 Umsatz bringen, zusätzlich zum Herstellungsaufwand.

Ein Rechenbeispiel

Einstandspreis eines Artikels	10
Gewinnziel	5
Nettoverkaufspreis	15
Artikelaufwand für das Anlegen und Pflegen	3.118
Gesamtaufwand inkl. Gewinnziel	3.133
„Break-even-point" in Menge: 3.133 / 10 = 313 Stück	313 Stück

*Die drei Alternativen berücksichtigen auch die Deckung der Artikelkosten von 376 **je Artikel** für den Aufbau einer B2B-Lösung bei einem Investitionsvorhaben von 1,5 Mio. (siehe Kapitel „Investition der Umsetzung").*

Aufwandsübersicht, Fulfilment, und IT:

Artikelaufwand/ je Artikel (ohne Herstellkosten und Gewinnziel)	*1	*2	*3
E-Business	376	376	376
Anschaffungs- und Pflegekosten je Artikel, welche die Mutter dem Vertrieb zur Verfügung stellt	2.004	2.004	0
Anschaffungs- und Pflegekosten von der Tochtergesellschaft eingekauften Artikel	0	738	632
Artikelaufwand - je Artikel (ohne Herstellkosten und Gewinnziel)			
Break-even Umsatz (ohne Herstellungskosten und Gewinn)	2.380	3.118	1.000

**1 Im Konzern anfallende Kosten je Konzernartikel*

**2 Im Vertrieb anfallende Kosten je Konzernartikel*

**3 Im Vertrieb anfallende Kosten je konzernfremder Artikel*

Die Produktdatenbank

Die Definition von Artikel oder Produkt benötigt hier eine Erklärung, welche nur ansatzmäßig und eingeschränkt - je nach Industriesparte, Firma, momentaner strategischen Orientierung und Geschäftsmodell - betrachtet werden kann.

Im beiliegenden Text definieren wir einen Artikel (Produkt) als ein lagerhaltiges Verkaufsobjekt. Nicht berücksichtigt werden dabei Hilfsmaterialien und Zubehör, wie Ersatzteile, Roh- und Hilfsstoffe, Werbebroschüren, Dienstleistungen usw. Aus diesem Grund ist die folgende Betrachtung der Grenzkosten außergewöhnlich: Von mehreren zehntausend Artikeldaten, welche die Nouvo Rich Eisenwaren AG registriert hat, sind nach Abzug von Ersatzteilen, inaktiven, ausgelaufenen, auslaufenden, blockierten, falsch angelegten, historisch beibehaltenen, aus fiskalen Gründen usw. Positionen, höchstens 3.000 bis 3.500 als wirkliche Umsatzträger zu betrachten.

In unseren Kalkulationen fixieren wir den Artikelstamm des Konzerns auf 3.200 lagerhaltige und zum Verkauf fähige Positionen. Die deutsche Tochtergesellschaft Nouvo Rich Eisenwaren GmbH hat davon 2.300 Positionen übernommen; sie kauft selbst 250 Positionen lokal ein, ohne weitere Wertvermehrung. Eine einfache Pareto-Analyse (ABC) des Artikelstammes nach Umsatz- oder Lagerbewegung zeigt auf, dass mit kaum drei bis fünf Prozent aller Verkaufsartikel, bereits die Hälfte des Verkaufsumsatzes gewährleistet wird. Und somit ist hier der Kern dieses Textes angedeutet: die Artikelverwaltung, als fixer Aufwand und im Vergleich zu den durchschnittlich registrierten Umsätzen je Artikel, führt zu enormen Kosten. Besonders wichtig sind dann auch Produkteliminationsstrategien[82], indem jede Produktelimination zu Kostensenkungen führt, welche direkt „Bottom line" - relevant sind.

Über die vielen Jahre der geschäftlichen und entwicklungsorientierten Aktivitäten einer Firma, welche teilweise mit großem Elan in guten Zeiten und eher defensiv in schlechteren waren, hat sich die Anzahl von Artikelnummern in der Regel rasant und spektakulär entwickelt.

---

[82] Vgl. Wemhoff.

Vordergründig zeigt die Erfahrung, dass die Fülle von Artikelnummern, vor allem im Bereich des Produktmanagements zum Statussymbol geworden ist. Jeder Versuch, diese Anzahl zu senken, stößt entweder auf einen prestigeorientierten Widerstand, die Angst vor Umsatzschmälerung oder die Lustlosigkeit, da niemand Zeit findet, um sich auch noch mit Artikeln auseinander zu setzen, die keinen Umsatz bringen.

Dennoch ist der Punkt aus zweierlei Aspekten interessant:

- Erweiterung der Speicherkapazität im IT-Bereich lassen sich nicht ohne weiteres, d.h. ohne sorgfältige Planung optimal umsetzen.

- Erfahrungen zeigen, dass gerade bei innovationsgetriebenen Herstellungs- und Vertriebsfirmen, oft 80 % der Ladenhüter weniger als zwei Jahren alt sind. Kurz: Mehr als 80 % der Positionen, die durchschnittlich max. eine einzelne Lagerbewegung pro Jahr kennen, stammen aus Innovationen, die kaum 24 Monate alt sind. Der Rückschluss zum Produktlebenszyklus der getätigten Innovationen spricht Bände.

Die USA zeigt aber, dass sie trotz und aufgrund ihres ungebrochenen Dranges zur Innovation[83], die Probleme der Speicherkapazität und Fehlkalkulation des Marktes bestens meistern. Die Artikelstämme der Verkaufsartikel bei einer amerikanischen Schwestergesellschaft zeigen erfahrungsgemäß oft lediglich 40 % in Gegensatz zu ihrer europäischen Schwestergesellschaft. Die oft beobachtete niedrigere Marktpenetration in den USA, im Gegensatz zu Europa, wirkt sich hier verständlicherweise abschwächend aus.

---

[83] Vgl. S.M.

Bei der Schweizer <u>Siemens AG</u> führte das konsequent durchgeführte „Change Management" im Produktbereich zwischen 1998 und 1993 zu außergewöhnlichen Prozessverbesserungen oder Kostenreduzierungen, welche direkt kundenrelevant sind:

- Anzahl Typen und Teile: - 87 %

- Anzahl Lieferanten : - 88 %

- Fehlerrate in der Fertigung: - 95 %

- Fertigungsdurchlaufzeit: - 75 %[84]

Dank dieser Ergebnisse gelang es der Firma, die Zeitspanne zwischen der Entwicklung und der Markteinführung bis auf 90 % zu reduzieren. Damit steigerte sich das Geschäftsvolumen auf 50 % und die Rentabilität auf 120 %. „New Economy mit Substanz", der B2B-Lösungsansatz der <u>Siemens Gruppe</u> besteht darin, das Wissen über Einkauf, Engineering und Realisierung von 440.000 MitarbeiterInnen in über 190 Ländern nutzen zu können[85]. Nach genauer Definition befasst sich dieser Text ausschließlich mit Artikelnummern. Die Betrachtung des Artikelstammes sollte auch die inhaltliche Beschreibung eines Artikels berücksichtigen. Erfahrungsgemäß richtet sich die Hinterlegung der Inhaltsdaten mit Artikelnummern und Beschreibung nach haftpflichtrelevanten Daten.

Alle mit Haft verbundenen Daten müssen durch den Kunden abrufbar sein. Potentielle Kunden- oder Transportprobleme (z.B. Ökologie im Generellen und Toxikologie im Speziellen) sind beim Aufbau der Produktdatenbank vorläufig dem Problem der Haftung untergeordnet. Datenblätter zur Materialsicherheit gemäß EU-Richtlinien sind Bestandteil der gespeicherten Artikel. Interessanterweise ist aber z.B. die Giftklasse eines Rohstoffes hier nicht enthalten. Letztere liegt auf einem höheren Niveau, weil sie viele „Downstream-Produkte" tangieren kann.

---

[84] Vgl. Clemm.

[85] Vgl. Schmid.

Um auf das bereits kurz beschriebene B2B-Geschäftsmodell der Luxemburgischen <u>Nouvo Rich Eisenwaren AG</u> zurückzukommen, bewältigt die Firma den Datenberg bei der inhaltlichen Generierung mit einer durchschnittlichen Geschwindigkeit von elf Artikeln pro Manntag. Teil dieser „Contentgenerierung" sind bildschirmfähige Bilder, einheitliche Textstrukturen. Technische Details, Layout und Links zu weiteren angebotenen Produkten. Das Konzept des „Single-source-of-communication" kommt hier gänzlich zum tragen. Alle Fehler in der Dokumentation werden bloßgelegt, es wird einheitlich gearbeitet. Entscheidend ist die Überlegung, ob die Artikel der Produktdatenbank für die B2B-Lösung auch noch Schnittstellen zu betriebsinternen CAE-, CAD-, CAP- sowie Logistiklösungen haben sollte. Diese Überlegung würde bedeuten, dass pro Artikel - auch für die Ersatzteile - mehrere hundert Attribute hinterlegt werden müssten, wovon effektiv drei Dutzend direkt für den Kunden relevant sind (Länge, Breite, Höhe, Tiefe, Gewicht, Verpackungseinheit, Zollcodes, physische Eigenschaften u. v. m.). Baut man für den B2B-Bereich die Produktdatenbank auf einzelnen Artikelnummern der Endprodukte, so bleibt die Funktionalität der Stücklisten („Bill of material") unberücksichtigt.

Dies würde bedeuten, dass die Bewältigung von Verkaufspromotionen und „Package deals" damit zu einem Problem werden. Beispielsweise könnte die Promotion eines Schuhherstellers beinhalten, dass beim Kauf von Waren in Höhe von 150 ein Paar Schuhe für 100 und frei zu wählenden Socken für 50 gekauft werden können. Der gesunde Menschenverstand sagt, dass solche kombinierten Offerten mit jeweils einer einzelnen Nummer für dieses Paket hinterlegt werden müssten. Eine Aufsplittung nach den einzelnen Artikelnummern dieses Paketes (Socken Nr. 2342093; Schuhe Nr. 2308480) wäre für Marketinganalysen zu komplex.

Dies bedeutet wiederum, dass die Artikelnummern weiterhin die so genannten, von Controllern und Produktmanagement besonders verhassten „Jokernummern" haben müssen. Dabei bleibt eine Frage oft unbeantwortet: Dürfen solche „Ad-hoc-Artikelnummern" nach Ablauf der Promotionskampagne freigegeben werden für neue Kombinationen, oder sollten sie für Zwecke der Buchhaltung und Rückverfolgung (ISO 9001) restlos „eingefroren" werden? Beiliegender Text sollte Antwort dazu geben.

Der Artikelstamm im B2B-Bereich

Die Luxemburgische multinationale Gesellschaft <u>Nouvo Rich Eisenwaren AG</u> produziert und vermarktet Waren aus Eisen. Der Produktkatalog beinhaltet unter anderem Fensterbeschläge, Nägel, Klebstoffe, Schrauben sowie ein breites und gut bestücktes Portfolio von Geräten für Handwerker. Das „Supply Chain Management" berücksichtigt alles entlang der Wertschöpfungskette: Angefangen bei der Produktion der Ware bis hin zum Verkauf an den Endverbraucher.

In diesem Text konzentrieren wir uns auf das Rollenspiel zwischen der Luxemburgischen Mutter und der Deutschen <u>Nouvo Rich Eisenwaren GmbH.</u> In den ersten zwei Jahren konzentriert sich der Aufbauarbeit des B2B-Bereichs auf die Muttergesellschaft. Erst ab dem dritten Jahr (* im Text) übernimmt die erste Vertriebsstelle, in diesem Fall die Deutsche <u>Nouvo Rich Eisenwaren GmbH</u>, die B2B-Funktionalität und passt sie den lokalen Bedürfnissen an.

Der gesamte Personalstamm für den B2B-Aufbau (Währung ist)

	Jahr 1	Jahr 2	Jahr 3*	Jahr 4*	Summe
Personal	3	6	5	8,5	22.5
Gehalt pro Person	60.000	60.000	60.000	60.000	60.000

Lagerhaltiger Artikelstamm

	Jahr 1	Jahr 2	Jahr 3	Jahr 4	Summe
Zentrale (*1)	500	2.700	-	3.200	3.200
Vertrieb(*2)	-	-	2.300	2.300	2.300
Σ Artikel	500	2.700	2.300	5.500	5.500

*(*1) Mangelnde Lerneffekte führen im ersten Jahr zur schrittweisen Registrierung, die gesammelte Erfahrung erlaubt einen schnelleren Aufbau beim Vertrieb.*

*(*2) In diesem Modell werden die jährlich neu dazu kommen den Artikel, sowohl in der Zentrale als auch beim Vertrieb, sowie die zusätzlichen und lokal eingekauften Artikel zum Zwecke der Übersicht nicht weiter berücksichtigt.*

Der Vertrieb muss seine vom Konzern übernommenen Artikel (2.300) vollständig neu anlegen. In der Regel werden bei einem multinationalen Konzern die Produktdefinitionen mit deren inhaltlichen Beschreibungen in englischer Sprache und nicht in der Landessprache des Vertriebs (e. g. Deutsch, DIN) angeboten und eingeführt.

Artikeleingabe beim B2B-Aufbau

	Jahr 1	**Jahr 2**	**Jahr 3**	**Jahr 4**	**Summe**
Personal	1.5	2	2	1	6,5
Gehalt	90.000 (*3)	120.000	120.000	60.000	390.000
Eingabe/ Σ Artikel	180 (*4)	44	52	11	71 (*5)

*(*3) 1,5 Personen x 60.000 Gehalt 90.000*

*(*4) 90.000 /500 Artikel = 180 je Artikel*

*(*5) 390.000 /5.500 Artikel = 71 je Artikel*

Design des Prozesses

	Jahr 1	**Jahr 2**	**Jahr 3**	**Jahr 4**	**Summe**
Personal	1,5	2	2	1	6,5
Gehalt	90.000	120.000	120.000	60.000	390.000
Design/ Σ Artikel	180	44 (*6)	52	11	71

*(*6) 2 x 60.000 Gehalt 120.000 ; 120.000/ 2.700 Artikel=44 je Artikel*

Artikelpflege

	Jahr 1	**Jahr 2**	**Jahr 3**	**Jahr 4**	**Summe**
Personal	-	1	1	4	4
Salär	-	60.000	60.000	240.000	240.000
Pflege/ Σ Artikel	-	22	26	44(*7)	44

*(*7) 4 Personen x 60.000 = 240.000 ; 240.000 /5.500Artikel=44 je Artikel*

Investition Hardware, Software

	Jahr 1	Jahr 2	Jahr 3	Jahr 4	Summe
Volumen	-	350.000	150.000	-	500.000
Abschreibung		30 %	30 %	30 %	30 %
Abschreibung	-	105.000	45.000	-	150.000 (*8)
Afa /Σ Artikel	-	39	19	-	27 (*9)

*(*8) Siehe Kapitel „Investition für die Implementierung": 1,5 Mio. , wovon 0,35 Mio. für Aufsetzen der Server mit deren Softwarelizenzen, abgerundet auf 0,5 Mio. (wegen Währungsrisiken, Verspätungen, Anlauf- und Anpassungsschwierigkeiten).*

*(*9) 150.000 /5.500 Artikel = 27 je Artikel*

Beratung & Lizenzgebühren

	Jahr 1	Jahr 2	Jahr 3	Jahr 4	Summe
Pauschal	125.000	350.000	35.000	7.000	517.000
Aufwand / Σ Artikel	250 (*10)	130	15	2	94 (*11)

*(*10) 125.000 /500 Artikel = 250 je Artikel*

*(*11) 517.000 /5.500 Artikel = 94 je Artikel*

Miteinbeziehen des Marketing (Produkt-Management)

	Jahr 1	Jahr 2	Jahr 3	Jahr 4	Summe
Personal	-	1	-	2,5	3,5
Gehalt	-	60.000	-	150.000	210.000
MKT / Σ Artikel	-	22	-	27	38 (*12)

*(*12) (3,5 Personen x 60.000 Gehalt)/5.500 Artikel = 38 je Artikel*

Administration, Koordination & Reisetätigkeit

	Jahr 1	Jahr 2	Jahr 3	Jahr 4	Summe
Pauschal (*13)	15.000	62.000	15.000	30.000	122.000
AK&R/ Σ Artikel	30	23	7	6	22 (*14)

*(*13) transatlantische Erfahrungswerte*

*(*14) 122.000 /5.500 Artikel = 22 je Artikel*

Gesamttotal je Artikel für die B2B-Funktionalität

	Jahr 1	Jahr 2	Jahr 3	Jahr 4	Summe
Total/Σ Artikel	640	324	171	100	367

7.4   Costs of Ownership des Artikelstammes

	Konzern	Deutschland	Deutschland (lokale Neuartikel)
Umsatz, Mio.	600	115	24
Artikelstamm Σ Artikel (*15)	3.200	2.300	250

*(*15) Es handelt sich hier um den lagerhaltigen Artikel stamm. Die dt.*
Tochtergesellschaft kauft jährlich 250 Artikel lokal (d.h. konzernfremd) ein.

Fixer Lagerungsaufwand – Bestelldynamik

	Konzern	**Deutschland**	**Deutschland (Neuartikel)**
Materialwert, gesamt, Mio.	240	46	10
durchschnittlicher Materialwert, (*16) (Annahme)	130	130	130
durchschnittliche Anzahl Bestelllinien je Kundenbestellung (Annahme)	Geschäftsvolumen	2,50	2,50
Bestellungen pro Jahr	320.000	884.615	184.680
Anzahl der Bestelllinien aller Kundenaufträge, jährlich		2.211.538 (*17)	461.701
davon: Direktlieferungen an Kunden (*18)		60 %	60 %
davon: Lieferungen an Läden (*18)		40 %	40 %
Anzahl Bestelllinien zum Kunden		1.326.923 (*19)	277.021
Anzahl Bestelllinien zu den Läden		884.615 (*19)	184.680

*(*16) Der durchschnittliche Materialwert eines bestellten Artikels ist gleich dem Einstandspreis bzw. Herstellungspreis als auch Verrechnungspreis*

*(*17) Bestellung pro Jahr x Anzahl Bestelllinien = 884.615 x 2,5 = 2.211.538*

*(*18) In diesem Modell wird davon ausgegangen, dass 60 % aller Kundenbestellungen vom Zentrallager direkt an den Kunden geliefert werden, und in 40 % der Fälle wird die Ware vom Zentrallager an die Verkaufsläden geschickt, wo der Kunde sie dann abholt.*

*(*19) 60 % x 2.211.538 = 1.326.922 Bestelllinien; dito Kalkulation für die Läden*

Fixer Lagerungsaufwand pro Verkaufsartikel

	Konzern	Deutschland	Deutschland (Neuartikel)
Zentrallager – Infrastruktur			
Investition in Infrastruktur je Artikel (*20)[86]	2.000	2.000	2.000
Anzahl Artikel (lagerhaltig)	3.200	2.300	250
Investition in Infrastruktur Mio.	6,4 (*21)	4,6	0,5
Abschreibung, 10 Jahre, Mio.	0,64 (*21)	0,46	0,05

*(*20) Ein Artikel in dieser Industriesparte kostet durchschnittlich 2.000 an Bau-und Regalpflegekosten: Zahlen ergeben sich aus persönliche Beobachtungen, Gesprächen und Erfahrungen.*

*(*21) 3.200 Artikel x 2.000 Aufwand/ Artikel = 6,4 Mio. ; Abschreibung @ 10 %*

Verzinsung des Vorrats

	Konzern	Deutschland	Deutschland (Neuartikel)
Materialaufwand, 40 % vom Umsatz, Mio.	240	46	10
Umschlagfaktor Warenlager (inkl. Laden- u. Konsignationslager)	12	8	8
Vorrat Zentrallager, Mio.	20,0 (*22)	5,8	1,2
Verzinsung Vorrat 10 %., Mio.	2,0 (*23)	0,6	0,1
Artikelstamm Σ Art.(*15)	3.200	2.300	250
Artikelstamm Σ Art.(*15)	3.200	2.300	250
Fixe Kosten je Artikel pro Jahr	824 (*24)	450	354

*(*22) 240 Mio. / 12 = 20 Mio. ist der ständige durchschnittliche Vorratsbestand.*

*(*24) [(*21)+(*23)] / Artikelstamm]; (0,64 Mio. + 2 Mio.)/3.200 = 824 ; (0,46 Mio + 0,6 Mio.)/2.300 = 460 ; (0,05 Mio + 0,1 Mio)/250 = 354*

---

[86] Vgl. Internet. www.vanderlande.com.

Die Infrastruktur der Vertriebsorganisationen orientiert sich an den Marktgegebenheiten, die einer Konzernzentrale orientiert sich an Gegebenheiten des Vertriebs.

Variable Kosten der Lagerbewegungen:

	Konzern	Deutschland	Deutschland (Neuartikel)
Verkaufsdynamik Zentrale			
Anzahl Warenbewegungen (*25) (siehe „Bestellungen pro Jahr")	320.000	884.615	184.680

*(*25) Warenbewegungen sind 1) per Palette (Volumen- oder Streckengeschäft) von Zentrale zum Vertrieb (i. e. Tochtergesellschaft) oder 2) per Paketdienst vom Vertrieb (i. e. Zentrallager) zum Endkunden.*

Details der variablen Kosten

	Konzern	Deutschland	Deutschland (Neuartikel)
Personal Zentrallager	24	35	7
Gehalt pro Person	40.000	40.000	40.000
Gehaltsaufwand Zentrallager	960.000 (*26)	1.400.000	280.000
Personal Läden	-	14	3
Gehalt pro Person	-	40.000	40.000 (*26)
Gehaltsaufwand Läden	-	560.000	120.000
Variabler Aufwand	960.000	1.960.000	400.000

*(*26) 24 Personen x 40.000 Jahresgehalt = 960.000 ; dito. Kalkulation für die beiden anderen Positionen*

Operativer Aufwand

	Konzern	Deutschland	Deutschland (Neuartikel)
Betriebsaufwand (*27)	2.400.000	460.000	96.000

*(*27) Der Betriebsaufwand wird hier bei 1 % des Warenumsatz (inkl. Lagerauf wand mit eigenem EDV-System) festgelegt. Oder, Materialaufwand, 40 % vom Umsatz x 1 % => 40 % x 600 Mio. x 1 % = 2,4 Mio.*

Verpackung

	Konzern	Deutschland	Deutschland (Neuartikel)
Verpackungsmaterial (*28)	<u>720.000</u>	<u>460.000</u>	<u>96.000</u>

*(*28) Das Verpackungsmaterial wird mit 0,3 %, für Paletten und 1 % für den Paketdienst gemessen am Warenaufwand (240 bzw. 46 bzw. 10 Mio.) festgelegt.*

Interner + direkter Transport

	Konzern	Deutschland	Deutschland (Neuartikel)
Transport (*29)	<u>2.400.000</u>	<u>1.380.000</u>	<u>300.000</u>

*(*29) Für den Transport vom Zentrallager zum Vertrieb wird mit 1 % Aufwand, gemessen am Warenumsatz, gerechnet (Container) (1 % x 240 Mio. = 2,4 Mio.), vom Vertrieb zum Kunden oder Laden mit 3 % (Paketdienst) (3 % x 10 Mio. = 300.000)*

Zahlenübersicht der variablen Kosten

	Konzern	Deutschland	Deutschland (Neuartikel)
Variabler Aufwand	960.000(*26)	1'960'000	400'000
Operativer Aufwand	2.400.000(*27)	460'000	96'000
Verpackung	720.000 (*28)	460'000	96'000
<u>Interner + direkter Transport</u>	<u>42.400.00(*29)</u>	<u>1.380.000</u>	<u>300.000</u>
Summe der variablen Kosten	6.480.000 (*30)	4.260.000	892.000
Variabler Aufwand einer Bewegung (*31)	20	5	5

*(*31) (Total der variablen Kosten (*30)) / (# Warenbe wegungen); 6.480.000/ 320.000 =20 je Bewegung; dito Kalkulation für die beiden anderen Positionen.*

Aufwand Logistik

Σ Aufwand Logistik, Mio. (*32)	9,12	5,32	1,06

*(*32) Abschreibung 0,64 Mio. (*21) + Verzinsung Vorrat 2,00 Mio. (*23) +*
*Gesamte variablen Kosten 6,48 Mio. (*29) = 9,12 Mio. ; dito Kalkulation*
für die beiden anderen Positionen.

Aufwand der IT Unterstützung, Aufwand, Pflege

	Konzern	Deutschland	Deutschland (Neuartikel)
IT Aufwand zum Umsatz [87]	4,5%		
IT Aufwand, Mio.	27 (*33)		
davon IT Aufwand für Supply Chain Management (Annahme)	10 %		
IT Aufwand für Supply Chain Management in DM (*34)	2.700.000	0	0

*(*33) 4,5 % x 600 Mio. = 27 Mio.*

*(*34) 27 Mio. x 10 %. Es wird hier pauschal davon ausgegangen, dass mit 4,5 %*
der gesamte IT-Aufwand, auch beim Vertrieb, abgedeckt ist.

---

[87] Vgl. Britzelmaier.

Verteilung des IT-Aufwand versus „Supply Chain Management"

	Konzern	**Deutschland**	**Deutschland (Neuartikel)**
IT für die zentrale Logistik (Annahme)	60 %		
IT für Artikelbewegungen (Annahme)	85 %		
IT für die Lagerung (Annahme)	3 %		
var. IT-Aufwand je Lagerbewegung	4 (*35)		-
Fix. IT-Aufwand für die Lagerung des Gesamtbestandes an Artikeln, je Art.	15 (*36)		-

*(*35) IT-Aufwand Supply-Chain, 2,7 Mio.) x (IT für die zentrale Logistik, 60 %) x (IT für Artikelbewegungen, 85 %)] / (# Warenbewegungen, 320.000) =4 je Lagerbewegung*

*(*36) (IT-Aufwand Supply-Chain, 2,7 Mio.) x (IT für die zentrale Logistik, 60 %) x (IT für die Lagerung, 3 %)] / (Gesamtbestand an Artikeln, 3.200) = 15 je Artikel*

Strategischer Einkauf

	Konzern	**Deutschland**	**Deutschland (Neuartikel)**
Lohn + Nebenkosten (Basis)	50.000	50.000	50.000
Arbeitszeit, jährlich, in h	1.950	1.950	1.950
Stundenwert,	26 (*37)	26	26
# Strategischer Einkäufer	13	1,0	1
# Einkaufskoordinatoren der Abteilungen	3	-	1
Belastung für den normalen Einkauf inkl. Ersatzteile	30 %	30 %	30 %
# Vollstellen (*38)	4,8	0,3	0,6
Personalaufwand (*38)	238.000	15.000	30.000
Wertung ist nach Artikelstamm, nicht nach Bewegung			

*(*37) 0.000 /1.950 Stunden = 26 /Stunde.*

*(*38) Beispiel: (13 + 3) x 30 % = 4,8 Vollstellen; Personalaufwand: 4,8 x 50.000 = 238.000 (ohne Abrundung)*

Artikelstamm strategischer Einkauf

	Konzern	Deutschland (übernommen)	Deutschland (Neuartikel)
# neue Verkaufsartikel (*39)	250	180	250
Jährlicher Bestellaufwand von neu angelegten strategischen Artikeln (*40)	948	83	120

*(*39) Der Konzern legt jährlich 250 Artikel neu an, wovon 180 vom Vertrieb übernommen werden. Der Vertrieb legt selber jährlich 250 Artikel an, welche er lokal einkauft. Das Artikelwachstum des Konzerns beträgt somit 250 Positionen, das des Vertriebs 430*

*(*40) 238.000 (*38)/250 Verkaufsartikel = 948 je Artikel; dito Kalkulation für die beiden anderen Positionen.*

Strategische Ersteinkaufsaktivitäten (Marketing)

	Konzern	Deutschland	Deutschland (Neuartikel)
Anzahl Produkt-Manager (Annahme)	4	3	3
Zeitanteil für die Koordination mit dem strategischen Einkauf bei Neuartikeln (Annahme)	20 %	20 %	20 %
Marketingaufwand für die Datengestaltung der neuen Artikel (*41)	40.000	30.000	30.000
Anteil neuer Ersatzteile zu neuen Produkten (*42)	0 %	-	-
Total Artikel (Verkaufs- und Ersatz)	250	180	250
Aufwand Ersteinkauf eines Artikels (*43)	160	167	120

*(*41) 4 Produkt-Manager x 60.000 Jahresgehälter x 20 % = 40.000 ; dito Kalkulation für die beiden anderen Positionen.*

*(*42) Es werden keine Ersatzteile berücksichtigt*

*(*43) Marketingaufwand 40.000 (*41)/250 Artikel = 160 je Artikel; dito Kalkulation für die beiden anderen Positionen.*

Anlegen und die Pflege der zentralen Produktdatenbank

	Konzern	Deutschland	Deutschland (Neuartikel)
Zeitaufwand je Art., in Minuten (Annahme)	8	8	8
Wert, je Artikel (*44)	3	3	3

*(*44) Beispiel: 8 Minuten/60 x Stundensatz 26 (*37) = 3 ; dto. Kalkulation für die sonstigen Positionen.*

Kalkulation vom Einstandspreis, jährlicher Pflege

	Konzern	Deutschland	Deutschland (Neuartikel)
Zeitaufwand je Art., in Minuten (*45)	20	20	20
Wert, je Artikel (*44)	9	9	9

*(*45) Für den Vertrieb ist der Einstandspreis der Transferpreis und benötigt daher keine Kontrolle (Ausnahme bei lokalen Einkäufen)*

Länderspezifische Transfer- bzw. Verkaufspreise

Kalkulation und Pflege von länderspezifischen Transfer- bzw. Verkaufspreisen

	Konzern	Deutschland	Deutschland (Neuartikel)
Zeitaufwand je Art., in Minuten (Annahme) (*46)	50	50	50
Wert, je Artikel (*44)	21	21	21

*(*46) Der Vertrieb berechnet seinen landesspezifischen Marktpreis.*

7.5   Gesamtübersicht

	Konzern	Deutschland	Deutschland (Neuartikel)
Fixe Kosten je Artikel pro Jahr (*24)	824	450	354
Variabler Aufwand einer Bewegung (*31)	20	5	5
var. IT-Aufwand je Lagerbewegung	4 (*35)	0	0
Fix. IT-Aufwand für die Lagerung des Gesamtbestandes an Artikeln, je Artikel	15 (*36)	0	0
Jährlicher Bestellaufwand von neu angelegten strategischen Artikeln (*40)	948	83	120
Aufwand Ersteinkauf eines Artikels (*43)	160	167	120
Wert, je Artikel, Pflege Produktdatenbank (*44)	3	3	3
Wert, je Artikel, für Einstandspreis (*44)	9	9	9
Wert, je Artikel, für Pflege (*44)	21	21	21
SUMME	**2.004 (*49)**	**738 (*47)**	**632 (*48)**

Summe

	Konzern	Deutschland	Deutschland (Neuartikel)
Anlege- und Pflegekosten, je Artikel beim Vertrieb	-	738 (*47)	632 (*48)
Anlege- und Pflegekosten, je Artikel, Zentrale	2.004 (*49)	2.004	0
Mindestverkaufsumsatz (*49)	2.004	2.742	632

*(*49) Mindestverkaufsumsatz zur Deckung nur von einem Artikel, jährlich, d.h. ohne Herstellungskosten und Gewinn.*

for though she said it looked ugly, she said it looked bad,
she didn't think it half as ugly,
half as bad she said it was, would she have done s[88]

Bestelllogistik und „Bananensoftware"

Gutes Marketing ist nicht zuletzt das Ergebnis exakter Marktbeobachtungen und -aktionen sowie deren Rückkopplungen. Bei Produktbetrachtungen reicht es allein nicht aus, den Zusammenhang von Qualität und Zuverlässigkeit zu beleuchten, um Kundenzufriedenheit und -treue zu erreichen. Das Unternehmen muss aus Kundensicht als zuverlässiger Lieferant erlebt werden. Vermehrt wird beobachtet, dass sich Lebenszyklen von Produkten oder Dienstleistungen den Zyklen des Wettbewerbs angleichen. Die These, wonach die Qualität des Angebots allein nicht mehr ausreichend ist, um erfolgreich am Markt zu sein, verstärkt sich zunehmend.

Eine gute Logistik bildet aufgrund des Kosten- und Leistungsprofils einen entscheidenden und vom Kunden nicht unmittelbar wahrgenommenen Nutzen. Damit nimmt die kaum anzuhaltende Nivellierung der Produktzyklen an Wichtigkeit ab. Die Logistik, oder übergreifend das Fulfilment (Marktversorgungskette), muss sich vermehrt – jeweils mit abnehmender Priorität – **drei Kundenfragen** stellen:

- Priorität 1: Habt Ihr es?

- Priorität 2: Wie teuer ist es?

- Priorität 3: Wie gut ist es?

Dieser Text soll Einsicht darüber geben, in welchem Ausmaß die Performance der Marktversorgungskette gesteigert werden muss, damit ein vom Internet getriebenes Bestellwesen als reale innovative Kraft, gegebenenfalls als neuer Absatzkanal, eingesetzt werden kann.

---

[88] Vgl. Yann. POST WARRIAL THINKING.

Konkreteres wird anhand eines Realfalles mit dem bereits besprochenen Geschäftsmodell der Deutschen <u>Nouvo Rich Eisenwaren GmbH</u> zum Ausdruck gebracht.

8.1   eProcurement

Eine zentrale Funktion in der Wertschöpfungskette zwischen Händler Großhändler, Einkaufsgemeinschaft und Lieferant ist das Bestellwesen. In Abhängigkeit von Branche, Geschwindigkeit des Warenflusses, Rahmenvereinbarungen etc. befindet sich der Händler zum Zeitpunkt der Bestellung stets in der Zwangslage, sich einerseits zwischen kürzestmöglichem Liefertermin und geringerem Erlös, andererseits zwischen tragbaren Beschaffungszeiten und höherem Erlös zu entscheiden. Als Entscheidungshilfe kann er meist nur seine Erfahrung oder allgemeine Informationen heranziehen.

Es liegt nahe, diese Funktion vollautomatisch an eine zentrale Stelle zu übertragen, die entsprechend den Zielvorgaben des Händlers die Bestellungen optimal disponiert. Die Kostenvorteile, die von solchen elektronischen Marktplätzen und auf Internet spezialisierten Logistikbetrieben erzielt werden können, schätzt beispielsweise die Automobilindustrie auf bis zu zwölf Prozent. Doch die Senkung von Transaktions- und Prozesskosten allein reicht dazu nicht aus. Dank der steigenden Transparenz entsteht ein neues Marktgleichgewicht zwischen Angebot und Nachfrage. Ein radikaler Preisverfall führt aber durch diese erhöhte Transparenz und Reaktionsschnelligkeit zu einer Neutralisierung des Preises[89].

Die **Bestellstrategie** wird als dynamisch veränderbares Regelwerk pro Mitglied definiert und zentral abgespeichert. Dabei kann auch die Prüfung auf Lieferfähigkeit pro Artikel bei verschiedenen Lieferanten integriert werden. Je nach Branchen und Ziel kann selbstverständlich auch ein zentraler Disponent zwischengeschaltet werden, der von Fall zu Fall aufgrund konsolidierter Informationen Entscheidungen trifft und Verhandlungen führt.

---

[89] Vgl. Hanser.

Viele Unternehmensbereiche und Wertschöpfungsprozesse lassen sich durch den Einsatz moderner DV-Technik optimieren. Aufgrund seiner Komplexität und Heterogenität wurde der Bereich Beschaffung lange vernachlässigt. Die Kostensenkungspotentiale, die bei weitgehender Integration der Lieferanten in ein B2B-Netzwerk entstehen, sind beachtlich.

eProcurement ist die elektronische Unterstützung und Integration von Beschaffungsprozessen. Ablaufprozesse und Bestellzeiten werden durch Automatisierung deutlich verkürzt, Fehlerquellen werden minimiert, wodurch die Qualität kundengerechter wird. Die Erfahrung zeigt, dass aufgrund der Einbindung von MitarbeiterInnen aus Einkauf, Controlling, Warenannahme und Rechnungswesen der gebündelte Ressourcenanspruch pro Bestellung 150 Minuten an Arbeitszeit sowie 100 Euro beträgt. Es ist einleuchtend, dass vor allem bei so genannten C-Artikeln (Büromaterial, Werkzeug, Hygieneartikel etc.) die Relation zwischen Prozessaufwand und Transaktionsaufwand besonders unbefriedigend ist. Diese unbefriedigenden Systemkosten inklusive dem nachgelagerten Aufwand der Reklamationsbearbeitung (vor allem im Bestellwesen bei C-Artikeln ist die Häufigkeit von Tippfehlern hoch) sind teilweise auf übermäßige Bürokratie in den Unternehmen sowie auf eine verzerrte Marketingpolitik zurückzuführen. Es wird oft zuviel versprochen, das nicht gehalten werden kann.

eProcurement baut auf die deutliche Trennung von den Bereichen „Strategischer Einkauf" und „Operativer Einkauf". Hinsichtlich des B2B-Konzeptes „Single source of communication", d.h. die Dokumentation zu Rahmenverträgen sind gebündelt und einheitlich ersichtlich, haben somit die strategischen Einkäufer mehr Bewegungsfreiheit, um sich dem strategischen Aspekt ihrer Arbeit zu widmen. Diese Zentralisierung der Information erlaubt es dann den operativen Einkäufern, als Bedarfsträger das Beschaffungsmarketing dezentral zu betreiben. Daraus resultieren markante Senkungen der operativen Kosten und der Bestelldurchlaufzeiten im Unternehmen[90]. Zum Zwecke der Vollständigkeit muss hier darauf hingewiesen werden, dass die Contentgenerierung der zentralen Einkaufsdatenbank erhöhte Kosten im Produktmanagement mit sich bringt.

---

[90] Vgl. von Dahlen.

Nach der <u>Aberdeen Group</u> lassen sich die Material- und Dienstleistungskosten nur durch die Zentralisierung der Informationen um fünf bis zehn Prozent reduzieren. Verwaltungskosten von ursprünglich 100 Euro pro Bestellung sinken auf 15 Euro. Das durch die Zentralisierung aller Einkaufsdaten verstärkt unterstütze Just-in-Time lässt die Lagerkosten zusätzlich um 25-50 Prozent fallen[91]. Mittels „Desktop Purchasing Systems" können so genannte MRO-Güter (Maintenance, Repair, Operations) mit geringer strategischer Bedeutung, wie genormte Produkte oder Gemeinkostenmaterialien[92], direkt vom Mitarbeiter geordert werden. Dadurch, dass diese Artikel im Betrieb strategisch „freigegeben" sind (d.h. sämtliche Konditionen sowie das budgetierte Einkaufsvolumen werden mit den notwendigen Benutzerberechtigungen verknüpft), mutieren sie zu so genannten „no Brain"-Artikeln.

Doch auch der Einsatz von „Purchasing"-Systemen ist mit Zweifeln behaftet. Die kurzen Releasezyklen solcher IT-Systeme in einem Beschaffungsmarkt, der durch das elektronische Geschehen eher intransparent und dynamisch geworden ist, erlauben keine klar definierte Entscheidungsbasis.

8.2   Die Einkaufssystematik

Einkaufsverfahren bei B2B-Lösungen bestehen aus einer einfachen Systematik, die sich an fix verhandelten Verträgen mit qualifizierten Zulieferanten orientieren und somit längerfristig ausgerichtet sind. Zwischen Verkäufer und Käufer entwickelt sich daher oft eine enge Beziehung.

Im Gegensatz dazu versucht der Kunde bei einem Einzeleinkauf sein sofortiges Bedürfnis mit dem niedrigsten Preis zu befriedigen. Diese kontinuierliche und kritische Suche nach dem billigsten Angebot belastet den Prozessaufwand im Bestellwesen und liegt daher deutlich höher als der Umsatz.

---

[91] Vgl. Internet. www.gus-group.com.

[92] Vgl. von Dahlen.

Einzelkaufverfahren beziehen sich in der Regel auf ein außergewöhnlich großes Angebotsportfolio mit vielen lagerintensiven Waren (SKU, Stock-keeping-units). Das Angebotssortiment bzw. die vielen Anbieter mit ihren Produkten ist in diesem Fall sehr fragmentiert.[93]

8.2.1 Das vorwärts aggregierte Einkaufsmodell

Spezielle Branchen betrachten vermehrt (e. g. Elektrokunden, Sanitärkunden) das Internet als eine gemeinsame Werbe- und Einkaufsplattform. Die Vorteile des virtuellen Marktplatzes werden dank Skaleneffekten, wie eine stets breiter und transparenter werdende Arena, besser ausgenutzt. Große Zulieferanten bündeln ihre Angebote, damit Skaleneffekte e. g. bei Fulfilment, Call-Center, Finanzierung und Softwarekonfigurationen entsprechend genutzt werden können. Solche „Service-Packs" können einer Vielfalt von kleineren Abnehmern zugänglich gemacht werden. Die Endkunden der gleichen Kundenbranche können nun über das Internet dieses Gesamtangebot kleinerer Anbieter nutzen.[94]

8.2.2 Das rückwärts aggregierte Einkaufsmodell

Die Grundidee dieses Modells ist einfach. Aufgrund der hohen Fragmentierung der Kundschaft, d.h. ohne jegliche Branchen- oder Segmentzugehörigkeit, kommen mehrere Anbieter von Waren und Dienstleistungen auf einer Webseite mit potentiellen Käufern zusammen, um Handelstransaktionen abzuwickeln. Im deutschsprachigen Internet gibt es etwa 34 solcher B2B-Marktplätze, die auch E-Hubs, Butterflies oder E-Markets genannt werden, und täglich kommen neue Start-ups hinzu. 600 bis 800 solcher Handelsplätze werden es nach Schätzung des Berliner Marktforschungsinstituts Berlecon im Jahr 2002[95] sein. Diese „E-Hubs" bündeln sämtliche Anfragen und priorisieren sie nach vorgegebenen Attributen, wie Termin, Preisvorstellung des Kunden und Zulieferanten.

---

[93] Vgl. Kaplan. Sawhney.

[94] Vgl. Kaplan. Sawhney.

[95] Vgl. Informationsweek.

Daraus ergeben sich Skaleneffekte in den Bereichen Fulfilment, Inspektion, Debitorenrechnung und Finanzierung. Die „E-Hubs", oder auch Online-Marktplätze, können mit den Zwischenhändlern großer Zulieferanten oder direkt mit den Herstellern verknüpft werden. Ein solches rückwärts aggregiertes Einkaufsmodell reduziert somit die Ineffizienz fragmentierter Kunden. Die Bündelung individueller Kundennachfragen erhöht nach Michael Porter[96] die Verhandlungsmacht der Interessengruppen (i. e. die Sammlung einzelner Kunden). Die fragmentierte Kundschaft verlagert durch das vollständige Outsourcing die Beschaffungsfunktion.[97]

8.3 Spannungsfelder in der Marktversorgung

Die explosionsartigen Zuwachsraten im Internetgeschäft lassen herkömmliche logistische Funktionen abreißen. Internet schafft neue wirtschaftliche Skaleneffekte. Neue geografische Skaleneffekte werden aufgedeckt, weil Märkte komprimierbarer und vergleichbarer werden.

Am Beispiel von <u>Amazon.com</u> können Firmen, welche anfänglich klein waren (d.h. mit wenig Leuten, ohne großem Lagerbestand) „groß", und Großkonzerne klein, auftreten. Die Devise „Think global, act local!"[98] ist mittlerweile in Chefetagen zum „Mindset" geworden. Mit <u>Censydiam</u> wurde das Konzept des „global village" als unrichtig bewiesen[99]. Doch die taktische Implementierung und Finanzierung dieses „Mindset" wird vor allem in Hinblick auf die Marktversorgung noch unterschätzt. Medienberichten zufolge leiden die so genannten „dot.com-Firmen", welche ohne Lagerbestände und hohe Fixkosten den Internetmarkt beherrschen, allmählich unter dem Druck der Schnelllebigkeit und der immer höher werdenden Kundenerwartungen. Diese Probleme können nur mittels eines gut überlegten Lagerverwaltungskonzeptes gelöst werden.

---

[96] Vgl. Porter.

[97] Vgl. Kaplan. Sawhney.

[98] Vgl. Dubois.

[99] Vgl. de Ceulaer. Piryns.

Eine durchstrukturierte Wertschöpfungskette führt zur Senkung der Logistik- und Transaktionskosten, da die Marktversorgung einheitlicher wird. Beim Massengeschäft des konsumentenorientierten E-Commerce (B2C) ist die Komplexität des Verfahrens aufgrund der vielen Rückkopplungen zur Versorgungskette beträchtlich. Obwohl sich B2B auf den B2B-Handel mit registrierten Kunden beschränkt, und dies mit maßgeschneiderten Preislisten und Konditionen, ist die Komplexität des Verfahrens gleich hoch. Demzufolge sollte, bevor die B2B-Funktionalität erarbeitet wird, das klassisch-konventionelle Bestellwesen der Firma auf den neuesten Stand der Technik getrimmt werden. Begründung: Kein System wurde je erfunden, welches Chaos attraktiv macht. B2B soll auch bekanntlich nicht die Automatisierung der Vergangenheit bezwecken.

8.4   Das Bestellwesen

Die vom Kunden geforderte Funktionalität der Auftragseingabe bzw. Bestellung ist insofern eine Herausforderung, da durch B2B die Zweidimensionalität des herkömmlichen Bestellformulars, der Multidimensionalität am Bildschirm weicht. Ein elektronisches Geschäftsmodell erlaubt einen assoziativen Ablauf des Einkaufsvorganges auf der Website, d.h. der Kunde wird über viele Einstiegsroutinen zur richtigen Lösung geführt, losgelöst von geografischen und finanztechnischen Hindernissen. Von der geographischen Seite aus findet die Differenzierung zwischen Verkaufsgebiet und Versorgungsgebiet statt. Dies kann überraschende Folgen auf den „Produkt-Mix" des Kunden haben und dadurch letztendlich auf die Versandlogistik.

Im klassisch-konventionellen Bestellwesen hatte der Anbieter durch die Printmedien einen großen Einfluss darauf, wie der Kunde sein Einkaufsportfolio gestaltete. Lagerorte, Versandarten, Zahlungsmodalitäten usw. wurden in der zweidimensionalen Welt des Papiers gut gemeistert. Beispielsweise wurden die bereits erwähnten und meist versteckten Versorgungsprobleme mit den typischen Angeboten innerhalb der Regionen aufgefangen. Die in der Produktdatenbank enthaltenen Informationen müssen in Abhängigkeit des Kundenzugangs und dessen Freigabe (man denke an mehrstufige Firewalls) in vollem Umfang zur Verfügung stehen, aber nicht immer in der gleichen Reihenfolge.

An diesem Punkt wäre beispielsweise ein „Chat-Tool" für Beratung und Unterstützung der Kunden angebracht. Die Beschreibung der Produkte muss kundennah formuliert sein, d.h. sie muss für Nicht-Experten selbsterklärend sein. Vermehrt sind es bei Reklamationen die Buchhalter, welche mit den herkömmlichen Produktbeschreibungen große Mühe haben. Beispielsweise müssen beim Abruf des Artikelstammes durch den Kunden die verschiedenen Maßgrößen für Einkauf und Auslieferung angedeutet werden. Man denke hier an Verpackungseinheiten, welche je nach Betrachtung unterschiedlich sind.

Kurzfristige Bestellungsänderungen müssen für alle internen Anwender sowie für die Absatzkanäle augenblicklich ersichtlich sein. Bei einer Bearbeitungs-geschwindigkeit der Kundenbestellung unter einer Sekunde, sind aktuell angestrebte Mengen von 1.000.000 Bestelllinien pro Tag oder 200.000 pro Stunde eine rege Herausforderung an das ganze „Order Management". Jede Bestelllinie muss ihren Status in der Datenbank „reserviert" haben, obwohl das gleiche Produkt im Parallelverfahren von mehreren Kunden gleichzeitig verlangt werden kann.

Bei den verschiedensten und geläufigsten Zahlungsarten (Kreditkarte, gegen Faktura, Nachnahme, Vorauszahlung usw.) sollte auch bei Großkunden die Funktionalität der Sammelrechnung angeboten werden. Hierbei werden einmal pro Periode sämtliche Bestellungen nachgefasst und auf einer Rechnung aufgelistet. Die Frage hierbei ist nun, ob die Rechnungserstellung auf dem Auftrag oder auf der Auslieferung basieren soll? Die vom Kunden gewünschte Lieferadresse muss als freies Feld mit ausreichender Kapazität dargeboten werden. Dazu sollten Informationen wie Lieferart (Standard Express, Paketdienst, usw.), fester Liefertag, Zeitzonen (e. g. zwischen 09.00 und 09.30 Uhr) und Exportdokumentation angeführt sein. Damit dem Kunden mit seinem Eingabeformular auch wirklich gedient ist, sollten Notifikationen am Bildschirm erscheinen, die gegebenenfalls den Lieferstatus (traking & tracing) mitteilen, oder die Meldung, dass der Auftrag für die Lieferung am nächsten Morgen bereits zu spät eingegeben wurde. Inwiefern die B2B-Anwendung die Terminaufträge buchen kann, hängt davon ab, ob eine solche Funktionalität bereits mit dem firmeninternen System realisieren lässt.

Für eine gedeihliche Beziehung zwischen Lieferanten und Kunden sollten im Sinne eines Kundenbindungsprogramms die Ausnahmen in den Prozessen des Fulfilment unverzüglich mitgeteilt werden: e. g. Auftragssperre wegen offener Debitorenrechnungen, Gutschriftsperre wegen offener Reklamation, Verspätung bei der Spedition der Ware, Adresse durch den Auslieferdienst nicht gefunden, Teil nicht vorrätig, Teillieferung, Tracking & Tracing („Wo ist die Ware genau?"). Letztere Funktionalität wird bereits durch die meisten „Carriers" per Internet angeboten. Problem dabei ist, dass entweder die Integration der Fremdsoftware in die eigene B2B-Umgebung oder die automatische Rückkopplung von der B2B-Umgebung auf die Internet-Seite des Transporteurs an ihre Grenzen stößt.

Im Zusammenhang mit einem kollaborativen Bestellwesen sollte auch das Beschaffungsmarketing – das „eProcurement" – wesentlich verbessert werden. Anbieter und Zulieferanten sollten mittels B2B vermehrt in der Lage sein, ihre Rechnungen selbst schreiben zu können. Beispielsweise würde ein Unternehmen, welches täglich „x-tausende" Transportaufträge an Eilzulieferer/Paketdienste erteilt, die „eigene" Rechnung schreiben, um die Businessprozesse zu vereinfachen.

Gerade im logistischen Bereich liegen routinemäßig bereits Tabellen über Distanz-Kosten-Verhältnisse vor. Reklamationen im Bereich der Warenqualität, Rechnungsdifferenzen, Kreditbeanspruchung, Rabattstufen von einem *„registered account"*, von einem im Cyber-Notariat aufgenommenen Kunden, werden mit dem Bestellwesen verknüpft. Warenrücknahmen und Kundenreklamationen müssen von jedem angemeldeten Kunden abrufbar sein (siehe auch Kontostand). Nur somit lassen sich mehrfache Gutschriften bei einer Rücknahme vermeiden. Dies ist vor allem dann der Fall, wenn der Kunde mehrere Bestellpositionen einer Rechnung zeitlich verschoben mit Teillieferungen retourniert. Bei fehlender Preistransparenz, e. g. weil die Preisstruktur für jenen Kunden nicht sauber und zentral hinterlegt wurde, zeigt die Erfahrung oft, dass ein Rechnung mehrfach gutgeschrieben wird bzw. dass eine höhere Auszahlung mittels Gutschrift erfolgt, als überhaupt fakturiert wurde. In diesem Zusammenhang muss die Debitorenposition genau den Kreditorenposten (wegen der Gutschriften) gleichen, inklusive Rücknahmegebühr.

8.5   Der „Produkt-Mix" bestimmt die Lieferfähigkeit

Die Pflege der Kundenbeziehungen, e. g. durch Marktnähe, wird als die wichtigste Strategie angesehen, weil sie vieles beinhaltet und umfasst: die Kommerzialisierung des Internets, die Firmen- und Produktwerbung, die Vermarktung. Die Verknüpfung dieser Marketingelemente mit denen der Logistik, beispielsweise bei transportgerechtem Produktdesign und Verpackung, erlaubt es der Logistik, Transportnetzwerke einzusetzen, welche stark steigende Gütervolumen zu niedrigsten Kosten mit hoher Qualität produzieren.

„Corporate Identity" (siehe auch „Corporate Presence") steuert den Marketing-Mix des Unternehmens. Die weitere Fragmentierung der Märkte durch den Aufbau dieses zusätzlichen Absatzkanals (B2B) führt zu segmentspezifischen Marketingmaßnahmen, wie zum Beispiel Dialogmarketing (Mitgestaltung des Kunden an Produkten und Dienstleistungen). Diese Segmentierung setzt bei steigender Anwendungskomplexität eine verschärfte Planung sowie Koordination und Kontrolle des Produktmanagements voraus. Die Kommunikationselemente, welche das externe und das interne Erscheinungsbild des Unternehmens formen, setzen den Rahmen für die Absatzpolitik. Bei fortschrittlichen Strategien zum Marketing-Mix nehmen Produktdifferenzierung und „Product Customization" eine zentrale Rolle ein. Der Kunde ist mit seinen Bedürfnissen zentral, und ein unzureichendes Angebot lässt dem Kunden keine weitere Option übrig, als andere Zulieferanten ausfindig zu machen. Im Gegensatz zu früheren Zeiten, als maßgeschneiderte Produkte in der Regel mit einer Steigerung des Herstellungsaufwandes verbunden waren, sollte eine gebündelte Nutzung von Produktionsfaktoren wie Kundenplattform („Economics of Scope") bei einer vertikalen integrierten Fertigung zu Kostendegressionseffekten sowie Synergieeffekten („Economies of Scale") führen.

Die Brisanz der Lieferfähigkeit des Unternehmens spitzt sich gerade im B2B durch „JIT" (Just-in-time) zu. Die wachsende Vielfalt der Varianten und die unregelmäßige Nachfrage mit kurzen Lieferzeiten und hoher Lieferqualität, können nicht weiter nur mit dem Aufbau von Lagerbeständen bewältigt werden.

Die untere Grafik zeigt an einem Realfall der deutschen <u>Nouvo Rich Eisenwaren GmbH</u> – als klassisch-konventionelles Geschäftsmodell – wie sich während der Laufzeit von fünf Jahren die Auslieferungsvollständigkeit von knapp 80 % auf fast 100 % erhöhte, bei einem sinkenden Lagerbestand von 100 % auf knapp 80 %.

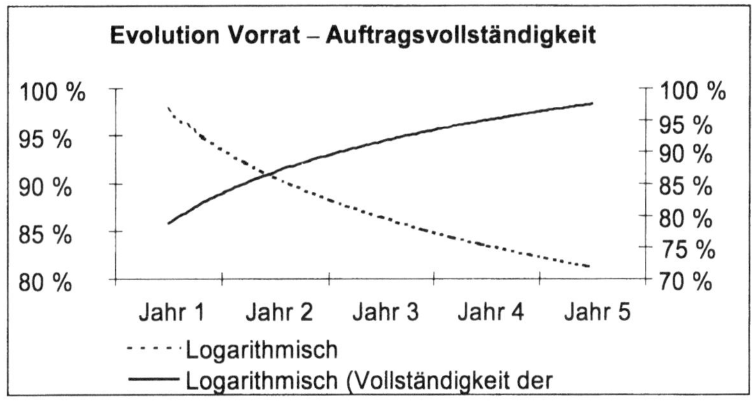

Abb. 17. Auslieferungsvollständigkeit bei sinkendem Lagerbestand.

Folgende Grafik zeigt die Verkürzung der Taktzeiten bei der Bestellungsabwicklung von ursprünglich 100 % auf kaum noch 0 %:

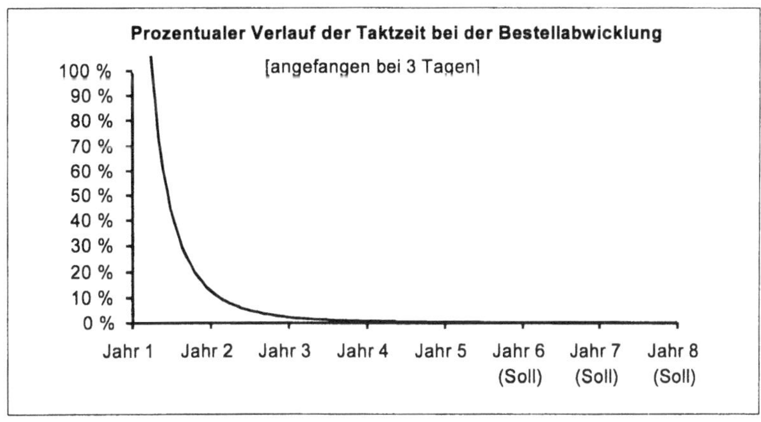

Abb. 18. Verkürzung der Taktzeiten.

Die Folgen einer solchen Dynamik und der Erwartung des B2B-Kunden über die Schnelligkeit der Zulieferung macht eine konstante Rückkopplung einzelner Ablaufprozesse in der Versorgungskette zwingend. Die fortschreitende Schnelligkeit in der Logistik wird hier am besten mit dem prozentualen Verlauf der Taktzeit im Bestellwesen illustriert. Die Vollständigkeit einer Auslieferung ist die Basis für die rechtzeitige Bereitstellung der Ware („Pick & Pack"). Anbei eine Grafik, welche die rasante Evolution der rechtzeitigen Bereitstellung bei der deutschen <u>Nouvo Rich Eisenwaren GmbH</u> illustriert:

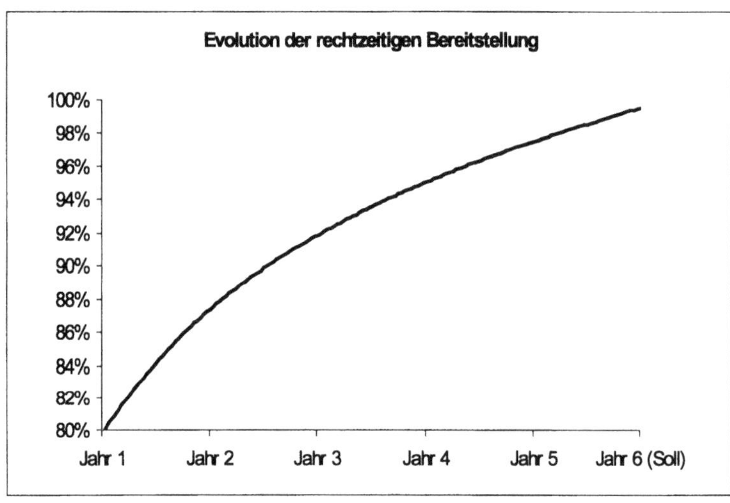

Abb. 19. Rechtzeitige Bereitstellung.

Die Logistik muss schnell, zuverlässig und flexibel bleiben und vor allem darf sie den Kunden „kein" Geld kosten. Der Bedarf an „Frei Haus-Lieferungen" wird oft unterschätzt. Das „Pick & Pack"-Management wird in Versandzentralen, bei großen Mengen von Kleinstbestellungen, auf schwerste Weise belastet. Im Sinne der perfekten Kundenbestellung möge es hier nicht überraschen, dass fehlgeschlagene Auslieferungen die Folgen von einer reibungsintensiven Auftragsabwicklung sind. Erfahrungsgemäß werden beispielsweise 7 – 9 % aller Sendungen wegen falscher Adresse und falschem Preis etc. retourniert[100].

---

[100] Vgl. BizRate.

8.6   Prozesse

Zur Implementierung und Finanzierung eines B2B-Projektes wird betriebsintern des öfteren falsch argumentiert, dass die erwarteten Zuwachsraten entweder nur über einen Personalzuwachs oder mittels B2B zu bewältigen seien. Die Bewältigung von Zuwachsraten kann nur mittels einer qualitativen Optimierung der Geschäftsprozesse zustande kommen; und dort liegt die wahre Stärke von B2B. Losgelöst von der Software funktioniert B2B nur dann, wenn Kunden- und Produktdatenstamm konsistent sind. Der „gesunde" Menschenverstand sagt, dass die Konsistenz der Datenbanken letztendlich (firmenunabhängig) von dem zugrunde liegenden Geschäftsmodell abhängt. Falls nicht, kann folgerichtig die Größe der Firma zum Hindernis werden, weil Flexibilität, Innovationsvermögen, lernende Organisationen usw. zu Schlüsselbegriffen und Benchmarkgrößen werden, die über den Erfolg des Unternehmens entscheiden.

Die mit B2B größer werdende Integration von Marketing mit den restlichen Unternehmensfunktionen wie Kundenservice, Auftragseingabe und -verfolgung, erleichtert die Suche oder die Beobachtungen von „best practices". Diese wirken unterstützend bei der Harmonisierung bzw. Koordination der Arbeitsabläufe zwischen Firmenstandorten.

8.7   Das System – die Daten

Die Anwendungsbasis sollte auf einer gemeinsamen Plattform mit einzelnen Komponenten beruhen. Ziel sollte sein, dass Systemänderungen in wenigen Stunden und nicht über Monate vorgenommen werden können.

Hinsichtlich später zu implementierender Kundenbindungsprogramme sollte der Aufbau von Datenbanken, Datenzugängen und Wissensverwaltung den Anschluss an nachgelagerte Systeme offen halten. Dies bedingt ein offenes System und keinen Monolith. Die Datenbankkonsistenz sollte mittels dem Datenbankverwaltungssystem, und nicht über die einzelne Anwendungssoftware gewährleistet werden. Dies setzt aber ein Echtzeit-Updating während der Transaktionen voraus. Dennoch sollte eine Blockade vermieden werden, beispielsweise wenn zwei oder mehr Anwender auf den gleichen Artikel zugreifen wollen.

Der Betrieb muss, gemessen aus Anwendersicht, auf der Basis 24/ 7/ 365 aufgebaut werden (Stunden/ Wochentage/ Jahrestage) und dies bei einer garantierten Verfügbarkeit von 99,5 %.

Eine Reorganisation von Datenbeständen sollte, mit Ausnahme von Unterhaltsarbeiten, das System nicht blockieren. Es sollte möglich sein, bis zu 1000 Anwender parallel miteinander arbeiten zu lassen. Hinsichtlich der Flexibilität sollten sämtliche anwendungsbezogene Daten den gleichen Status und Inhalt haben.

Bei der Definition der **Kundenplattform** (Datenbank) braucht es eine Unterscheidung zwischen aktiven und passiven Kunden. Firmen legen die dazu gehörenden Definitionen in der Regel im Finanzhandbuch fest. Die aktiven Kunden kehren regelmäßig wieder und bestellen regelmäßig. Dazu zählen neu gewonnene Kunden und reaktivierte Kunden. Zu den passiven Kunden zählen jene, die während einer festgelegten Frist nichts kaufen oder reaktivierte Kunden, welche über einen bestimmten Zeitraum wieder passiv werden, sowie Zufalls- oder Einmalkunden. Damit die Fülle kundenbezogener Daten das System nicht überproportional belastet, sollten veraltete Daten automatisch gelöscht werden.

Im Sinne der **Kundenbindungsprogramme** können je Kunde viele Informationen gespeichert werden: Ansprechpartner des Kunden, Lieferdetails, Personalien wie Hobbies, Geburtstag usw. Falls fälschlicherweise für den gleichen Kunden ein zweites Kundenkonto eröffnet wird, so sollte dies am Bildschirm erscheinen bzw. eine Verknüpfung erkennbar sein. Artikel mit niedrigen Umschlagsraten sollten ebenso für automatisch Löschung vorgemerkt werden, beispielsweise im Zwei-Jahreszyklus. Auslaufprodukte sollten, wo es mengenmäßig möglich ist, automatisch bei kundenseitigen Abfragen (FIFO-Prinzip) die höhere Präferenz genießen. Im diesem Sinne sollte jeder Artikel mit dem Vermerk „Katalogartikel" oder „Auslaufartikel" versehen werden. Die automatische Steuerung der Lagerbestände sollte demzufolge sowohl eine Rückkoppelung zum Markt als auch einen „Switch" auf das neue Produkt erlauben. Die einheitliche Beschreibung der Artikelstämme muss losgelöst von der Landessprachenproblematik sowie der vielen regionalen Standards sein und außerdem sämtliche Codes (EAN, UPC usw.) vorweisen.

8.8   Das Phänomen der Bananensoftware

Beim Softwarepartner ist entscheidend, dass er die „Start-up"- und Implementierungsphase nicht nur überlebt, sondern auch noch mindestens fünf bis zehn Jahre am Markt präsent bleibt. Nur so kann ein exzellenter Support aufgebaut und ein „Win-Win"-Zustand (beide Partner profitieren vom gesammelten Know-how) der Geschäftspartner erreicht werden. Voraussetzung ist aber, dass die Software zuverlässig ist und getestet wurde. Der Kunde, welcher B2B aufbauen will, darf nicht das Versuchskaninchen bzw. das Testobjekt des Software-Unternehmens werden, bei dem quasi eine „Bananesoftware" reift.

8.9   Auftragssperren

Basierend auf dem „Kunden-Rating" und der bereits beanspruchten Kreditlimits, muss die Funktionalität der automatischen Auftragssperre samt Notifikation, ermöglicht werden. Bei der kundenbezogenen Preisgestaltung sollte die Funktionalität des Naturalrabatts rückgängig gemacht werden. Beispielsweise war es in der Vergangenheit keine Seltenheit, wenn bei gutbestückten Bestellungen die Kunden mit „Gratispositionen" belohnt wurden. Hier kann die Programmierung sehr aufwendig werden.

Beispiel

Am bereits zitierten Beispiel der deutschen Nouvo Rich Eisenwaren GmbH ist die Lage am besten illustriert: Falls der Installateur Meyer GmbH seine eingekaufte Ware seinem Auftraggeber – die Fa. Müller – voll weiterverrechnet, wird die Fa. Meyer, die von der Nouvo Rich Eisenwaren gratis gelieferte Ware als Naturalrabatt für den Großauftrag auf einer gesonderten Rechnung sehen wollen. Bei Warenretournierung der einzelnen Positionen an den Anbieter (Fa. Nouvo Rich Eisenwaren) durch die Fa. Müller wird ohne „Quer-Check" zwischen der Rechnung mit den Standardpositionen und jener mit den Naturalrabatten eine Nachverfolgung des Auftrages unmöglich. Angenommen die Firma Meyer hat eine Rabattstufe von 10 % und platziert einen Großauftrag, wobei die Standardartikel auf der Rechnung mit 10 % Rabatt aufgelistet werden. Jede Menge Gratisgeräte werden aber als Naturalrabatt mitgeliefert und separat auf eine zweite Rechnung gelistet.

ank des großen Volumens erhält die Firma <u>Meyer</u> insgesamt 20 % Rabatt. Falls nun die Firma <u>Meyer</u> die Ware retourniert, e. g. wegen Qualitätsmangel, so entsteht ein für die <u>Nouvo Rich Eisenwaren</u> unlösbares Problem: Die Gutschriftauszahlungen sind höher als ursprünglich fakturiert, weil das System den für den Kunden registrierten Preis (Rabattstufe 10 %) als „Default" abtastet: Auch die Rechnungslinie zeigt eindeutig den Rabatt von 10 % auf. Somit erhält die Firma <u>Meyer</u> für die retournierte Ware eine Gutschrift im Wert von 90 % des Listenpreises, obwohl sie eigentlich für 80 % eingekauft hat. Naturalrabatte werden in der Regel nicht gespeichert und in diesem Fallbeispiel handelt es sogar um eine zweite Rechnung, welche die effektive Gesamtfakturierung mit 20 % Rabatt ermöglichte.

Bestellungen, welche zusätzliche Freigaben seitens des Anbieters benötigen, sollten automatisch auf das Konto des Entscheidungsträgers transferiert werden, der dann die Bestellsperre freigibt. Dies bedeutet mehrere Stufen im Genehmigungsverfahren.

8.10 Das Bestellwesen

Das elektronische Bestellwesen soll „Cross-Selling" („Wollen Sie zusätzlich zum bestellten Schleifgerät auch noch Schleifpapier?") nicht nur ab dem Einkaufskorb ermöglichen.Der Kunde sollte auch über die Disposition der gewünschten Artikel informiert werden. Informationen bezüglich erstellter Angebote, unabhängig von deren Übertragungsart (Fax, Telefon, B2B, Besuch usw.), sollten zentral gelagert werden. Eine „Big-Hit-Funktionalität" sollte ebenso bereits im Bestellwesen eingebaut sein. Das Umbuchen eines Angebots wird somit hinsichtlich größerer Bestellmengen ermöglicht. Als Auslieferdatum sollte die „Bestellmaschine" immer denjenigen Termin angeben, welcher als Standard vordefiniert wurde, e. g. 24 oder 48 Stunden. Ganz besonders müssen Eilbestellungen vom Kunden genehmigt werden, damit allfällige Diskussionen über Lieferkosten gleich beim Bestelleingang und spätestens beim Auftragseingang geregelt werden. Die Stornofunktionalität muss, bis zum „Pick & Pack", gewährleistet werden, d.h. bis die Ware auf der Rampe steht oder fakturiert wird.

Das „Exception Management" (Ausnahmenverwaltung), wird vermehrt als Marketinginstrument betrachtet.

Falls beispielsweise die Verfügbarkeit trotz vorherigem „OK" trotzdem unzureichend ist (Differenz zwischen physischem und logistischem Vorrat) und die Ware nicht morgen um 8.00 Uhr, sondern erst am nächsten Tag um 10.30 Uhr ausgeliefert wird, sollte dies dem Kunden mitgeteilt werden.

8.11 Die Abläufe

Etablierte Handels- oder Herstellungsfirmen bauen meistens ihre B2B-Routinen auf „legacy-systems" auf, d.h. auf vorhandenen Maschinen und Abläufen, wie sie bei Gehaltsabrechnung, Lagerverwaltung, Vor- und Nachkalkulation usw. im Betrieb bereits vorhanden sind. Die Begründung ist einleuchtend: Während der Aufbauphase müssen die vorhandenen Rechner das Tagesgeschäft weiterhin betreuen. Managementgremien dieser Firmen müssen daher verstehen, dass sich spätestens bei der Umstellung des Bestellwesens auf das Internet, alle vorhandenen System-, Ablauf- und Aufbauprobleme – im besten Fall früher – offengelegt werden. Die Investitionen im Internetbereich für einen Eisenwarenanbieter kann in Deutschland bis zu 15 Millionen Euro betragen. Dabei handelt es sich um ein Investitionsvolumen ohne jegliches Erfolgsversprechen.

8.12 Die Warenrücknahme

In den USA kennt das Phänomen der Warenrücknahme uferlose Dimensionen[101]. Vor Slogans wie „Satisfaction guaranteed", „100 % Money-back-guarantee", „Return-at-no charge" scheuen sich unsere europäischen Marketingkollegen dankenswerterweise. Interessant ist aber der Vergleich zwischen zwei Distributions modellen:

- Das liberale Modell des USA-Händlers, wo zwar eine Retourpolice in der Schublade liegt, sie aber de facto nicht eingesetzt wird.

- Das restriktivere Modell des EU-Händlers, wo in einer 20-seitige Miniaturfibel sehr präzise Konditionen festgehalten sind.

---

[101] Vgl. BizRate.

Konkret bedeutet dies, dass im einen Markttypus (US) alle Rücknahmen akzeptiert werden, mit Ausnahme von Beschädigungen, offensichtlicher Verschleiß usw. Dazu kommt, dass falls ein Großkunde darauf besteht, auch seine gekaufte Konkurrenzware mit den gleichen finanziellen Privilegien zurückgenommen und bezahlt werden sollte, dies auch liberalerweise getan wird! Dagegen wird im EU-Markttypus streng nach Regeln geschaltet und gewaltet. Diese Regeln können ausnahmsweise und je nach Fall durch eine höhere Instanz umgangen werden. Interessanterweise lässt sich aber feststellen, daß die liberale Politik im ersten Fall deutlich weniger Warenrücknahmen pro Bestellungsanzahl generiert als im zweiten!

Begründung: Dadurch, dass eine Warenrücknahme garantiert ist, führt die erste und liberalere Einstellung zum Marketingkonzept des „Overselling": Wenn 75 % der Kunden eindeutig zu viel eingekauft haben, so ist diese Geschäftstaktik auch bei einem sehr hohen e.g. 6 %igen Warenrücklauf noch immer ein toller Verkaufshit.

Rezente Marktanalysen bestätigen, dass bessere Policen bei der Warenrücknahme bessere Geschäfte im Online-Detailhandel bringen. Vor allem bekannt als Handelsphänomen nach Endjahresfestivitäten, konzentriert sich der Online-Detailhandel auf die Marktversorgung zur Warenrücknahmebewältigung.

Eine Warenrücknahme in Höhe von e.g. fünf Prozent gemessen am Umsatz zeigt, wie wichtig die Qualität der Warenrücknahmepolice und des Kundensupports im Marktstreit um Kundenbindung und -treue ist. Bei US-Befragten wurde die Konditionsmöglichkeit des eingeschränkten Zeitlimits zur Warenretournierung und Retoursendung über einen „Point-of-Sale" als weniger interessant empfunden, als die beschränkte Austauschbarkeit der Ware per Post. Warenrücknahmen sind wegen der Handlungskosten für die Anbieter sehr kostenintensiv. Obwohl der Kundschaft dies bewusst ist, sind die meisten Kunden nicht bereit dafür zu zahlen. Es lässt sich feststellen, dass je unpersönlicher der Bestellungsablauf und die Behandlung einer Reklamation ist (Warenrücknahme muss als Reklamation gesehen werden), desto häufiger die Warenrücknahmen werden.

first you must learn to consider, before you set up your systems to defy Venice, next step to the moon [102]

III   Spannungsfelder in der Theorie

---

[102] Vgl. Yann. DEFY THE MOON.

(...) everyone's stupid / everyone is / so what's the problem / if i am too [103] *(...)*

Wissensverwaltung

„... Knowledge management is expensive, but so is stupidity ...“[104]. Daten sind Resultate punktueller, vereinzelt beobachteter Tendenzen im Innovationsdruck, in Produkt- Produktions-, Kunden-, Markt-, Wettbewerbs- und Umweltveränderungen sowie in Strategieausrichtung und Beschaffungsmarketing. Solches datenbasiertes, auf wirtschaftlichen Nutzen ausgerichtetes Know-how zählt zur Stärke jener Leute, die im Außendienst oder Support täglich mit den Kunden Kontakt haben. Der Außendienst betreut die Kunden und registriert ihre Bedürfnisse. Mittels einer Syntax kann dies als Information zum Aufbau und zur Modifikation von Daten- und Prozessmodellen genutzt werden. Es werden somit Daten miteinander verknüpft, um eine konkrete Aussage zu erhalten. Eine Kombination der Informationen und ihrer Auswertung auf mögliche Konsequenzen führt im Betrieb, bei einheitlichem Verfahren, zu einer neuen Funktion des Wissensmanagements.

Bei Analyse der aufzubauenden Wissensplattform sollte organisatorisch, inhaltlich und technisch deren Aktualität, Verwaltung und Transfer auf Basis der „Communities" studiert werden. B2B, Kundenbindungsprogramme und Wissensmanagement sind gemeinsam zu betrachten. Für alle gilt: Nur die schnellste und qualitativ höchste Lernfähigkeit führt zum Erfolg. Eine integrierte Rückkopplung zum Mensch, dessen Wissensbasis und dem dazu angebotenen Produktportfolio führt zu qualitativem Wachstum.

---

[103] Vgl. Yann. LAY DOWN FOR A WHILE.

[104] Vgl. Davenport. Prusak.

9.1   Die Evolution des Wissens

Der Boom in den 80ern brachte vermehrt Produktprobleme und folglich Kundenbeschwerden. Die Bearbeitung der Probleme und Reklamationen führte zu vermehrter Unachtsamkeit und Resignation. Zu komplexe Produktdesigns mit niedriger Qualität und falschen Strukturen im Sortiment zeitigten allmählich einen Verlust an Marktanteilen. Zu der Unzufriedenheit der Kunden kamen zusätzlich unstabile Geschäftsprozesse. Dies alles resultierte in hohe Kosten im Prozess- und Logistikbereich, hohen Durchlaufzeiten und mangelndem IT-Support.

Anfang der 90er brachte die beginnende Rezession die Erkenntnis, wie ungenau und oberflächlich die Geschäftsmodelle konzipiert waren. Begriffe wie „Simultaneous Engineering" wurden neu entdeckt und die Unternehmenskultur wurde darauf angepasst. Der Aufbau, die Wartung und die Qualität der Produktplattform wurde nun in Abhängigkeit der Zeitspanne zur profitablen Vermarktung gestaltet und organisiert. Doch das gravierende Phänomen des „Brain Drain" setzte ein. Viele Kunden und Angestellte wurden aufgrund zu hoher Kosten, ungünstiger Strategie, fehlendem Support etc. aufgegeben. Die Reaktion der bleibenden KollegInnen lag in der inhaltlichen Erweiterung der Pflichtenhefte. Darauf stieg wiederum die Arbeitsbelastung und die Entscheidungsträger beruhigten ihr Gewissen damit, dass so das „unwichtige" Wissen gesichert sei. Die MitarbeiterInnen vernachlässigten den „gesunden" Vergangenheitsreport („graue Eminenz") und die Führungskräfte führten nicht mehr.

Als Folge gravierender und gegenseitig oft destruktiver Marktkräfte[105] wurde eine progressive Unruhe im Markt zwar korrekt wahrgenommen, doch falsch interpretiert. Fehlendes Wissen über die Veränderungsprozesse und deren Trends wurde sichtbar. Trotz Rezession stieg die Kundenglobalisierung, entgegen steigender Sozialkosten sollte der rasant wachsende Technologiewettbewerb mit fachlich kompetenten, aber teuren Fachspezialisten konkurriert werden, und mit konservativer Entscheidungsfreudigkeit der IT-Verantwortlichen sollte das „Internet-Wachstum" vorangetrieben werden. Neue theoretische Restrukturierungsmodelle wurden in der Praxis nicht immer optimal umgesetzt.

---

[105] Vgl. Porter.

Schlagworte wie „Shareholder-Value", „More-Added-Value" und Kundenzentralisierung wurden dabei von den immer noch nicht restlos in Betrieben ausgereiften (und daher „Emerging") Prozesskostenrechnungen[106] und Eliminations- bzw. Verschmelzungsstrategien[107] vorangetrieben.

Das Wissen zentral zu organisieren, um damit den inhärenten Firmenwert zu erhalten, ist ein neuer Ansatz. Das firmeninterne Wissen, in Verbindung mit Kundeninformationen, den Geschäftsprozessen und der Technik ist der Grundsatz eines qualitativen Wachstums. Beispiele von Firmen, deren Marktwert aufgrund des Wissenstands 12 bis 14 mal höher liegt als der Buchwert, sind uns von der Fachpresse bestens bekannt (e. g. Oracle, Microsoft, SAP)[108]. Eine homogene Verwaltung basiert auf homogenen Prozessen. Der „Wurm" liegt im Wort „homogen". Nach der These, dass elektronisch generierte und angehäufte Information eine zentralistische Kompetenzverwaltung benötigt, wird in der Fachliteratur zwar betont, stößt in der Praxis aber noch auf Unwissen und Skepsis. Diese kaum noch abgrenzbare Informationsflut – auch Informationsentropie – führt zu Redundanzen und Sicherheitslöchern, die im Grunde wenig mit dem Sinn moderner elektronischer Medien zu tun haben.

Es ist die oft beobachtete Teamunfähigkeit des Menschen, für eine disziplinierte und geordnete Daten- und Prozessdokumentation in Zusammenhang mit der Systemlandschaft, welche die „root causes" dieser Entropie bestimmen, zu sorgen. Bewegen sich die Teams im Umfeld international agierender Multikonzerne, welche unterschiedliche Systeme und Kulturen besitzen, so ist das Chaos schnell perfekt.

Ein Beispiel

Die Auslieferqualität an Kunden soll einerseits aus Sicht der Kundenzufriedenheit, anderseits aus Sicht der logistischen Performance, dokumentiert werden. Fazit: Zwei Kennzahlen werden zwangsläufig geliefert.

---

[106] Vgl. Britzelmaier.

[107] Vgl. Wemhoff.

[108] Vgl. Sveiby.

Die Begründung lautet, dass Kundenzufriedenheit auf Kundenbestellungen basiert, die Logistikperformance auf ausgelieferten
Bestellungen, d.h. jenen Bestellungen, welche erst nach allen
Auftragschecks vom Bestellwesen an die Lagerverwaltung freigegeben wurden. Die Inputprozesse basieren daher auf zwei im
Batchverfahren nachgelagerten Systemen, dem „Order capture"
und „Order entry", welche nur kombiniert diese Kennzahl ergeben. Die Aussage, dass erst ein Data warehouse mit nachgela-
gertem Data mining eine korrekte und eindeutige Messung erlaubt, ist falsch. In diesem Fall funktioniert Wissensmanagement
erst, wenn auf einer DIN A4-Seite die komplexe Kalkulation homogen vollzogen werden kann. Die Verkaufsabteilung ergibt die
Anzahl registrierter Bestellungen („Order capture Datenbank"),
das Fulfilment jene der eingegangen Kundenbestellungen („Order entry Datenbank"). Der Vergleich ergibt die Anzahl der sus-
pendierten Aufträge. Ist kein Vergleich möglich, da die Funktionen und Abteilungen im eigenen Hause kaum oder unkritisch
miteinander kommunizieren und ihre eigene Agenda nicht erfüllen, so ist die Frage, mit welchen Algorithmen oder Heuristi-
ken der Computer Abhilfe schafft, brisant. Wissensmanagement
beruht auf Kommunikation und deren Definitionen.

Im Gegensatz zum Schulwissen kennt das fachspezifische Wissen, sei es im Bereich von IT oder Technik, eine exponentiell
sinkende Wertschmälerung. Das Konzept des „Halbwertzeitwis-
sens" trifft uneingeschränkt zu. Die Trennung zwischen impliziten und expliziten Wissen findet im obigen Beispiel ihre wahre
Bedeutung.

Implizites Wissen resultiert aus jahrelanger Berufserfahrung, aus
Training „on-the-job" oder „Learning-by-doing". Dies resultiert in
fachtechnisch orientierte Handbücher zur Sicherstellung der Prozessabläufe. Die Prozesssteuerung erfolgt dann durch „Guideli-
nes", Zeitwettbewerbstaktiken (e. g. „Time to Market", „Time to
Money") und Patenten. Dies erleichtert somit das Tagesgeschäft
und den Innovationszwang. Hierbei ist an vorgefertigten Verträgen, Planungs- und Budgetroutinen, Spezifikationsgestaltungen,
Corporate Identity, Pflichten- und Lastenheftstrukturen sowie Bestellwesen zu denken. Dieses Know-how wiederum führt zu Sta-
bilität, Reaktionsfähigkeit und Wiederanwendbarkeit im Betrieb.
Doch bereits bei der Konsolidierung der Marktforschung stößt
jegliches System an die Grenzen des Überschaubaren.

Vor allem aber beeinflusst das explizite Wissen mit seiner internen Distribution den Geschäftsgang.

Explizites Wissen bezieht sich auf die formelle Ausbildung und die Subjektivität der Erfahrungen, die Partikularismen[109], welche mit Analogien, mathematischen Modellen und Erfahrungsaustausch zum intuitiven – und oft organisatorischen – Verhalten führt. Von den Theorien der künstlichen Intelligenz ist das Phänomen der „fuzzy logic" bekannt, bei dem festgelegte Richtlinien zur Problemlösung einen gewissen Grad an Ungenauigkeit und Intuition zulässt.

Beispiele

- Die automatische Schärfeeinstellung bei digitalen Kameras als programmierter Kompromiss unzähliger objektiver und subjektiver Kriterien.

- Freigabe einer blockierten Kundenbestellung, da das Kreditlimit von 12 Euro erreicht wurde, könnte mit „fuzzy logic", basierend auf explizitem Wissen (Auftrag = OK weil bei diesem Kunden innerhalb der Toleranz ± 10 % der Limite) zur Prozessbeschleunigungen führen.

Intuitives Wissen lässt sich schwer transferieren und bedingt die Bildung von „Communities of practice" (Erfahrungskomponente). Moderne Fachliteratur betont vermehrt die Orientierung an organisatorischen Prozessen und nicht nur deren Funktionen. Diese Doktrin läuft parallel mit dem Grundgedanken der „Communities of practices". Das Navigationssystem einer qualitativ hochwertigen B2B-Lösung reduziert sich nicht lediglich auf einen Browser, sondern beinhaltet die Navigation der kompletten Community, d.h. die Gemeinschaft der Kunden, Branchen, Produkte, Anwendungen, Regionen usw.

---

[109] Vgl. Laudon. Laudon. S. 725.

9.2   Wissensmodellierung

Durch Netzinfrastrukturen wird Zugang zu „Know-how-Repositories" bzw. Wissensdeponien geschaffen. Dies setzt eine Organisationsstruktur voraus, die sich nicht nur auf Prozesse konzentriert, sondern auch den an den Prozessen Beteiligten genügend Anreize schafft („Incentives"), deren Wissen zu katalogisieren, richtig einzusetzen und den entsprechenden Leistungsgrad zu ermitteln, um so eine optimale Steuerung der Abläufe zu gewährleisten.

Beispiel

Beim Aufbau eines Online-Produktkatalogs ist es unabdingbar, jene Mitarbeiter mit einzubeziehen, die bezüglich einer optimalen Kundenbetreuung eine ausreichende und umfangreiche Erfahrung besitzen. Nicht nur die objektiven Parameter für die Angebotslegung, sondern auch die subjektive Bewertung des Kunden stehen hier in zentralem Blickpunkt. Dies bedeutet wiederum, dass Marketing und Kundendienst die zentralen Vektoren für den Aufbau der B2B-Lösung sind.

Die Organisation des Wissenstransfers innerhalb der Firmen erinnert an die des CRM („Customer Relationship Management"). Die Quellen des Wissens sind zahlreich: F&E, Verkauf, Regionen, Länder, Produktion, CAD, CAE, Reparatur, Beschwerden und Qualitätswesen u. v. m. generieren ständig Wissen. Die Komplexität der Organisation zeigt sich in der Beurteilung der Fragen, ob, wie, wo, von wem, welches Wissen aufbewahrt und verwertet werden muss, wo es deponiert wird, wie es abrufbar sein soll und welche EDV-Systeme deren Management optimal umsetzen können.

Die Lösung liegt in einer übergeordneten und anpassungsfähigen Strategie, die gegenüber allen Abteilungen, Funktionen und Kulturen des Betriebs interpretationsfähig bleibt. Dieses Vorhaben ist eine Herausforderung für die Organisation von internationalen Multikonzernen, die zum Beispiel in über 60 Ländern aktiv sind und über 25 Sprachen als Geschäftssprache anerkennen. Aufgrund dieses Umfelds ist es falsch, eine holistisch (d.h. nichts soll ausgeklammert bleiben) ausgerichtete Wissensstrategie zu implementieren. Wird von diesem Ansatz ausgegangen, führt dies zum Aufbau einer sog. „Mammut-Knowledgebase".

Der bessere Ansatz liegt darin, die kritischen Erfolgsfaktoren sorgfältig zu identifizieren und im Sinne von „Low-hanging-fruits" systematisch, strukturiert und schrittweise umzusetzen. Der systematische Aufbau der Wissensbasis sollte sich auf den größten gemeinsamen Nenner beschränken, d.h. jenes Wissen von dem am meisten profitiert bzw. das am meisten genutzt wird. Die darauf folgende Erweiterung hat schrittweise zu erfolgen. Im Klartext gesprochen, soll das Wissen über spezifische und punktuelle Problemlösungen aufbauend registriert werden. Hat der Betrieb beispielsweise ein Problem mit einer Verpackungskartonage, so bringt eine Analyse über wo, was, wie, wann, warum und von wem dem Betrieb direkt oder indirekt eine gewisse Verfahrenssicherheit. Wenn am Markt oder im Labor Außergewöhnliches erreicht wurde, hat dies zwar für alle im Betrieb Beteiligten einen hohen wirtschaftlichen Wert, aber den am so genannten Quantensprung des Wissens nicht direkt Beteiligten nutzt dieses Zusatzwissen kurz- bis mittelfristig vorerst gar nichts. Hintergründe, Partner, Vertragsobjekte, Geheimhaltungsklauseln usw. sind dem breiteren Publikum in der eigenen Firma unbekannt.

Für die Zukunft sind sich nicht wiederholende Projekte nur prozesstechnisch und nicht inhaltlich interessant, da der Prozess hier das Wissen bildet, nicht dessen Ergebnis. Aktuelle Ansätze setzen auf die Implementierung eines „Chief Knowledge Officer", der direkt der obersten Geschäftsleitung unterstellt ist und die Netzwerke mit deren Input, Updating, Matrixsteuerungen und so genannten „Yellow pages"[110] betreut. Für ein erfolgreiches Team mit hoher Motivation mögliche nachgelagerte Spannungen zu überleben, sind die erforderlichen Eigenschaften des „Chief Knowledge Officer" erstens eine Identifikationsfigur für das Team zu sein und zweitens seinen „Sense-of-urgency glaubhaft mitzuteilen. Beim Wissenszugang kann nur an „Loops" über Portale gedacht werden (ähnlich zum Aufbau einer Suchroutine im B2B). „War room-Ansätze"[111], wo sämtliche Prozesse grafisch in einem einzelnen Raum auf mehreren Quadratmetern Papier dargestellt werden, sollen das Bewusstsein im Betrieb von der ungeahnten Komplexität einer Wissensarchitektur sensibilisieren.

---

[110] Vgl. Applehans.

[111] Vgl. Benson. Shapiro. Rangan. Sviokla.

9.2.1   Spannungen

Die so genannter „Communities-of-practice" kennen unterschiedliche Anforderungen an das Wissensmanagement. Wie einheitlich
sollte System konzipiert werden, dass alle Beteiligten sich zu-
recht finden? Analog zur Kundenzufriedenheit sind es die Kundenprofile („User profiles"), welche die Akzeptanz des Systems –
das „buy-in" – bestimmen. „Super user" zeigen aufgrund ihrer
übergeordneten Bedürfnisse (man denke an das „Best-in-Class"-
Konzept) die größte Unzufriedenheit, gleichzeitig aber auch das
größte Entwicklungspotential („Rate of improvement"). Eine
vermehrte Integration dieser wichtigen Usergruppe verhindert
aber wegen diesem Zwiespalt einen Großteil der Systemlogik.
Wie oben bereits erwähnt, soll Wissensmanagement inkrementell
und fokussiert aufgebaut werden. Eine Überlastung des Systems
durch „Superusers" geschieht schnell. Von Vorteil sind hierbei
Erfahrungen bezüglich der Kundenzufriedenheit. Menschen haben in der Regel Mühe mit negativen Äußerungen über Mitmen-
schen („Soft facts"), aber nie über Tatsachen („Hard facts"). Die
Nominierung des Teams, das Wissensmanagement in der Folge
umsetzt, hat demzufolge einen wichtigen Integrationswert beim
Aufbau der Wissensbasis und des Veränderungsprozesses –
Teammitglieder sind die „Change-Agents" der Firma.

9.2.2   Wissensdezimierung

Anwendergruppen bilden „Communities" von Arbeitsroutinen
(„Communities of practice"). Ein gelebter Prozess beinhaltet un-
zählige implizite Improvisationen, welche in der Umsetzung nur
schwer mit Worten zu artikulieren sind. Je mehr eine Knowledgebase anhand individueller Ideen aufgebaut wird, welche für
jeden persönlich am attraktivsten ist, desto mehr verliert sie an
Effektivität.

9.2.3   Wie lässt sich solches Wissen brauchbar verteilen?

Ihren Nutzen erweisen die Prozesse an diesem Punkt[112].

---

[112] Vgl. Brown. Duguid.

Beispielsweise freuen sich Dot.com-Firmen über eine wachsende Maturität und nehmen vermehrt Top-Fachspezialisten in ihren Managementgremien auf. Diese sollten die erfinderischen und explosiven „Communities" mit den Prozessstrukturen vertraut machen.[113]

9.3 Wissensaufbau und Reengineering

9.3.1 Was trennt Wissensaufbau von Reengineering?

Prozesse setzen ein abgrenzbares Arbeitsumfeld voraus. Arbeitsabläufe in der Praxis reagieren aber auf ein dynamisches und unvorhersehbares Umfeld.[114] Prozess-Reengineering ist daher vom Aufbau einer „Knowledgebase" zu trennen. Reengineering bezieht sich auf eine „Top-down" strukturierte Koordination von Menschen und Information und geht davon aus, dass Wertschöpfung einfach codierbar ist. Reengineering geht weiter davon aus, dass Unternehmen sich in einem vorhersehbaren Wettbewerbsumfeld bewegen.

Wissensmanagement konzentriert sich aber eher auf die Effektivität als auf die Effizienz des Wissens. Inwiefern kann Wissen jedoch wirklich verwaltet werden? Sollte Wissen nicht eher ermöglicht werden bzw. wiederverwendbar gemacht werden?[115] Dieser „Bottom-up"-Ansatz setzt voraus, dass Wertschöpfung nicht einfach erfasst werden kann und daher nicht einfach verwaltbar ist. Eine Strategieänderung vom Reengineering aus in Richtung Wissensmanagement darf nicht als einfache Modeerscheinung betrachtet werden, nur weil jeder davon redet. Beispielsweise setzt eine Routinearbeit ein großes und oft unbewusstes Maß an Kreativität voraus. Nur die Improvisation erlaubt es, die Differenz, welche zwischen den Designkriterien der Routinearbeit und den realen Bedingungen in der unvorhersehbare Welt entsteht, zu neutralisieren.

---

[113] Vgl. Brown. Duguid.

[114] Vgl. Brown. Duguid.

[115] Vgl. von Krogh. Ichijo. Nonaka.

Damit eine Firma ihr Wissen optimiert, muss sie erst wissen, was sie weiß (Zitat: Lew Platt, CEO von Hewlett Packard). Die Identifizierung einer *„good practice"* ist schwierig, weil es sich um die Offenlegung von Handlungslücken handelt. Handlungslücken oder -defizite entstehen durch Differenzen zwischen der Beschreibung einer Handlung und ihrer wirklichen Umsetzung. Weitere Lücken entstehen, durch die Denkweise der Menschen über ihre Arbeit und dem, was sie in Wirklichkeit machen.

Ein Beispiel

Das Callcenter der deutschen Nouvo Rich Eisenwaren GmbH arbeitet mit eigenen Filialen zusammen. Die Läden haben zwei Absatzkanäle: Der Verkauf über die Theke und die Beratung mittels Demonstrationen. Problem dabei ist, dass die Läden oft Telefonverkäufe durchführen. Durch den tagtäglichen „Wirrwarr" von Kundenbesuchen, die sowohl kaufen als auch Präsentationen verlangen, werden Telefonanrufe nicht immer sofort entgegengenommen. Dies führt zu einer fallenden Kundenzufriedenheit. Als Gegensteuerung werden oft alle eingehenden Telefonanrufe auf das Callcenter umgeleitet. Diese Überlegung ist richtig: Das Callcenter sollte das Telefongeschäft fördern.

Fazit

Das Ladenpersonal erfährt die Telefonumleitung als eine wesentliche Entlastung ihrer Arbeit bei gleichbleibender Kundenzufriedenheit. Dies denken sie über ihre Arbeit. Doch diese Umleitung ist ein *„good practice"* aus einem völlig anderen Grund. Die eingehenden Telefonanrufe haben in der Regel eine Kaufabsicht. Der Kunde weiß, was er will, kennt das Produkt und die Menschen. Somit erübrigt sich für ihn ein persönlicher Besuch. Die Gefahr ist allerdings, dass bei einer durch „Channel-Mix" gesteuerten Absatzinfrastruktur (Läden, Handelsvertreter, Callcenter) die Preishomogenität nicht gewährleistest werden kann. Callcenter sind in der Regel online mit den IT-Preisen auf dem Kundenserver verbunden, die Läden aber sind wegen der zu hohen europäischen Telefongebühren oft nicht online, sondern im „Batch". Mit der Telefonumleitung wird nur sichergestellt, dass der Telefonkunde einen eindeutigen Preis für Waren mitgeteilt bekommt.

Ergo, die Reklamationskurve wegen „falscher Preise" sinkt erheblich und die „Good practise" wird messbar.

9.3.2   Der menschliche Aspekt von Reengineering

Die dynamische Welt des Internet verlangt eine schnelle und lückenlose Anwendung von Geschäftsprozessen. Eine Website, welche auf mangelhaften Prozessen aufgebaut ist, wirbt lediglich für deren Lücken. Reengineering ist oft ein Euphemismus für sinnlose Restrukturierung. Unternehmen werden noch immer über die vertikalen Linienfunktionen, wie zum Beispiel Regionen, Produkte, Funktionen, gesteuert. Diese werden ihre Kontrolle, ihr Personal und dessen Arbeitsmethoden vor möglichen Restrukturierungen zu hüten versuchen.

Neben dem „Metric owner" – dem metrischen Informationsinhaber –beispielsweise das Abteilungscontrolling, ist das Konzept des Prozessinhabers („Process owner") entwickelt worden, um die Prozesse zu überwachen. Prozessstandardisierung erhöht die Flexibilität einer Organisation, sie wird plastischer. Personal kann besser anderweitig eingestellt werden. Die Basis dazu bilden die gemeinsam gelebten Prozesse[116]. Kurzfristig betrachtet, kann der Widerstand gegen Standardisierung auch ungeahnte Probleme über die Zweckmäßigkeit einer Organisation erscheinen lassen. Ein Beispiel: Sanitärkunden der schweizer <u>Nouvo Rich Eisenwaren AG</u> verhandeln mit der Abteilung Sanitär in Zürich über ihre Polierbedürfnisse. Parkettbodenkunden polieren auch, verhandeln allerdings mit der Abteilung für Parkettboden, die aber in Genf ansässig ist. Falls die aktuelle Organisation nach den Kundenbranchen Sanitär, Parkettböden eingegliedert ist, so ist ein „Cross-referencing" von Kunden problematisch: Die Kunden aus Zürich können nur schwer mit der Genfer Zentrale verbunden werden. Der Versuch die aktuelle Supportmethodik zu vereinheitlichen, dürfte hier wegen der Kunden-segmentierung bzw. -spezialisierung die falsche Taktik sein. Wird aber nach Poliermitteln umstrukturiert, d.h. nach Produktsegmentierung, so entsteht eine gemeinsame Produktbasis für heterogene Kunden.

---

[116] Vgl. Hammer. Stanton.

Zusammengefasst bringen solche Widerstände kurzfristig Früchte, sie sind aber auch die letzten „Zuckungen" der divisionalen Autonomie.[117]

Prozesstandardisierung hängt unweigerlich mit Wandel zusammen. Zu viel Wandel birgt die Gefahr vom übermäßigen Ressourcenanspruch und führt zur Desorientierung und Zynismus. Die Erfahrung zeigt, dass es nicht die operativen Angestellten sind, die mit dem Wandel Probleme haben. Sie sehen schnell ein, wie ihre Arbeit durch Standardisierung breiter und interessanter wird. Doch auf der Ebene der Chefetagen wird Widerstand spürbar. Die Praxis zeigt, dass ¼ bis ½ des Exekutivteams während der Umwandlungsphase die Firma spontan bzw. weniger spontan verlässt.[118] Paradoxerweise braucht aber das „Change Management" – und die daraus resultierenden Veränderungen im Betrieb – ein stabiles Zentrum. Besonders jene Leute gehen aus der Unternehmung, welche rasante Änderungen nicht nur verkraften, sondern sie auch wollen bzw. teilweise selbst initiiert haben.[119]

9.3.3   Wissensaufbau – codiert oder personalisiert?

Als in den 90iger Jahren Reengineering aus Sicht der Beraterfirmen zum Commoditygeschäft wuchs, erkannten viele das Bedürfnis nach standardisierten Arbeitsmethoden und wiedereinsetzbarem Wissen. Die aktuelle Generation von Führungskräften konzentriert sich aber lieber auf die Suche nach innovativen Lösungsansätzen, als sich mit herkömmlichem Reengineering zu befassen. Das Schlüsselwort ist hier eindeutig die Innovation. Firmen, welche von klugen Leuten und Ideenströmen abhängig sind, werden durch den Wettbewerb geradezu gezwungen, mittels Prozessen ihr wiederverwendbares Wissen aufzubauen.

---

[117] Vgl. Hammer. Stanton.

[118] Vgl. Hammer. Stanton.

[119] Vgl. Prahalad. Ramaswamy.

Das Wissensmanagement einer Firma reflektiert folgende Wettbewerbsstrategie[120]:

- Wie schafft das Unternehmen Mehrwert für den Kunden?

- Wie unterstützt dieser Mehrwert das Geschäftsmodell?

- Wie kann die Unternehmung es vermitteln?

- Welchen Mehrwert erwartet sich der Kunde?

- Wie kann das latent vorhandene Wissen Mehrwert für den Kunden schaffen?

Wissensmanagement ist nichts Neues. Seit Jahrhunderten überliefern Eltern in Familienbetrieben ihre Arbeitsgeheimnisse an die Kinder, Fachspezialisten an ihre Trainees und Vorarbeiter ihren Lehrlingen. Die Industriewirtschaft, welche ursprünglich auf natürlichen Ressourcen basierte, kennt momentan einen Paradigmenwechsel zu Gunsten der intellektuellen Ressourcen (Informationsgesellschaft). Intellektuelle Ressourcen sind aber kaum fassbar und ihre Verwaltung als Wissenschaft ist noch ein unbeschriebenes Blatt. Firmen empfinden heute einen akuten Mangel an erfolgreichen Wissensmodellierungen:

- Wie soll das Wissen das firmeninterne Wachstumsziel unterstützen?

- Wie werden Fehler der Vergangenheit für die Zukunft vermieden?

- Wie soll dieses Wissen beschrieben und gespeichert werden?

- Sollte die Wissensmodellierung codiert oder personalisiert sein?

Die *Codierung* als Strategie hat Skaleneffekte dank der Wiederverwendung von explizitem oder exaktem Wissen zum Ziel. Explizites Wissen baut auf präzisen Wissenselementen auf, welche sorgfältig notiert und elektronisch gespeichert werden können. Als Beispiele gelten Computercodes, technische Spezifikationen, Schulungsunterlagen und Leitfäden für Interviews, Arbeits- und Operationspläne, Benchmarking-Daten, Marketinganalysen usw.

---

[120] Vgl. Hansen. Nohria. Tierney.

Typischerweise zeigt das Wissen über Produkte mit fortgeschrittenen Reifegrad einen hohen Wiederverwendbarkeitswert auf.

Dagegen ist *Personalisierung* als Strategie impliziten Wissens schwieriger festzuhalten. Es basiert auf zwischenmenschlicher Erfahrung in einem komplexen fachlichen Kontext. Ein Beispiel: Ein Beratungsteam hat die Grundbasis dafür geschaffen, dass die deutsche Verkaufsniederlassung der <u>Nouvo Rich Eisenwaren GmbH</u> ihr Bestellwesen B2B-tauglich gemacht hat:

- Herr Y. Ann restrukturierte die Bestellungserfassung,

- Herr M. Oska die nachgelagerte Warenfreigabe.

Die Restrukturierung beider Prozesse im Fallbeispiel ist reich an implizitem Wissen, das nicht direkt wiedereinsetzbar ist. Doch die interne Kommunikation darüber, dass es im Betrieb solches Expertenwissen gibt (wer es hat, wo diese Personen sind) ist wichtig und sollte gespeichert werden, nicht die Details der Arbeit. Nicht das exakte explizite Ergebnis, sondern die Lösungsmethodik, das implizite Ergebnis der beiden Herren zeigt eine messbare Effizienz.

Die hinterlegte Methode in Kombination mit der Expertise beider Herren ist wiederverwendbar.

Es sind das operationale Wissen, die wissenschaftliche Expertise und die Einschätzung, welche hier zu Innovationen – zu „Breakthrough innovations" führen. Sie sind es, welche eine personalisierte Wissensstrategie benötigen

Die Codierung von solchem Wissen bringt zu wenig Wertzuwachs, da sie zu individuell ausgerichtet ist. Brainstorming-Sitzungen und Workshops sowie persönliche Interviews mit den Fachspezialisten in einem Netzwerk sind hier das Zentrum des Investitionsvorhabens, wenn man den Wissensbereich aufbauen möchte.[121]

---

[121] Vgl. Hansen. Nohria. Tierney.

your mediocrity is long since gone, you are on display, you can be heard
you will be seen, you are part of every man's dream, you are mother universe
there's no sense like nonsense, you are now in the captain's cabin zoo [122]

Planung und Nutzen von Kundenbindung

Dadurch, dass Customer Relationship Management (im Folgenden CRM) – wie TQM – holistisch zu sehen ist, sollte es deutlich strategisch im Betrieb positioniert werden. Die Komplexität vom CRM forciert jedoch eine systematische Vorgehensweise, bei der in verwaltbaren Schritten gearbeitet wird („don't try to boil the ocean!"). Ein mangelhaftes CRM ist schlechter als gar keines. Daher ist die metrische und verwaltbare Integration von Systemen und Daten durchaus in Verbindung mit dem Firmenleitbild zu bringen.

Der Nutzen von CRM wird anhand von drei Kundentypen eruiert:

- Kunden mit niedriger Komplexität: der gelegentliche Profi-Kunde

- Kunden mit höheren Ansprüchen: der regelmäßige, kritische Kunde

- Allround-Kunde: der industrielle oder öffentliche Key-Account Kunde

Kunden mit einer niedrigen Komplexität können sich mittels CRM selbst besser überwachen. Zum Beispiel durch die Auflistung der Einkäufe, des Ausschöpfungsgrads bei Kreditlimits, der Ansprechpartner, der Termine und des Status der Reklamationsbearbeitung. Der Anbieter kann seine Kompetenz technisch und marketingmäßig progressiv aufbauen.

---

[122] Vgl. Yann. C.C. ZONE.

Er vermeidet eine neue Distributionspolitik und sichert durch die Verfügbarkeit der Waren und Dienstleistungen den Zugang zur Kundschaft (Channel-Mix) sowie über eine Hotline-Funktionalität eine verbesserte Reaktionsgeschwindigkeit. Kunden mit höheren Ansprüchen, welche beispielsweise eine EDI-unterstützte Einkaufssteuerung mit online konsolidiertem Datentransfer (oder im Batchverfahren) haben, profitieren davon, dass die zusätzlichen Supportfunktionen von CRM wie Hotline, Schulungen etc. die Akzeptanz und das Vertrauen erhöhen. Zusätzlich erfüllt die Differenzierung des Angebots die spezifischen und gespeicherten Kundenwünsche. Der Anbieter festigt und stabilisiert seine Kundenbeziehungen anhand gesteigerter Kompetenz sowie der gezielten CRM-Weiterentwicklung. Die kundennahe Betreuung erlaubt eine kontinuierliche Kundeninformation und die Visualisierung von Mehrwert-Anwendungen, welche die Preissensitivität des Kunden niedrig hält.

Dem Anbieter erlaubt eine stetige Verbesserung der CRM-Lösungsansätze, die steigenden Kundenanforderungen zu erfüllen und seinen Kunden exakt nach Produktlebenszyklus und Spezialisierungsgrad zu positionieren. Allround-Kunden sind jene, welche eine breite Anwendungsplattform benötigen. Sie erwarten von CRM zumindest dasselbe wie von einem manuell gesteuerten System. Für solche Kunden ist eine 24-Stunden-Online-Präsenz mit hoher Transferdichte und Informationsqualität vorrangig. Für den Anbieter bietet sich der Einstieg in eine neue – im Wettbewerb sehr umstrittene – Geschäftskombination von Kundensegmentierung und Absatzkanal an.

Hierbei entstehen wesentliche regionale Marktvorteile, wie vertiefte Kundenbindung und Know-how-Synergien. Die systematische Erhöhung der Kundenpenetration durch gezielte Weiterentwicklung im Kunden-Mix, wird letztlich die Folge von den durch CRM generierten Angebote sein, welche auf den Spezialisierungsgrad des Kunden abgestimmt sind.

10.1   Voraussetzungen für Kundenbindung

10.1.1   Datensammlung über Anwendungsbereiche

Der Verkauf eines Produktes oder eine Dienstleistung kann nicht als das Hauptargument für die Positionierung einer Marketingstrategie gesehen werden. Der erste Verkauf kann lediglich als Anlaufplattform fungieren. Hauptargumentation für die Marketingstrategie bilden Mehrwertlösungen. Die o.g. Kundenstämme sind zwar in sich sehr verschieden, aber genau definiert. Die kontinuierliche Datensammlung ist bereits ein Teil des Tagesgeschäftes. Dadurch sind Database-Marketing sowie Data-Mining bei optimal funktionierenden Geschäftsprozessen ohne Mehraufwand realisierbar. Gegen den Wettbewerbsdruck kann im Wesentlichen argumentiert werden, dass die drei Kundenstämme nur dann vereinbar sind, wenn sie das geschäftliche Spannungsfeld, bestehend aus Zusammenarbeit und Homogenisierung (e.g. mittels Firewall) berühren. Somit verringert sich der Wettbewerbsdruck während der Anlaufphase, bei der Einführung von B2B mit CRM, im Sinne des Prinzips "First-In, First-Served".

10.1.2   Datenspur

„Data-Mining" bezeichnet den Filterungs- und Auswertungsprozess von Kundendaten. Der „Surfer" hinterlässt beim Shopping im Internet stets eine breite Datenspur und es bietet sich geradezu an, dessen Daten zu analysieren. Data-Mining soll Zusammenhänge zwischen dem Konsumentenverhalten im Netz mit der Verkaufsstrategie, der Kundenzufriedenheit und der Kundenrotation bilden. Die Auswertung dieser Zusammenhänge soll zu einer verbesserten, individuelleren und persönlicheren Betreuung der Kunden im Online-Geschäft führen.

Nach Äußerungen von <u>IBM</u> sollen innerhalb der nächsten zehn Jahre weltweit eine Milliarde Kunden mit einer Million Firmen elektronisch vernetzt sein. Das Erreichen dieses Ziels wird aufgrund teurer Applikationen, wie sie zum Beispiel für Großkonzerne geplant werden, erheblich erschwert. Der Erfolg von Data-Mining ist, aufgrund der Ineffektivität und Ineffizienz der Datenmodellierungsprozesse, ziemlich umstritten.

Zudem sind die dabei eingesetzten Rechenleistungen astronomisch: Datenbanken mit 128 parallel arbeitenden Großcomputern, umfassen schon jetzt je 288 Gigabyte Plattenspeicher und zwei Gigabyte RAM. Beispielsweise speichern global operierende Finanzinstitute die Daten von Kundenstämmen, die teilweise mehrere hundert Millionen Kunden umfassen. Kostete die Übertragung von einem Terabyte (1000 Gigabyte) in 1998 noch ca. $80 in den USA, werden sie bis Ende 2003 auf nur noch einen Bruchteil dessen fallen. Eine einzige Glasfaser überträgt heute bereits mehr als 1,6 Terabytes pro Sekunde, was die Übertragungskosten sicher noch weiter sinken lässt.[123]

Praktische Anwendung

<u>Migros</u> bietet durch eine sog. Cumulus-Karte dem Kunden die Möglichkeit, Treuepunkte zu sammeln (Umsatz mit Cumulus-Kunden im Jahre 1997: 7,9 Mrd. CHF). Diese Kundenkarte erlaubt eine tägliche Erfassung von annähernd zwei Gigabyte Umsatzdaten, von 1,8 Millionen Kunden und 579 Filialen. So lassen sich unter anderem auch die Produktion, das Angebot der Filialen mit dem Marketing-Mix und gegebenenfalls die an die einzelne Person gerichteten Informationen inhaltlich und zeitlich besser planen. Bezüglich der Datenmenge sei darauf hingewiesen, dass die in der Grossistenbranche tätige US-Kette <u>Wal-Mart-Stores Inc.</u>, mit 2886 Filialen und wöchentlich 90 Millionen Kunden, 70 Gigabyte Daten in einem Data-Warehouse ablegt. Ihre Speicherkapazität beträgt 24 Terabytes (vergleichbar mit einer Informationsmenge von 37.500 CDs, die aufgeschichtet, einen vier Kilometer hohem Turm ergäben), erfasst wöchentlich 19.600 Parameter und stellt täglich 10.000 Abfragen. Die Versorgungskette sieht interessanterweise vor, dass 4.000 Zulieferer mit dem Data-Warehouse vernetzt werden. So lassen sich nicht nur marketingtechnische Zusammenhänge eruieren (e.g. Einkauffrequenz von Hundefutter und Bier), sondern auch Kreditbonitätsangaben in Abhängigkeit der Erfahrungen mit Kreditrisiken (e.g. die plötzliche und markante Steigerung von Kreditkarteneinkäufen „fraud-detection").

---

[123] Vgl. Zehnder.

10.1.3	**Preisstrukturen und Erfolgserwartungen**

Die Beurteilung von Kundenattraktivität basiert auf dem Konzept des „Customer Lifetime-value", d.h. bestehend aus der Summe aller zukünftigen, auf den momentanen Zeitpunkt abdiskontierten Gewinnströme, lässt sich die ökonomische Performance des Kunden ablesen. Da die Performance eines Kunden direkt von seiner Loyalität abhängt, wird „seine" Rentabilität nicht nur direkt gesteigert.

Die oben genannten Faktoren (progressiven Kostenersparnisse in der Betreuung und die „Cross-Selling"-Effekte), tragen zu einer Performancesteigerung bei. Die Betrachtung der Performance sowie des Erfolgs, wird während der Anfangsphase tendenziell eher negativ ausfallen. Die Senkung der Preissensitivität durch verstärkte Kundenorientierung wird in der Wachstumsphase – dank Mehrwert-angeboten – zum Erfolg führen. Zur Überbrückung des anfänglichen Lernprozesses und den dabei auftretenden Fehlern muss mit „Preisincentives" gegengesteuert werden, indem beispielsweise Basisservices kostenlos angeboten werden.

Die unterschiedlichen Preisstrukturen der Absatzkanäle müssen hinsichtlich B2B überdacht werden: Wird B2B als Profitcenter gesehen, so haben bestehende Absatzkanäle ihre finanzielle Infrastruktur schon längst abgeschrieben. Firmen tätigen für B2B noch laufend Investitionen und tätigen dafür kontinuierlich Abschreibungen. B2B will in Kombination mit CRM Erlöse erzielen. Die Erfolgserwartungen der Absatzkanäle im Unternehmen sollten daher zuerst genau definiert und ausgearbeitet werden. Der Erfolg der Implementierung von CRM durch B2B-Lösungen ist in der Wachstumsphase durch die Mehrwertangebote zu sichern. Eine weitere Überlegung wäre, dass nicht gleich zu Beginn Gewinn angestrebt wird. Es stellt sich die Frage, ob CRM in der Anfangsphase nicht sogar gratis angeboten werden sollte, da bei der Preiskalkulation der Abschreibungsbedarf nicht gesondert, sondern pauschal für alle Absatzkanäle berücksichtigt wird. Beim Start der Implementierung von CRM ist dies sicher kostengünstiger und führt zur Festigung der B2B-Funktionalitäten und somit zu schnellerem Erfolg sowie besserer Akzeptanz.

10.1.4   Kundenstruktur

Die Kundenstruktur ist bei B2B tendenziell industrieller und öffentlicher Natur. Im Wesentlichen wird die Komplexität der B2B-Lösung durch deren Anwendung gesteuert. Hohe Abschreibungen für Entwicklung, Produktion und Inbetriebnahme des neuen Absatzkanals müssen mit hohen Rückstellungen für Garantien und Konventionalstrafen bei Betriebsausfällen verknüpft werden. Intensiver Produktsupport des Konsummarketings muss nach dem Konzept der „Single-Source-of-Communication" gehandhabt werden.

Erfolgreiches CRM schafft eine anfängliche Marktfreiheit (Marktexklusivität). Doch die Einstiegsbarrieren für den Wettbewerb werden durch Nachahmung bzw. Verbesserungen der Lösungen, durch die Kurzlebigkeit der strategischen Konzepte und Systeme abgeschwächt. Daraus resultiert eine Abflachung der Kundenerwartungen: D.h. was heute innovativ und speziell erscheint, wird schnell Standard. Hierbei verliert die Mehrwertstrategie an Preisargumenten und das ursprüngliche Modell der Kundenstruktur verliert wieder an Bedeutung.

10.1.5   Kommunikationspaket

Zur Sicherung künftiger Investitionen und Erhöhung des Leistungsangebots sollte bei der nachhaltigen Kundenbindung ein gezieltes Kommunikationspaket aufgebaut werden. Dabei ist es sehr hinderlich, dass aufgrund der Innovation und der daraus resultierenden Marktvorrangsstellung, die Qualität der Kommunikation zwischen einer Firma und deren Kunden nicht genau feststellbar ist. Die Kundschaft selbst und ihr historisches Verhalten (Beschwerdehäufigkeit, Zahlungsmoral, soziale Position usw.) sind bekannt. Eine Steigerung des Leistungsangebots durch CRM erlaubt ein persönlich zugeschnittenes Kunden- und Kommunikationsprofil, beispielsweise nach Branchen, Produktverbrauch oder Kundengröße segmentiert. Database-Marketing verknüpft Kommunikationstechnologien mit geschäftlich relevanten Kundendaten zur Steigerung der Kommunikationseffizienz. Als eines der wichtigsten Instrumente der Zukunft entwickelt sich das Reklamationsmanagement, das der Schadensbegrenzung, Informationsgewinnung und Angebotsverbesserung dienen soll.

10.1.6 Kundenbindung und CRM: Implementierung und Ausblick

Customer Relationship Management (CRM) ist eine innovative Technologie und eine zusätzliche Möglichkeit, Kunden zu gewinnen und an das eigene Unternehmen zu binden. Die Entwicklung von qualitativ hochwertigen CRM-Anwendungen nimmt sehr viel Zeit in Anspruch und geht davon aus, dass zuerst ein einfacher Service angeboten werden soll. Dies bietet den Kunden rasch die Möglichkeit, sich mit den neuen Service-Technologien vertraut zu machen. Der Anbieter kann inzwischen notwendiges Know-how für die spätere Ausbaustufe sammeln. Entscheidend bei CRM ist letztendlich nicht die Technologie: Es ermöglicht ein genaues Kundenprofil und damit Dienstleistungen gezielter online anzubieten. Kunden, die bereits mit den vorhandenen Geschäftsprozessen vertraut sind, erhalten über ein multifunktionales „Service-Center" eine wesentlich reicheres Angebot. Kundenzufriedenheit und die damit verbundene starke Abhängigkeit zum Dienstleistungsergebnis, setzt eine vorher getätigte Investition zum Aufbau eines „Realtime-Informationssystems" voraus. Die Datenbank, als Datenbasis, sammelt Daten von aktiven, passiven und potentiellen Kunden. Database-Marketing gestaltet jede Beziehung individuell. Die Verwaltung und Pflege solcher Kundeninformationen wird aufgrund steigender Beziehungen, die immer langfristiger werden, sowie aufgrund neuer Technologien ebenfalls kostengünstiger.

10.1.7 Produkt-Mix

Indem undifferenzierte „Me-Too"-Produkte in letzter Konsequenz nur über den Preis als Verkaufsargument gehandelt werden, wird CRM bei mehrwertigen Produkten zum Tragen kommen. Wahrnehmbare und positiv bewertete Kauf- und Betreuungsdienstleistungen bilden komplexe und individuelle Gesamtproblemlösungen, welche diese Beziehungen festigen. Sie lassen die Mischung aus Produkt und Dienstleistung rentabel gestalten.

10.1.8 Wert des Beziehungsnetzwerkes

Aufgrund der Differenzierungsmöglichkeit durch CRM erhöht sich finanziell der Wert des Beziehungsnetzwerkes.

Der Wettbewerbsvorteil ist Folgender: Die Einbindung bzw. Verflechtung des Kunden in interne Geschäftsprozesse führt insofern zu kundenseitigen Mobilitätsbarrieren, dass beim Verlassen der Geschäftsbeziehung Wechselkosten durch eine neuerliche Informationssuche, Verlust an spezifischen Produkt- oder Dienstleistungseigenschaften entstehen. Zusätzlich sind nicht-monetäre, in Geldeinheiten nicht messbare Faktoren wie Image, Zugehörigkeitsgefühl (Prestige), Anerkennung und Know-how zu berücksichtigen. Kundenseitig kann anfänglich das Image des Anbieters von größerer Bedeutung sein, als ein bestimmtes Qualitätsmerkmal der Prozess- oder Produktqualität. Je länger die Beziehung dauert und ein Produkt oder eine Dienstleistung konsumiert wurde, desto höher ist die Wahrscheinlichkeit, dass sich dies ändert.

10.1.9   Distribution

Die Distributionspolitik, hat einen starken Einfluss auf Kundenbeziehungen. Sie prägt den Transaktionsablauf und somit den Kundenkontakt. Ein relationales Distributionssystem soll die permanente Verfügbarkeit des individuellen Angebots sichern und gegenüber Marktveränderungen flexibel anzupassen sein. Vor allem im Bereich der Warenrücknahme wird der Anbieter dazu angehalten, gesetzliche und freiwillige Rücknahme- und Entsorgungspflichten ge- oder verbrauchter Produkte und deren Rückstände zu übernehmen (Redistribution). Die Senkung der Entsorgungskosten für die Kundschaft bei gleichzeitigem umweltgerechtem Verhalten sollten Spannungsfelder, Zufriedenheit und Bindung des Kunden zu fördern.[124]

10.1.10   Wissensmanagement und B2B

Ein Konzept des Wissensmanagements zur strategischen Aktivierung von Kundenbeziehungen macht Sinn. Akquisition von Neukunden kostet das Fünffache der Stammkundenpflege. Obwohl B2B prinzipiell einer „Pull-Strategie" unterliegt, können mit Einverständnis der Kunden gezielte „Push-Strategien" gelegt werden.

---

[124] Vgl. Kert.

Per „Newsletter" wird der Kunde automatisch für seinen spezifischen Geschäftsbereich (technische Spezifikationen, Änderungen, Neuprodukte etc.) lautlos informiert. Direkte Kosten wie Herausfinden, was und in welcher Zeitspanne der Kunde will, werden wesentlich gesenkt.

10.2 Komponenten der Kundenbindungsstrategie

Alle Komponenten des Marketing-Mix können zur Steigerung der Kundenbindung eingesetzt werden:

Produktpolitik: Markenpolitik, Sortimentsbreite, Sortimentstiefe, Aktualität des Sortiments, individualisierte Produktangebote. Sehr interessant sind hier individuelle Produktangebote (siehe Kapitel „personalisiertes Angebot").

Preispolitik: Preislagen, Preisgarantien, Preisdifferenzierung birgt vielversprechendes Potential von Preisausschöpfung, wenn ein Anbieter für ein annähernd gleiches Produkt von unterschiedlichen Kundensegmenten verschiedene Preise verlangt. Insbesondere eine mengenbezogene Preisdifferenzierung ist zu beachten oder auch ein Rabattsystem für Treue etc.

Kommunikationspolitik: permanente Erreichbarkeit, persönliche Kommunikation, Kundenzeitschrift, Kundenforen/-beiträge, Events, Beschwerdemanagement, proaktive Kundenkontakte. Mit Hilfe des Kunden wird das Unternehmen über den Erfolg der Kundenbindungsaktivitäten informiert. Über den Kunden und seine Vorlieben werden Informationen angesammelt, anhand dessen sich gezielte Aktivitäten durchführen lassen.

Dienstleistungspolitik: Beratung, Bedienung, Garantie, Umtausch, Instandhaltung, Transport, Inbetriebnahme, Bestellung, Bezahlung/ Finanzierung, sonstige prozessbezogene Dienstleistungen. Nach dem Modell von „Porter" erschweren die so genannten „Switch Costs", die aus persönlichen Kontakten zwischen Mitarbeiter und Kunden entstehen, den Wechsel zu Konkurrenten.

Standortpolitik:

- *Verfügbarkeit*: traditionell-konventionell denkend, betrifft dies den physischen Standort. In elektronischer Hinsicht ist die Verfügbarkeit des Servers zu beachten (Auswahl eines geeigneten Providers).

- *Erreichbarkeit*: Elektronisch hängt dieser Punkt mit der Verfügbarkeit (siehe oben) zusammen. Traditionell-konventionelle Geschäftsmodelle erzielen Erreichbarkeit über ihre entsprechenden „Point-of-Sales" (Ladenketten etc.) Erreichbarkeit spielt bei „Click-and Mortar"-Modellen eine primäre Rolle.

- *Umfeld*: Tradititionell-konventionell denkend, wird hier der logistische Aufbau der Wertschöpfungskette verstanden. In elektronischer Hinsicht, ist der Ausbau der B2B-Lösung bezogen auf das Produkt (z.B. ein Buch vermarkten beinhaltet ein logistisches Konzept, entweder als „Download" oder durch Versand des bestellten Buches).

Dienstleistungen sind der Schlüssel zur Kundenbindung und sind schwerer zu kopieren als Waren!

Voraussetzungen für die erfolgreiche Kundenbindung ist die sinnvolle Kombination oben genannter Komponenten und das Befolgen folgender Prinzipien:

Information	Im Sinne eines „Exception Management" über Maßnahmen informieren! Nicht informierte Kunden lassen sich schwer binden.
Investition	welche Kundengruppe?
Individualität	Maßnahmen auf Kundengruppen ausrichten
Interaktion	rege Interaktion
Integration	Kunden sollen in Unternehmensstruktur und -prozesse eingebunden werden.
Kundensegmentierung	Kundenkarten und Kundenclubs. Kundenkarten bringen vor allem ökonomische Vorteile. Kundenclubs bringen sowohl ökonomische als auch emotionale Vorteile.

Definition Kundenclubs: „von einem oder mehreren Unternehmen initiierte, organisierte oder zumindest geförderte Vereinigung von tatsächlichen oder potentiellen Kunden mit einem bestimmten Organisationsgrad."

Folgende Arten können unterschieden werden:

VIP-Club	richtet sich vor allem auf Stammkunden. Leistungen beinhalten neben Prestigeeffekt auch finanzielle Vorteile
On-Top-Club	allen Kunden zugänglich, Leistungen umfassen vor allem Zusatzleistungen
Fan-Club	alle Kunden, bei denen man hofft, die Bindung insbesondere durch ein hohes Markenimage herzustellen. Leistungen umfassen Einladungen zu Veranstaltungen, Geschenke, Fan-Club-Post, Angebot von Sonderprodukten.
Kunden-Vorteils-Club	alle Kunden. Leistungen umfassen Prämien, exklusive Club-Angebote
Empfehler-Club	alle Kunden können beitreten. Gewinnung/Bindung neuer Mitglieder führt zu Prämien und Zusatzleistungen.
Product-Interest-Club	(„Advisory Boards"): für alle (Kunden und Nicht-Kunden). Neben dem Ziel der Bindung wird zusätzlich der Abbau von Akzeptanzschwellen bei stark erklärungsbedürftigen Waren/Dienstleistungen angestrebt. Leistungen umfassen Hotline, Club-Zeitschrift, Vorinformation zu Produktneuheiten.

Chancen von Kundenclubs können nur genutzt werden, wenn Kunden die ökonomischen und emotionalen Clubvorteile als Nutzen wahrnehmen. Dabei ist der **Nutzen** für verschiedene Kundengruppen unterschiedlich:

- Preisbewusste (Preis = Entscheidungskriterium)

- Value-Shopper (Preis/Leistungs-Verhältnis ist das Entscheidungskriterium sowie Sortiment und Erreichbarkeit)

- Convenience-Shopper (Sortiment, Dienstleistung ist entscheidend)

- Produktbewusste (Produktleistung steht im Mittelpunkt)

Fazit

Die Messung von Kundennutzen ist die Basis für Segmentierung und der Schlüssel zur Entwicklung einer Kundenbindungsstrategie.

10.3   Interne Umsetzung der Kundenbindung

Nicht nur die externe Kundenbindung sollte beachtet werden, sondern auch eine adäquate interne Umsetzung. Dabei sind folgende Aspekte relevant:

- kontinuierlich Information an Interne

- Personalführung: Mitarbeiter entsprechend qualifizieren, Kundenzufriedenheit muss sich lohnen (Gedanke: der Kunde zahlt im Prinzip das Gehalt der Mitarbeiter).

- Unternehmenskultur: Die Unternehmenskultur muss von der Überzeugung getragen werden, dass letztlich auch jeder für Kunden zuständig ist. Die Kundenbindungsstrategie muss in eine unternehmensinterne Vertrauenskultur und nicht nur Qualitätsbewusstsein eingebettet sein. Dienstleistungen müssen fest in Kultur verankert sein.

- Organisation: Kundenbindung soll sich auf eine einfache Organisation stützen

*there's no such thing as a distinctive mould you can pour me in, which gives you
possibility to mould me /
in any figure you like, in any figure you care / as soon as you restrict the possibilities
to mould me in /
you find you do it wrong for i'm bound to be more reliable / to moulds you choose not
to pour me in /
i could stay liquid / i can be mould* [125]

Customer Relationship Management

11.1   Was bedeutet CRM?

Allgemeine Marketingdefinitionen betonen explizit das Element
der Beziehung, als Basis einer Marketingstrategie. CRM vereint
„After-Marketing, Value-Marketing, Database Marketing, Integra-
ted Marketing" und konsolidiert zusätzlich einen Teil der weit-
gefächerten Marketingforschung. CRM ist aufgebaut mit Betonung auf den verschiedenen Phasen des Beziehungsmanage-
ments, früher mit der streng produktorientierten Fokussierung
auf den Absatzkanal und später auf kundenorientierte Beziehung
konzentriert. Ziel sollte es sein, die Absatzkanäle der entsprechenden Kundschaft zuzuordnen. Das bedeutete aus Kundensicht, mehrere Kanäle miteinander zu verschmelzen. In der Folge
hieß es, den Kanal mit dem höchsten Leistungsgrad in den Vordergrund zu positionieren und gleichwohl die Kundenbeziehungen in allen anderen Absatzkanäle zu pflegen, damit die „Verkaufsleads" rechtzeitig wahrgenommen werden. Die dadurch er-
zeugte Loyalität resultierte in Wiederholungskäufen und Wettbewerbsvorteilen.

CRM verbindet die unternehmerische Wertschöpfungskette –
Forschung und Entwicklung, Beschaffung, Produktion, Marketing
– mit komplexen Netzwerken, in denen Grenzen der In- und
Umwelt eines Unternehmens übergreifender werden.[126]

---

[125] Vgl. Yann. MOULD.

[126] Vgl. Kert.

Wie wertvoll für ein Unternehmen gute Kundenbeziehungen sind, zeigte Bradley Gales' Studie von 2.746 Unternehmen – entnommen der PIMS-Datenbank des Strategic Planning Institute. Die Studie zeigte als Ergebnis, dass ein Anstieg der Kundenzufriedenheit von lediglich drei Prozent, die jährliche Umsatzrentabilität (Return On Investment, ROI – von einem anderen Autor auch als Return On Marketing Development, ROMD – bezeichnet), um mindestens ein Prozent ansteigen lässt .

Eine weitere Studie von Reichheld und Sasser über neun Branchen, ergab, dass der langfristige Gewinn je nach Branche um zwischen 25 % und 85 % gesteigert werden kann, wenn es gelingt, nur fünf Prozent mehr Kunden an das Unternehmen zu binden. Ein weiterer Pluspunkt für CRM ist, dass es etwa fünf mal teurer kommt, neue Kunden zu gewinnen, als die Bindung bestehender Kunden zu verstärken.[127]

Was beinhaltet CRM?

B2B unterscheidet sehr stark zwischen dem Prozess des Kaufs und Verkaufs. Der Prozess des Verkaufens bedeutet, die Bestellung aufnehmen, ausliefern, fakturieren und kassieren. Der Kaufprozess umfasst alles Obige, erweitert um das Ziel, die Kundenansprüche zufriedenzustellen. Die überlebenswichtig gewordene Rückkopplung des „After Sales Marketing" führt zur Notwendigkeit von Kundenbindungsprogrammen. Diese Programme sollten die Schaffung, die Weiterentwicklung, die Wahrung der Kundenbeziehungen mit unverwechselbar positionierten Zusatzdiensten nachhaltig sichern. Die Planung der Prozesse berücksichtigt die Akquisition der Kunden, deren Bindung und die Intensivierung der Kundenpenetration, hinsichtlich des momentanen Produktlebenszyklus des Angebots und des Spezialisierungsgrad eines jeden „Kunden-Clusters"

CRM bedingt, dass vorhandene Betriebsprozesse aus anderen Blickpunkten beleuchtet werden. Datamining, Datawarehousing, iStore, die Modellierung oder Parametrisierung eines Ablaufs zeigen progressiv ihre Effizienz im Unternehmen.

---

127 Vgl. Reichheld Phil Schefter.

Die darauf bauende IT-Infrastruktur ist komplex und der wirtschaftliche Direktnutzen langfristig angesetzt. Die Angleichung der Datenbestände, wie jene der offenen Debitorenrechnungen, Kreditansprüche, Preise und Reklamationen, mit den bestehenden Bestellprozessen setzt eine moderne Datenverarbeitungsarchitektur voraus, welche selbst für Großkonzerne schwer finanzierbar ist.

Eine Analogie

Ein Studie über eine Suchassoziation im Internet durch Suchmaschinen, wie beispielsweise Yahoo oder Altavista, bringt das vernichtende Ergebnis, dass keine der Suchmaschinen mehr als 16 % des Inhaltes des World Wide Webs verzeichnet.[128] 800 Millionen Seiten mit 15 Terabytes Informationen und rund 180 Millionen Bildern sind im Internet nur zu 16 % über die Suchmaschinen abrufbar. Diese schlechte Abdeckung ist sicherlich durch das Wachstumstempo des Mediums mitbedingt. Die Folgen davon sind, dass

- die Suchmaschine nur noch jene Botschaften bevorzugt, welche am häufigsten verlangt werden,

- die Leistungsfähigkeit der Suchdienste drastisch abnimmt.

Die Frage stellt sich, ob diese Analogie auf betriebsinterne Prozesse umgelegt werden kann. Heutzutage bedeutet Uneffizienz in Kunden-beziehungen eine Zunahme der Kosten.

11.2 Ursachen für Kundenabwanderung

Häufig dominiert der Preiswettbewerb den Leistungswettbewerb. Zu oft geht Abverkauf vor Kundenbindung. Mangelnde Kundenorientierung zeigt sich in nicht bedarfsgerechten Sortimenten oder in schlechter bzw. fehlender Dienstleistung um Produkte herum. Beispielsweise bringen 96 % des gesamt ausgelegten Werbebudgets von CDnow kaum 45 % Neukunden ein.[129]

---

[128] Vgl. Zehnder.

[129] Vgl. Hoffman. Novak.

Dauerhafter Erfolg ist besser durch Kundenbindung zu erreichen als durch kurzfristige Umsatzstimulierung. Der Wettbewerb wird sich in Zukunft mehr über die Qualität als über den Preis austragen und dies führt dazu, dass die Distanz zum Kunden verringert werden muss. Strategische Optionen sind hierbei: Positionierung, Logistik, Informations- und „Post Sales Marketing", Kommunikations- und Beziehungsmanagement.

11.2.1   Ziel

Zufriedene Kunden bleiben dem Unternehmen treu, wiederholen Käufe, empfehlen weiter und bilden in Summe Markteintrittsbarrieren gegenüber Wettbewerbern. Es ist teurer, neue Kunden zu gewinnen als bestehende zu halten. Kundenzufriedenheit wird daher auch unmittelbar erfolgswirksam.[130]

Abb. 20. Vorteil vom CRM[131].

CRM hat vor allem einen starken betriebswirtschaftlichen Hintergrund: Die Erfüllung von Kundenwünschen anhand aller dem Unternehmen verfügbaren Fakten und Zahlen.

---

[130] Vgl. Internet. electronic-commerce.org. Grafik 2. S. 877.

[131] Vgl. Internet. electronic-commerce.org. Grafik 2. S. 877.

Im Mittelpunkt steht die zentrale Verfügbarkeit aller kundenrelevanter Daten sowie weiterer darüber hinaus gehender Informationen. Jeder Mitarbeiter soll die Möglichkeit haben, auf diese umfangreiche Wissensdatenbank zugreifen zu können, damit Aussagen wie: „dazu kann ich im Augenblick nichts sagen" oder „dafür ist mein Kollege zuständig" vermieden werden. Das Problem bei der Interaktion von Knowledge Management und CRM besteht darin, dass kein Mitarbeiter den Informationsinhalt kennt, weil sie nur über Notizbücher von Außendienstmitarbeiter und Sachbearbeiter existieren. Die Suche nach Information wird zur Tagesaufgabe. Beispielsweise kann eine Sammel-EMail-Adresse (info@unternehmen.at) verknüpft mit CRM das leisten, wofür sie da ist, nämlich Weiterleitung der gesendeten E-Mails an den zuständigen Sachbearbeiter und eine zügige, für den Interessenten zufriedenstellende Beantwortung.

11.3 Schwachpunkte von CRM

Aufgrund der Prozesskomplexität ist CRM noch nicht ganz ausgereift. „Economies of scale" (Skaleneffekte der Kundenplattform) und „Economies of scope" (Synergieeffekte aufgrund Knowhow), fehlen bei der Interaktion von Softwarehersteller und Kundenfirma. Der Endkunde wird allein wegen der angebotenen Funktionalitäten, keine Wiederholungskäufe tätigen. CRM eröffnet jedoch neue Perspektiven für Geschäftbeteiligte bzw. fungiert als Anlaufplattform für Mehrwertdienste und „Add-on-Geschäfte". Das exakte Wissen über Kundenbedürfnisse und -präferenzen sowie die technologische Möglichkeit, schnell darauf reagieren zu können, erlaubt dem Anbieter die Ausnutzung von Volumen- und Differenzierungsvorteilen („Memory-based partnership"; „Learning organization").

CRM soll langfristig und nachhaltig die Kundenzufriedenheit mit beeinflussen. Das Problem liegt an der exakten, objektiven und methodischen Definition von Kundenzufriedenheit. Für die subjektive Kundenzufriedenheit zählt vor allem die Problemlösungskompetenz, Auftragserfüllung gemäß den Anforderungen und Richtigkeit der Rechnungen. Darauf aufbauend lassen sich mathematische Modelle erfolgreich ausarbeiten. Wichtig hierbei ist die eigene Kommunikationsfähigkeit und die Vertrautheit mit dem Kundengeschäft. Eine Evaluation der Kundenakzeptanz durch CRM wird oft nicht durchgeführt.

Fehler in der Einführung einer B2B-Strategie und der nachgelagerten CRM-Methoden führen mittelfristig zu einer Senkung der Kundenzufriedenheit, während die Garantierückstellungen für Service und „After-Sales" das operative Budget belasten.

Die erfolgreiche Kundensegmentierung setzt bei steigender Komplexität von B2B-Anwendungen eine verschärfte Planung, Koordination und Kontrolle des Produktmanagements voraus. Das Marketingpaket kann sich nicht auf das bisherige Kaufverhalten stützen. Die Bindungsprogramme müssen in späteren Entwicklungsphasen auf die persönlichen und direkten Kommunikations-instrumente zurückgreifen.

11.3.1　Problemfelder von CRM-Lösungen

Die Entwicklung von CRM-Softwarelösungen entpuppt sich als eine der dynamischsten Bereichen in der IT-Branche. Mit ca. 100 Anbietern in Deutschland allein wird CRM ein Commodity (Handelsware). Der Markt wird unübersichtlich, der Verdrängungskampf findet bereits statt. Dadurch, dass viele Softwarehäuser noch keine fünf Jahre existieren, besteht die Gefahr, beim Aufbau der B2B-Lösung eine so genannte „Bananensoftware" zu erhalten. Unter Bananensoftware wird eine unausgereifte Software verstanden, die beim Kunden weiter entwickelt wird und dies voll auf seine Kosten. Damit zahlt der Kunde einen überhöhten Preis. (siehe oben Kapitel 4 „Bananensoftware") Ist der Reifegrad erreicht, so hat der Kunde zwar das gewünschte Endprodukt, aber das Softwarehaus kann die Lösung zu einem größeren Mehrwert weiterverkaufen ohne jegliches Urheberrecht. Bei dieser Vorgehensweise entwickelt das Softwarehaus nachhaltig das Produkt-Know-how, das dem ursprünglichen Kunden vorenthalten wurde und an ihn noch verrechnet wird. Eine Konsolidierung der Anbieter hat bereits stattgefunden.

Das beachtliche Investitionsvolumen, dass die Implementierung einer CRM-Lösung mit sich bringt, hängt auch mit der gewaltigen Komplexität und dem Fehlen von betriebsinternen technischen Voraussetzungen zusammen. Des Öfteren muss das Fundament einer CRM-Lösung, im Idealfall eine Data Warehouse – erst noch aufgebaut werden.

Vermehrt stellt man eine Abspaltung zwischen Komplett- und „Best-of-Breed"-Lösungen fest: eine Tendenz zur Konzentration auf bestimmte Bereiche (z. B. analytische CRM, operative CRM usw.) oder einzelne Branchen wird sichtbar.

11.3.2   CRM mutiert zum eCRM

In Verbindung mit B2B mutiert CRM zu eCRM und bietet das größte Potenzial.[132] Erfolgreiche Websites haben ein Kundenmanagement entwickelt, das über die Auftragsabwicklung und Erfassung sowie Analyse des Einkaufverhaltens hinausgeht.

Folgende Nutzerservices sind typisch:

Reminder-Service	Verwaltung von Kundendaten wie Geburtstage, Timer-Funktionalitäten etc., Info-Service (Kundenspezifische Infos versenden)
E-Mail	kostenloser Service für E-Mails
Individualität	Individuelle Generierung der Website entsprechend dem Kundenprofil (Ziel-gruppenorientierter Aufbau)
Advanced Collaborative Filtering	Externe Such- und Vergleichsmöglichkeiten, z.B. Produktrecherchen und Preisvergleiche
Community Software	Chatrooms, Bulletin Boards, LiveEvents, Möglichkeit der Mitglieder, persönliche Homepages einzurichten
Open Directories	Thematisch gegliederte Verzeichnisse über interessante Fundstellen im Netz, die von den Nutzern aufgefüllt werden können, und damit Zugriff auf kollektives Wissen

Zur Optimierung bzw. Integration in B2B-Geschäftsprozesse ist es besonders wichtig, auf die veränderten Wünsche und Anforderungen der Kunden schnell zu reagieren, um Kunden langfristig zu halten.

---

132 Das Projekt-Team.

CRM verfügt über Analysetools und Hilfsmittel, die notwendig sind, um Veränderungen in der Kundenlandschaft zu erfassen und zu interpretieren. In einem nächsten Schritt stellt ein solches System alle vertriebsnotwendigen Informationen zur Verfügung und gewährleistet somit eine effiziente und effektive Vertriebsarbeit. Diese Daten können auch dafür genutzt werden, die Unternehmensleitung jederzeit über den aktuellen Verkaufs- und Verhandlungsstand zu informieren. So kann gegebenenfalls rechtzeitig reagiert („Exception Management") und eine Strategieanpassung durchgeführt werden. CRM beinhaltet eine offene Informationspolitik von Seiten des Unternehmens. Firmentreue und zahlungswillige Kunden sollen mit besonderen Vorzügen wie Sonderlieferungen und Rabatten belohnt werden.

this is merely what i see / this is merely what i want
this is pretty out of key / but it's pretty damned right
God that's what i am you are / God that's what i am [133]

Kundenzufriedenheit

Als Banken in den USA erstmals mit Bankautomaten experimentierten und diesbezüglich die Kundenzufriedenheit messen wollten, stellte sich für sie Überraschendes heraus[134]: Es war allein die Bedienungsfreundlichkeit der elektronischen Oberfläche, welche als wichtig erachtet wurde und nicht wie zinsengünstig, imagebewusst, kundennah, fortschrittlich etc. die Bank ihre Konditionen anbot.[135] Kundenzufriedenheit wird weiterhin als eine Funktion von Verfügbarkeit, Liefereffizienz und Preispolitik gesehen. Durch mangelnde Integration der vorhandenen IT-Infrastruktur im Betrieb, auch „legacy-systems" genannt, ist der Perfektionsgrad im „manuellen" Bestellwesen schwer messbar. Die Kundenzufriedenheit war vor der Umstellung auf Internet vermutlich unzureichend definiert sowie aufgrund ihres interdisziplinären Charakters schlecht greifbar. Demzufolge war damals auch alles „offensichtlich" in Ordnung.

Nun sind aber im Bestellwesen des B2B alle Prozesse automatisiert. Ein Logbuch registriert alle Bewegungen, Prozesse werden messbar.

Peter Drucker, Marketing-Philosoph und Begründer vieler bewährter Marketingprozesse, betont: „Wir verkaufen, was wir liefern können!"[136] Nie zuvor wurde die Idee einer kundennahen Logistik als Wettbewerbsfaktor erkannt.

---

[133] Vgl. Yann. WHAT I AM YOU ARE.

[134] Vgl. Rayport. Sviokla.

[135] Vgl. Maruca.

[136] Vgl. Drucker.

Internet ist hier der Grund für den Wandel vom Verkäufer- zum Käufermarkt. Die Perspektive im Bestellwesen hat sich durch B2B um 180 gedreht. Die für das Unternehmen „überlebenswichtig" gewordene Rückkoppelung des „Post sales Marketing" mit der ursprünglichen Marketingaktivität führt zu Strategien wie „Customer Relationship Management", die vorhandene Betriebsprozesse in ein ganz anderes Rampenlicht rücken. Hier baut B2B auf.

Aktuelle Ansätze – wie „Shareholder Value", „More Value Added", „Core Competence" etc. – beeinflussen das Verhalten in der Geschäftsleitung. Somit wird Internet als neues Instrument zur Förderung von Kundentreue gesehen: „Customer attrition" oder „Verluste im Kundenstamm" müssen entschieden eingedämmt werden. Dies kann nur dann erfolgen, wenn Zyklen im Kundenstamm mittels „Data-Mining"[137] eruiert und mit Strategien für Kundenbindung gekoppelt werden[138]. „Brick and Mortar"-Geschäfte oder Baumärkte mögen sich beispielsweise zwar zu „Click and Mortar"-Geschäften entwickeln, klassische Industrien zu „Click and Smokestack"-Geschäften – die Kundenzufriedenheit wird aber entgegen dem populären Glauben mehr als eine Stärke der Logistik denn als eine Stärke des Marketing gesehen.

Wo liegt aber die Grenze zwischen perfekter Marktversorgung der Logistik und kundenorientiertem Marketing?

Erhöhte Produktleistungen, mit dem Ziel einen zusätzlichen Kundenwert zu schaffen, reichen allein nicht mehr aus. Nur noch die so genannten „Service Channels" wie Logistik, Controlling, Marketing und Marktkommunikation sind „wertsteigernde" Instrumente. Großkunden bestehen beispielsweise auch vermehrt auf einer Anbindung der betrieblichen KANBAN-Funktionalität an Internet- oder EDI-Systeme. KANBAN bedeutet, dass ein Lagersystem nach Entnahme des letzten Artikels (dies wird durch die im Regalfach hinterlegte Karte erkannt) ein Signal, z.B. einen Produktionsvorschlag, auslöst, ohne dass eine Bestellung zugrunde liegt.

---

[137] Vgl. Steimer.

[138] Vgl. Metzger.

12.1   Definition Kundenzufriedenheit

Unter **Kundenzufriedenheit** wird das Resultat eines komplexen psychischen Vergleichsprozesses verstanden. D.h. im Falle eines Übertreffens bzw. einer Bestätigung des zugrunde gelegten Leistungsversprechen entsteht beim Kunden Zufriedenheit. Kundenzufriedenheit bezieht sich auf die Gesamtheit der Erfahrungen des Kunden mit seinem Anbieter und dessen Produkte bzw. Dienstleistungen.

Kundenbindung beinhaltet drei Dimensionen:

- das Wiederverkaufsverhalten

- die Weiterempfehlung und

- das „Cross-Buying"-Potential

Bei innovationsbewussten Firmen ist die Messung der Kundenzufriedenheit, in Abhängigkeit des Produktlebenszyklus der gekauften Ware zu sehen. Vor allem im technologischen Bereich entwickelt der Kunde bei neueingeführten und innovativen Produkten eine oft unerwünschte, aber zwangsläufige Abhängigkeit von seinem Lieferant. Erst bei Erscheinen gleichartiger Wettbewerbsprodukte, wenn der Produktlebenszyklus die weiteren Phasen nach der Einführung durchläuft, entspannt sich diese ursprüngliche Abhängigkeit.

Die Frage ist begründet, ob der Kunde zufrieden ist oder auf „Life Support" angewiesen ist. Inwiefern man die Kundenzufriedenheit beobachten kann, ist wiederum eine Frage, wie man die Kundensegmentierung diesbezüglich vornimmt. Ob die Kunden:

- treu (vollkommen zufrieden),

- zufrieden

- neutral,

- unzufrieden

- ehemalige Kunden (d.h. sehr unzufrieden)

sind, ist von entscheidender Bedeutung.

Als Grundsatz sollte gelten, dass alle Kunden, die nicht vollkommen zufrieden sind, „Risikokunden" sind.

Der Grund für Unzufriedenheit der Kunden ist eher selten produkt- oder preisbezogen, sondern vielmehr serviceorientiert. Eine als mangelhaft empfundene Kundenbetreuung (Beratung, Empfang) oder Servicequalität (Fulfilment, Rechnungsstellung usw.) sind oft die Folge falscher Kundenerwartungen, welche vom Anbieter geweckt wurden. Mit der Zeit lässt sich feststellen, dass nur Konsistenz und Zuverlässigkeit der Produkte und Dienstleistungen der Garant für Kundentreue sind.

Um wieder auf das Thema des Kundendatenstammes zurückzukehren: Es ist nicht die Kundendatei, welche den Anbieter zum Erfolg führt, sondern die Einfachheit seiner Benutzung. „Electronic Shopping" von Verbrauchsartikeln kennt oft das Phänomen der Spontankäufe. Wenn die Versandkosten, Zollkosten, Zahlungs- und Warenrücknahme-bedingungen inkl. Handlungsaufwand usw. nicht explizit angegeben werden, so wird diese Einkaufsart erheblich erschwert. Wird beim Aufbau der Websites sorgfältig darauf geachtet, dass den Kunden keine Verhandlungsmöglichkeit geboten wird, so sind die drei Eckpfeiler zur Messung von Kundenzufriedenheit (Vorrat, Preis, Lieferzeit) gut identifizierbar und verfolgbar. Dadurch wird eine allfällige Korrekturstrategie zur Steigerung der Kundenzufriedenheit bei B2B Anwendungen greifbar.

12.2   Kundenzufriedenheit vs. Kundenbindung

Kundenzufriedenheit ist keine Garantie für Kundenbindung, sondern lediglich die Schlüsselgröße zur deren Erreichung. Trotz ihrer herausragenden Bedeutung ist Kundenzufriedenheit eine notwendige, aber keine ausreichende Voraussetzung für Kundenbindung[139]. Kundenzufriedenheitsmanagement lohnt sich nur mit perfektionistischer Einstellung, da sich mittelmäßige Kundenzufriedenheit nicht bezahlt macht.

---

[139] Vgl. Internet. electronic-commerce.org. S. 877.

12.3   Kundenzufriedenheit

Der Profit einer Firma steht in direktem Zusammenhang mit der Kundenzufriedenheit:

- Bei Verbrauchsartikeln wird nur ein Bruchteil aller unzufriedenen Kunden tatsächlich reklamieren (beispielsweise vier Prozent in den USA). Bis zu 95 % der bekannten unzufriedenen Kunden werden weiterhin mit dem gleichen Anbieter Geschäfte machen, wenn ihre Probleme sofort beseitigt werden. Bis zu 70 % aller bekannten unzufriedenen Kunden werden weiterhin Geschäfte machen, wenn die Reklamation zu ihren Gunsten ausgeführt wurde;

- Ein fünf prozentiges Bremsen der Kundenverluste („customer attrition, customer defection") steigert die Profitabilität von 25 % bis 85 %[140];

- Das Gewinnen von Neukunden kostet 5- bis 10-mal mehr, als die Kosten für das Beibehalten von Stammkunden. Dadurch werden Kunden mit der Zeit profitabler.[141]

Mit zufriedenen Kunden, die leicht höhere Preise als Kompensation für eine exzellente Betreuung zahlen, mit großer Wahrscheinlichkeit zum Wiederkauf motiviert sind und das gute Image weiter verbreiten, sinken die Verteilungs- und Verwaltungskosten. Ein wachsender Profit wird ausgewiesen.

12.4   Kundenpflege

Von der grundlegenden Annahme ausgehend, dass B2B als zukunftweisender Absatzkanal eingesetzt werden kann, stellt sich die Frage, ob für diesen neuen Handelsweg die gleichen Regeln zur Kundenbindung gelten, wie für die klassisch-konventionellen Logistikwege. Kundenkontakt mittels B2B sollte auf dem Prinzip des „Single Point of Contact"[142] basieren. Dieses Prinzip lehnt sich am Konzept der Kommunikationsschnittstellen an.

---

[140] Vgl. Reichheld. Saaser Jr.

[141] Vgl. Customer Retention Association.

[142] Vgl. van Marcke (2).

Beispielsweise im Bereich der Telefonie: Der Kunde erwartet von seinem Telefongerät und dem Einzelplatzanschluss eine perfekte und preiswerte Dienstleistung. Die Komplexität der nachgelagerten Systemlandschaft bleibt vom Kunden unbeachtet.

Kundenkontakt unter Beachtung des oben genannten Prinzips spiegelt die Beobachtung aus der B2B-Praxis wider: Hersteller verfügen meist nur über einen gesteuerten Kundenkontakt zur Absatzsicherung (Briefwechsel, Telefon, Fax, E-Mail, Besuch, Bankautomat). Ein Kontakt wird gesteuert, d.h. es spielt nicht nur die Motivation „es zum Geschäftsabschluss zu bringen" eine tragende Rolle in der Kommunikation, sondern auch die gesammelte Erfahrung im Umgang mit den einzelnen Kunden. Daneben führen nicht-traditionelle Daten wie Kontakthistorie und Präferenzen ebenso zu einem maßgeschneiderten Angebot und finden so die Zustimmung des Kunden. Mit der ansteigenden Ausweitung des Kundenstocks, den immer schwieriger zu differenzierenden Industriezweigen, der Senkung der Mobilitätsbarrieren sowie dem Bedürfnis zur Dezentralisierung werden vermehrt Filialen dezentral voneinander geführt.

Die Folge davon ist:

- eine immer schwächere Identifizierung mit dem Corporate Image,

- eine unhomogene Fokussierung auf Zufriedenheit des Kunden, Service- bzw. Leistungsergebnis und Information zum Kunden hin,

- einem größeren Ungleichgewicht in der Kompetenz und leistungsstarken Teams.

Nicht nur allein die Harmonisierung des Prozessdesigns mit dem Ziel der Aufwandreduzierung oder des Benchmarking führt zum Erfolg. Es wird oft bei der Prozessimplementierung an Konsistenz und Globalisierung eingebüsst. Im Hinblick auf ein B2B-System, welches das gesamte Bestellwesen abzubilden hat, müssen eine Reihe von inner- und außerbetrieblichen Subprozessen simultan aufeinander abgestimmt werden. Hier liegt der Ansatz, B2B zusammen mit CRM zu integrieren.

inspiration i've none, but i've a pencil, & i've a gum,
& i don't think much, which is brilliant, for thinking is none but nuisance
& as i watch my hand filling the page with all little dots & betweens
i can't help to notice the sound of the cars & the good people that meet, which
suddenly makes me realize that
should i only have a sparkle of inspiration i wouldn't have spoiled these last
forthcoming minutes, but as i haven't i did [143]

IT und MIS

Drei Trends sind mittels eines Management Information Systems zu vereinen:

- Globalisierung der Beschaffungs- und Abnehmermärkte

- Mutationen

- Technik

Hightech-Firmen mutieren strukturell vermehrt vom Hersteller zu Wissens- bzw. Kompetenzzentren. Die Abflachung der Hierarchien, man denke an Matrixorganisationen, fordert prozessorientierte Strukturen. Öfters wird das Resultat einer suboptimalen Angleichung der Organisation an die elektronisch unterstützte Automatisierung erst dann sichtbar, wenn die B2B-Lösung auch noch das Bestellwesen übernehmen soll. Eine zusätzlich die Verkaufsteuerung ("sales force-automation") unterstützende Wissensverwaltung sowie Kundenbindungsprogramme (CRM), lassen die oben genannten Trends fast utopisch und unerreichbar erscheinen. Jegliche organisatorische Veränderung birgt gleichzeitig Chancen und Risken.

Automatisierung und Rationalisierung sind langfristig angelegte und vorsichtig auszuführende Strategien, die zu bescheidenem Profit und gewissen Risiken führen. Doch gerade das Business Reengineering ist schnell und allumfassend. Der Verdienst ist zwar sehr hoch, die Chancen für Misserfolge jedoch dementsprechend substantiell.

---

[143] Vgl. Yann. INSPIRATION.

Die Entwicklung von immer leistungsfähigeren Mikroprozessoren und Telekommunikationsnetzwerken unterstützen dezentrale Rechenzentren in immer flacher werdenden Hierarchien. Seit Anfang der 80er verdoppelt sich die Rechenleistung in der IT-Branche alle 18 Monate. Seit den 60ern steigt die Aufwandreduzierung der Datenverarbeitung mit einem Faktor von 10/Dekade auf momentan 100/Dekade. Somit ergibt sich eine Verschärfung bezüglich der Abhängigkeit der Firmen von leistungsstarken Rechnern. Die Quantensprünge der Entwicklungen sind mittlerweile zu inkrementellen „Hüpfern" geworden. Die neuen PC-Generationen leisten nur unwesentlich mehr als ihre Vorgänger.[144]

Informationssysteme sind jedoch mehr als nur Rechner. Informationssysteme umfassen die holistische Betrachtung von Organisationen, deren Verwaltung und Informationsfluss. Weiter umfassen jene Systeme das Rollenverständnis zwischen Wissensverarbeitung, Datenverarbeitung und Produktions- bzw. Dienstleistungsverarbeitung. Technisches Know-how muss in den verhaltensorientierten Ansätzen sorgfältig eingebunden werden. Die auszuführenden Applikationen und Services stehen in Abhängigkeit von den strategisch und taktischen Notwendigkeiten der Organisation. Die Schwierigkeit liegt aber in der Anpassung von Strategien, Umsetzungstaktiken, Prozessen und des Tagesgeschäfts mit nachgelagerten Änderungen der Hardware, Software, Datenbasen und Kommunikationswege.

Ein Kundengespräch, ungeachtet von Besuch, Telefon, Fax und Email, wird in den USA bereits mit einem Aufwand von 250$ beziffert. Beispielsweise erfasst der Vertrieb einer US-Tochter von <u>Giba Geigy</u> im Durchschnitt elf Kontakte pro erfolgreichem Verkauf.[145] Die Administration des Gesprächs kostet dem Verkäufer neun bis elf Minuten.[146]. Die Automatisierung des Verkaufs, das Call-Center und die B2B-Lösung sollten hier die sogenannte „Windshield-Zeit" - die Zeit zwischen Anfahrt von Zuhause zur Arbeit und zum Kunden - drastisch reduzieren.

---

[144] Vgl. Löpfe.

[145] Vgl. Laudon. Laudon. S. 336

[146] Vgl.Laudon. Laudon. S.336

Die Angleichung regionaler Verkaufsprozesse in multinational operierenden Konzernen mit dem Ziel, homogene Prozesse und Benchmarking zu installieren, kostet schätzungsweise bei o. g. Firma insgesamt 15.000$ pro Verkäufer, mit zusätzlich bis zu 3.500$ an jährlicher Wartung. Sollen sämtliche Businessprozesse angeglichen werden, d.h. Verkauf- und Beschaffungsmarketing inkl. Finanzen im Sinne eines elektronischen CRM, so liegt bei diesem Fallbeispiel der Durchschnittsaufwand bei ca. 8.000 $ für jede im Betrieb beschäftigte Person, sogar bis zu 30.000$ pro direktem Anwender.

Ein Beispiel zur Strukturentscheidung

Eine LAN- bzw. WAN-Umgebung mit dezentralen Datenbanken für ein sicheres Backup der Daten (wie z. B. Produktdatenblätter) und einer zentralen Datenbank für eine variable Datenverwaltung, kostet pro Anwender nach Forrester Research[147] bis zu 300 mal mehr, als wenn gleich viele Anwender ab dem Zentralrechner zu betreuen sind. Das Thema Dezentralisierung („Client-Server") vs. Zentralisierung („Mainframe"), mit dem Hauptziel homogene Daten und Prozesse zu erreichen, muss auch aus Sicht der Prozess- bzw. Vollkostenrechnungen gesehen werden.

Doch gerade diese Kalkulationen bauen auf in sich bereits aufeinander abgestimmten Benchmarks oder einem homogenen Ansatz. Doch es stellt sich die Frage, wer bzw. was zuerst implementiert werden soll. Die Dichotomie zwischen Systemidentifizierung und den darauf laufenden Businessanwendungen sorgen für intensive Spannungen im Betrieb. Folgende Zahlen veranschaulichen die finanziellen Dimensionen: General Motors beziffert ihre IT-Ausgaben auf 2,5 % des Umsatzes, Ford auf 1,6 % und Chrysler auf 0,9 %. Völlig unklar dabei ist, inwieweit hier das Konzept des „Total Cost of Ownership" (nach dem Gartner Modell) tatsächlich alles berücksichtigt. Die Top 500 SEC notierten Firmen zeigen im Durchschnitt drei bis vier % für den IT-Aufwand, gemessen am Verkaufsumsatz. Die Recherchen von Britzelmaier tendieren bei KMU auf bis 12 %[148].

---

[147] Vgl. Internet. www. forresterresearch.com.

[148] Vgl. Britzelmaier.

<table>
<tr><td>**13.1**</td><td>## Die IT-Strategie</td></tr>
</table>

Eine Trendkurve kann man nicht anhalten. Entweder man lässt als Mitspieler die Umwelt nach Belieben agieren, ist sozusagen „am Schwanz der Trendlinie", und ist glücklich darüber, dass man nicht aus der Kurve geschleudert wird, oder man nimmt sich dank erheblicher Ressourcen vor, die Trendkurve wenigstens mit zu beeinflussen. Die B2B-Funktion kann - Medienberichten zufolge - für einen deutschen Großkonzern bis zu 32 Millionen DM kosten. EDV-Abteilungen werden oft irrtümlicherweise als die „Produktivitätsverhinderer *par excellence*" betrachtet (siehe Y2K oder Year 2000). Es wird dabei vergessen, dass die sprunghafte Vermehrung der Anfrage nach EDV-generierten Daten und Leistungen nicht korrekt wahrgenommen wird[149]. Die Verknüpfung von EDV und Geschäftsprozessen muss auf möglichst einfacher Basis stattfinden. Die EDV sollte einen Standard liefern, nicht standardisierte Systemabläufe („enhancements") auf ein Minimum reduzieren.

Die heranwachsende Vielfalt von Software im B2B-Bereich führt oft zu Verzögerungen bei der Realisierung einer IT-Strategie. Die geforderten Leistungen werden nie wirklich erfüllt. Eine allumfassende Integration der IT-Funktionalitäten in allen dazu notwendigen Prozessen führt zur Sicherstellung eines reibungslosen Güternetzwerkes. Die Verkürzung von Taktzeiten in der Versorgungskette setzt einen Quantensprung im IT-Bereich mit Wettbewerbsvorteilen.

Da die Konkurrenz ebenso die neuen Technologien kennt und nach erfolgreicher Implementierung gleich gut wie das eigene Unternehmen selbst wäre, stellt sich folgende überlebenswichtige Frage: „Ist die neueste und beste Technologie, die es am Markt gibt und somit als „Standard der Technik" gilt, für das eigene Unternehmen gut genug?" Weiter muss über den Realisierungszeitraum (mögliche Projektdauer zwei bis drei Jahre) nachgedacht werden, denn an dem Tag, an dem das neue System nach Stabilisierungs- und Kontrollchecks endlich „live" geht, ist die eingesetzte Internet-Technologie bereits wieder veraltet.

---

[149] Vgl. Britzelmaier.

13.2   Die Erfolgsmessung von IT- und MIS-Lösungen

„Application Programmable Interfaces" „User Interfaces" und „Flexfields" ver-knüpfen assoziativ und umsatzorientiert Software-Engines oder sogar die Software-Suites mit Giga-Datenbanken und Tera-Datawarehouses. Durch diese Informationstechniken können „Virtual-reality.com"-Firmen gezielt auf dem E-Commerce-Markt agieren ohne dabei – vorläufig noch – große Lagerhäuser und/oder sonstige Anlagevermögen besitzen zu müssen. B2B bezweckt hier die automatische Verknüpfung aller vorgelagerten Geschäftsprozesse, d.h. beginnend bei der Annahme einer Kundenbestellung bis hin zu deren Freigabe. Doch diese deutliche Abgrenzung kann nur dann zum Erfolg führen, wenn die nachgelagerten IT-Lösungen auch homogen aufgebaut sind. Insellösungen für B2B sind bei regional agierenden KMUs zwar komplex gestaltet, aber überschaubar. Bewegt sich ein Unternehmen in einem globalen Umfeld, so ist eine vollständige Studie zur Daten- und Prozessmodellierung aller im Betrieb befindlichen Systeme unabdingbar. Von diesem Gesichtspunkt ist es realistisch, den Erfolg der B2B-Lösung mit dem der vorhandenen IT-Architektur zu verknüpfen. Zu oft wird MIS (Management Information System) als rein unterstützendes Organ in der Firma betrachtet. Wie bereits oben erwähnt, fehlt in den meisten Firmen jegliche Grundsatzstruktur für die Evaluation der „Total Costs of Ownership". Der IT-Aufwand wird pro Anwenderanzahl oder nach einem Fixkostenschlüssel auf die Anwenderabteilungen umgewälzt (Prinzip der Vollkostenrechnung). Dies schwächt in den Köpfen der Anwender die strategische Bedeutung von MIS. Steigende IT-Bedürfnisse werden kaum systematisch wahrgenommen, sondern ad-hoc-Modifikationen in multinationalen IT-Landschaften werden ohne gezielte Koordination durchgeführt. Die Erfolgsmessung von MIS ist anhand „harter Facts" problematisch. Doch es sind gerade die „weichen" Informationen, welche eine fundierte Erfolgsmessung erlauben.

Beispiele

- Anwenderfrequenz der einzelnen Routinen
- Zufriedenheit der Anwender
- Grad der entgegenkommenden Opposition in Bezug auf MIS
- Zielerreichung im Sinne von „Management-by-Objectives"
- Finanzielle Erfolgskennzahlen

Die Überbrückung des Kommunikationsdefizits („Gap") zwischen Anwender und Softwaredesign basiert auf unterschiedlichem Niveau von implizitem und explizitem Know-how der Partner.

Ein Beispiel

Die <u>Hilton Hotel Corporation</u>, <u>Marriott Corporation</u> und <u>Budget Rent-A-Car</u> planten mit dem Informationssystem CONFIRM eine gemeinsame Daten- und Prozessbasis für die Hotel-Buchung, Mietwagen und Flugtickets (mit American Airlines Corp.). Der Projektaufwand war 1992 auf $ 125 Millionen budgetiert. 500 Fachspezialisten wurden für das Projekt eingesetzt. Nach drei Jahren und einen weiteren 18-monatigen Aufschub, wurden gravierende Mängel bei den „Betatests" festgestellt: Datengenauigkeit und Prozessmodelle waren nicht homogen, die zwei Hauptrechner kommunizierten bei den ca. 60 abgebildeten Geschäftsprozessen über suboptimale Schnittstellen. Hauptursache für die Probleme war die voneinander getrennte Entwicklung der Programmierung für die zentrale Reservierung (Großrechner A) und der relationalen Datenbank (Großrechner B). Die Behebung dieses Zustandes würde zwei weitere Jahre in Anspruch nehmen. Nach mehr als drei Jahre wurde das Projekt mit einem Gesamtkostenaufwand von $ 125 Millionen abgebrochen.

Zusammenfassend lagen die Hauptgründe an der falschen Planung der Meilensteine, Teambildung mit ungeeigneten Projektmitarbeitern, vorzeitiger Zweifel, falsche Entwicklungstools und Methodologien, zu viele externe Consultants (Tagessatz von DM 18.000 für einen SAP-Senior-Consultant[150]), die den Weg zu einer erfolgreichen Realisierung und dem systematischem Einsatz von internem Wissen blockierten[151].

Durchschnittlich zeigt sowohl die Privatwirtschaft als auch die öffentliche Hand eine 50%ige Fehleinschätzung der Projektdauer und des Budgets. Die Fachliteratur beschränkt sich bei der Projektumsetzung des Öfteren auf kleine Projekte, die rasch gelernt und umgesetzt werden können.

---

[150] Vgl. Kauffels. S. 397.

[151] Vgl. Laudon. Laudon. S. 534.

Es gibt keine Standards und Erfahrung wird selten ausgetauscht. Die meisten Anwendungen sind neu, d.h. es gibt keine vergleichende Erfahrungsbasis, sondern muss zuerst aufgebaut werden. Ein Großprojekt für einen Gesamtkonzern muss mit der Ignoranz, Problemverschleierung und dem Zweckoptimismus der Teams zurechtkommen. Hierarchien verbergen oft den pathologischen Aspekt. Der Projektleiter bleibt unaufgeklärt, da bekannt ist, dass er wichtige „Deadlines" zu halten hat; die Projektgelder fließen trotzdem regelmäßig und die Karriere des einzelnen Projektmitarbeiters ist von der Termineinhaltung abhängig. Dies bedeutet wiederum, dass kleine Verspätungen solange verschwiegen werden, bis die Gesamtverzögerung spürbar wird und dann ist es oft zu spät.

Nach Michael Hammer führten 70 % aller von ihm studierten Reengineering-Projekte zum Misserfolg, lediglich 16 % der Projektleiter bestätigten eine hohe Zufriedenheit mit dem Geleisteten und alle betonten die Komplexität des Change Managements im Betrieb. Gegenteilige Meinungen gegen solche komplexe Projekte kommen erst, wenn die Ergebnisse des Projektes für die Betriebsangehörigen bindend sind. Adäquate Projektorganisation im Vorfeld, wie Kosten-Nutzen-Analysen, Schulung in Projekttechniken, Möglichkeiten zur Mitgestaltung, unmissverständliche Richtlinien und Regeln sowie ein funktionierendes Motivationsinstrumentarium für Mitarbeiter sind einige der Hauptelemente, welche im Vorfeld eines Projektstarts abzuklären und festzulegen sind. Theorien des Human Resource Managements zur Kooperation, d.h. das Miteinbeziehen von Opposition in jeder Projektphase unter einer disziplinierten Führung, zeigen daher enorme Erfolge.

13.3 MIS und Einkaufsgemeinschaften

Die nahtlose Kommunikation innerhalb von Einkaufsgemeinschaften basiert auf einer homogenen Softwarelandschaft. Davon verfügen die wenigsten über diese Voraussetzung, denn die selbständigen Mitglieder arbeiten mit der Software, die ihren eigenen Bedürfnissen am nächsten kommt. Damit entsteht bei der Zentrale der Einkaufsgemeinschaft der Bedarf, ihre eigene Software über Verknüpfungssoftware mit den lokalen Systemen der Mitglieder zu verbinden.

Das Ergebnis soll ein für den ungehinderten Datenaustausch einheitliches System sein. Am Ende können die lokalen und individuellen WWS/PPS-Systeme der Mitglieder darin eingebunden sein, ebenso wie die Beschaffungs- und Verteilungssysteme der Zentrale und die Katalog- und Artikelsysteme von Lieferanten.

SoftPoint[152] bietet zum Beispiel Systeme und individuelle Lösungen an, die aus dieser heterogenen Softwarelandschaft ein durchgängiges elektronisches Informationsnetz entstehen lässt, ohne dabei die Individualität der Mitglieder beim Einsatz ihrer WWS/PPS-Systeme einzuschränken. Für das Mitglied ist vorteilhaft, dass SoftPoint für die Erstellung der Konverter die Datenanforderung der Zentrale kennt und als Leitfaden für die Datenextraktion aus dem Datenbestand des Mitglieds verwenden kann. Weitere Komponenten solcher Services können die Einrichtung von eigenen Homepages (Microsites), E-Mail-Systeme, Virenschutz, elektronischen Unterschrifts- und Zahlungssysteme sein. Die fertiggestellte B2B-Lösung von SoftPoint wird nach intensivem Testen und nach Abnahme durch die Fachabteilung beim Auftraggeber installiert. Dies geschieht so, dass Informationen vollautomatisch oder auch abhängig von Ereignissen importiert und exportiert werden. Falls erforderlich, werden dazu Hintergrundprotokolle (log-Files) erstellt und mitgeliefert, die für einen unbeaufsichtigten, reibungslosen und eventuell auch protokollierten Betrieb rund um die Uhr sorgen. So versteht sich eine integrierte Lösung, denn die häufig vorgerechneten Einsparungen durch Investitionen in Software sind nur dann tatsächlich und vollständig erreichbar, wenn auch an die letzten Ecken und Kanten gedacht wurde. SoftPoint konnte bereits in vielen Projekten beweisen, dass solche Lösungen sicher und langlebig sind, ohne dass die Anpassungsfähigkeit darunter leidet.

Je nach Ausstattung des zentralen Rechenzentrums einer Einkaufsgemeinschaft oder durch andere Rahmenbedingungen (Personal, Infrastruktur) kann es sich als optimal herausstellen, die gesamte Funktionalität des B2B teilweise oder vollständig außer Haus (Hosting der Anwendung) zu betreiben.

---

[152] Vgl. SoftPoint.

Immer dann, wenn die Investitionen für die Aufnahme des Betriebs und die laufenden Kosten höher sind als zugekaufte Dienstleistungen kompetenter Lösungsanbieter, entscheiden sich heute mehr und mehr Unternehmen für Outsourcing. Gerade der Betrieb von hochverfügbaren Electronic Commerce Systemen in Verbindung mit der gesamten Sicherheitsproblematik (Firewall) kann für das eigene Rechenzentrum zu einer fast unlösbaren Aufgabe werden. Für den Endkunden oder Partner spielt es aber aufgrund der schnellen Leitungsverbindungen und der in Zwischenzeit fast gegen null gehenden Kommunikationskosten keine Rolle mehr, wo die eigentliche Verarbeitung stattfindet. Der Einkaufsverband kann die Dienstleistung einkaufen und in Verbindung mit Wartungs- und Pflegeverträgen die ständige Anpassung an Veränderungen sicherstellen.

13.4 Business warehousing

IT ist das Bindeglied zwischen der physischen Logistik und der Dienstleistungsinfrastruktur[153]. Der Schlüssel dazu heißt „Business warehousing" und ist die Kombination - in Realzeit - von:

- LIS, das Logistik-Informationssystem, i.e. die Mengeninformation, und

- FIS, das Finanz-Informationssystem, i.e. die Wertinformation.

Firmen haben ein reges Interesse daran, Realtimeinformationen über die Warenverfügbarkeit im internen Lager zu erhalten. Diese Information resultiert aus der Zahlenverschmelzung der logischen Inventarbewegungen und dem „replenishment" (LIS) sowie der Fakturierung an den Kunden (FIS). Man denke an JIT-Management-Konzepte bei integrierten Beschaffungsketten (Supply Chains). Bei weltweiten Multis mit unzähligen Lagerorten ist das Problem der globalen Warenverfügbarkeit brisant; anders ausgedrückt: das „Available-to-promise". Es ist nicht so, das der Kunde in Singapur daran interessiert ist, welche Ware in Hannover vorrätig ist.

---

[153] Vgl. Prahalad. Ramaswamy.

Doch falls eine Panne die deutsche Logistik hindert, kann der Aachener Kunde – bei homogener Daten- und Prozessstruktur in Deutschland, Frankreich und Belgien - auch ab Paris oder Brüssel bedient werden. Ein globales Datentransfersystem mit einer homogenen und identischen Ablauforganisation („Flow Chart") alleine reicht nicht aus. Das bereits besprochene Phänomen der Bananenkurve im Bestellwesen kommt gerade bei dieser Betrachtung zum Tragen.

Angenommen die <u>Nouvo Rich Eisenwaren AG</u> kennt monatlich und weltweit 10×10^6 Transaktionen in LIS und FIS, welche alle gebündelt in eine zentralen Datenbank gespeichert werden – anders ausgedrückt sind dies knapp 16 Transaktionen pro Sekunde. Die Frage stellt sich, ob dies zahlenmäßig viel ist? Nein, solche Dimensionen sind computertechnisch eher bescheiden. Aber kann die Dienstleistungsinfrastruktur wirklich mit der Datenfülle umgehen, falls eine Bananenkurve der Ineffizienz des Bestellungseingangs zugrunde liegt? Die Mehrheit aller Verkaufstransaktionen finden beispielsweise täglich zwischen 11.00 und 12.00 Uhr sowie 13.30 und 15.30 Uhr statt; womöglich noch mit *Spitzen* am letzten Tag der Woche oder des Monats. Somit wächst die Transaktionsdichte fast exponentiell. Und hier kommt die Frage nach der geeigneten Infrastruktur zum Tragen. Gut ausgestattete Server vermögen solche Datenmengen zu verarbeiten, doch wie „dick" sollten die Telefonkabel werden, damit das gesamte Datenvolumen verarbeitet werden kann? Wie lassen sich die Kommunikationslinien (e. g. für E-mail) von den Transaktionslinien (e. g. für das Rechnungswesen) trennen? Die Kombination von LIS und FIS in einem Businesswarehousing-Modell zeigt, dass das kritische Element der Informationsinfrastruktur im Fakturawesen liegt, weil dort alle Kundeninformationen gesammelt vorliegen.

Es sind die Erfahrungen von den Kunden mit der Firma, welche übergeordnete Priorität haben und nicht das reine Produkt-Know-how.[154]

---

[154] Vgl. Prahalad. Ramaswamy.

13.5 MIS: Die integrierten Tools für Prozess- und Datenmodellierungen

13.5.1 Vorwort

Modellierung von Daten und Prozessen ist im Zeitalter der „Mergers & Acquisitions" zu einem der wichtigsten Themen herangewachsen. Die rasante Entwicklung der Geschäfte im Internet verschärft diesen Zwang zur Vereinheitlichung von Prozessen und Daten auf ungemein frenetische Art. Diese „Angleichung" ist unabwendbar geworden aufgrund globaler Entwicklung und dies erfordert einen hohen Informationsaustausch. Interkontinentale Konzerne, welche sich im Moment aus finanziellen Überlegungen noch schwer tun, ihre regional geprägten Denkmuster zugunsten globaler Prozesse abzuändern, werden mittelfristig mit besonders harten Zeiten konfrontiert werden. Interessant ist die wahre Triebkraft hinter der Vereinheitlichung: Bei <u>Mergers & Acquisitions</u> gibt es summa summarum **vier Grundoptionen**, wonach gehandelt werden kann.

Eine Verschmelzung von Tochter- oder zugekauften Gesellschaften erfolgt über die Zusammenlegung nach steigendem Komplexitätsgrad von:

- Ortschaften oder

- Organisationen oder

- Systeme oder

- Prozesse.

Weniger zukunftsorientierte Firmen werden den einfachsten Weg wählen: den der Zusammenlegung nach Ortschaften. Doch im Zeitalter des Internets wird gerade nach der komplexesten Form der Zusammenlegung gefragt: Prozessvereinheitlichung.

13.5.2 Die Modellierungstools

Nach Aussagen von <u>IBM</u> existiert momentan kein Tool am Markt, welches das Verhältnis von Leistung und Anwenderfreundlichkeit perfekt abdeckt. Sämtliche Modellierungstools haben ihre spezifischen Stärken und Schwächen.

Sie decken meist nur eine eingeschränkte Anzahl an Anforderungen ab. Solche Tools erfordern aufgrund ihrer Komplexität meist eine Schulung, dies ist vor allem der Fall bei steigendem Integrationslevel. Die „Best practice" kann nur durch einen Cocktail von solchen Tools erreicht werden, in Abhängigkeit zu den einzelnen Situationen.

Beispiel

Flowcharts lassen sich mit <u>Visio2000</u> und <u>Rational Rose</u> oder <u>Innovator</u> gemäß beiliegender Grafik gut kombinieren. Ist <u>Oracle</u> im Unternehmen die strategische Plattform, so ist der *Oracle Designer* wahrscheinlich das beste Modellierungssystem. Bei verdichteten "High-Level" Prozessmodellierungen, d.h. mehrere Subprozesse werden übergeordnet zusammengefügt (z. B. Bestellungseingabe + -bestätigung + -freigabe an die Lagerverwaltungsmaschine), werden Flexibilität und Geschwindigkeit die „Killer"-Kriterien.

Solche Modellierungstools können aber mit komplementären Tools aufgewertet werden. Basiert jedoch die Systemlandschaft im Unternehmen nicht auf einem homogenen System, so können andere Modellierungstools eingesetzt werden, welche mehr Wert bringen in Bezug auf Flexibilität und Produktivität (siehe Übersicht S. 186).

Übersicht:

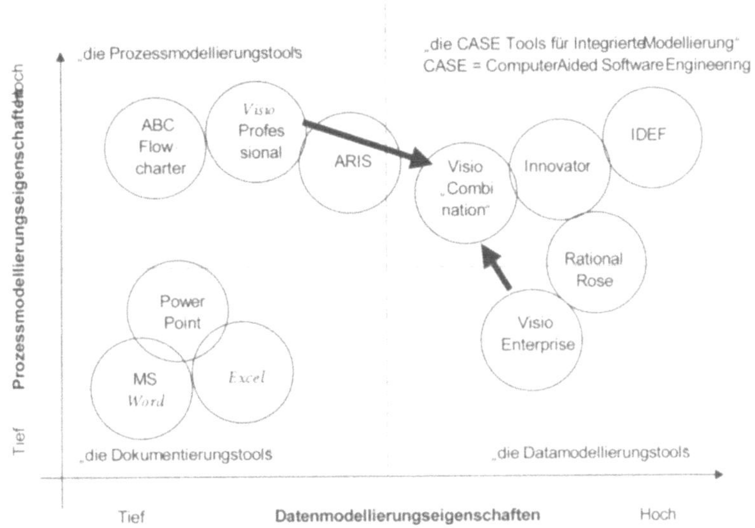

Abb. 21. Datenmodellierungstools

Die **Stärken** der oben genannten Softwarefunktionalitäten lassen sich in einer Matrix wie folgt darstellen:

Produkt / Anforderungen	ABC Flowcharter	Visio Professional	ARIS	Visio Enterprise	Rational Rose	Innovator	Oracle Designer	IDEF
Prozesmodellierung	X	X	X		"o"	X	X	X
Datenmodellierung			"o"	X	X	X	X	X
Objekt Orientierung			"o"	X	X	X	X	X
Code Generierung					X	X	X	
CASE Plattform-Unabhängigkeit					X	X	"o"	
PC-"stand alone" Version	X	X	X	X	X	X		X
Multi-Anwender / Fernüberwachte Zusammenarbeit	"o"	"o"	"o"	"o"	X	"o"	"o"	
Web-kompatibles Output					"o"	"o"		
Preis (Euro), ca.	100		1'000		10'000			
Schulungsbedarf	Stunden		Tage		2 Wochen			

Legende: X Stärke
"o" marginelle Unterstützung

Abb. 22. SWOT-Darstellung von Softwaretools

Venice has changed, it has grown of age
all figures and numbers, neatly arranged [155]

IV Modellierungen der Wandlungsprozesse

---

[155] Vgl. Yann. REALITY.

> *reason & comprehension are completely misunderstood & when i turn to violation that*
> *seems to be no good*
> *now see me turn to sadness with an eye that blinks ahaze & your ground that seems*
> *so solid suddenly turns to mud & clay*
> *peculiar days we're living with the night in broad daylight makes me wonder how you*
> *manage to always look upright.* [156]

Automatisierung der Auftragsabwicklung

Vorhandene Organisationen und Prozesse als Verbindungselemente zwischen einzelnen Systemkomponenten (Technik) und der Verwaltungsstruktur (Funktionen und Strategien) zeigen sich vermehrt als unzureichend - man denke an Systemlebenszyklen. Das Ziel von elektronisch unterstützten Prozessen darf nicht die Automatisierung der Vergangenheit sein.

Beispiel

Corning Asashi Video hatte beim Bestellungseingang eine Durchlaufzeit von 45 Mannstunden und eine Lieferzeit von 180 Tagen. Insgesamt wurden 250 Prozesse aktiviert, die zu einem Gesamtaufwand von 2.200$ führten. Eine Restrukturierung der Datenerfassungsroutinen führte beim gleichen Auftrag zu einer Minimierung auf fünf Mannstunden und 90 Tagen Lieferzeit für einen Gesamtaufwand von insgesamt 500$[157].

„Code enhancements", die vom ursprünglichen Softwarepaket die Computercodes kundenspezifisch ändern können, führen nicht nur zur heterogenen System- und Code-Landschaften, sondern zusätzlich wird das Update dieser Versionen von der ursprünglichen Standardsoftware nicht gewährleistet.

---

[156] Vgl. Yann. I'LL SORRY YOU.

[157] Vgl. Laudon. Laudon.

K. C. Laudon beziffert die Summe aller Änderungen in den Programmlinien - im Sinne einer customization, die fünf Prozent aller Linien erreicht - mit einem fünffachen Anstieg des ursprünglichen Implementierungsaufwandes.

Moderne Hilfsmittel wie **CASE** („Computer Aided Software Engineering"), erlauben „enhancements" nach Belieben die Anwendungsmatrix zu gestalten, ohne dabei die ursprünglichen Codes zu verändern. Gerade beim Upgrade des Gesamtpakets mit einem neuen Release können solche mit CASE geschriebenen Softwareroutinen problemlos mitgenommen werden.

14.1   Abwicklung der Bestellprozesse

Das Bestellwesen von Firmen wie beispielsweise bei der Nouvo Rich Eisenwaren GmbH besteht aus 27 chronologisch aufgelisteten Subprozessen oder Prozeduren. Unser Modell geht von „Mainstream-Aktivitäten" aus, d.h. die Subprozesse sind voneinander abhängig und miteinander verknüpft; extreme Abweichungen werden nicht berücksichtigt (e. g das Erstellen der Export- und Transitdokumentation für mehrere Länder) sowie jene Prozesse, die erst dann aktiviert werden, wenn oben erwähnte Subprozesse keine befriedigende Antwort an das IT-System liefern können und somit wiederum Nebenprozesse auslösen.

Kurz eine persönliche Anekdote zur Veranschaulichung der Komplexität eines Bestellvorgangs oder des so genannten „Order Managementsystems": Miteinbezogen sind die Schnittstellen zur Finanzbuchhaltung und Lagerverwaltung. Bei einem persönlichen Besuch beim US-Marktführer von Betriebssoftware kam die Frage, wieso allein für die Konzeption einer kompatiblen Bestellsoftware fast 10.000 Software-Designer benötigt werden. Die Antwort wurde anhand eines Flussdiagramms erläutert. Die Gesamtübersicht über das offerierte internetgestützte Bestellwesen wurde auf die Leinwand projiziert:

Screen 1: Die gesamte Leinwand unterteilte sich in eine filigrane, völlig unlesbare und kompakte Darstellung unzähliger Prozessverknüpfungen.
Ein Teil dieser Vorschau wurde angeklickt und mit dem Zoomfaktor 500 % vergrößert. Screen 2 erscheint ...

Screen 2: Die gesamte Leinwand ergab wiederum eine äußerst filigrane, völlig unlesbare und kompakte Zusammensetzung unzähliger Prozessverknüpfungen. Ein Teil der zweiten Vorschau wird angeklickt und mit dem Zoomfaktor 500 % vergrößert. Screen 3 erscheint ...

Auch bei Screen 3, 4 und 5 konnte anhand des 500%igen Zoomfaktors die Unterteilung und Verschachtelung der Prozesse weiter detailliert studiert werden.

Die **Schlussfolgerung** daraus ist, dass der höchste Detaillierungsgrad (e. g. allein das Eingabefeld des Namen des Kunden) erst nach einem 5 x 500%igen Zoomfaktor (ab „Anklicken" des Kästchens von Screen 1) erfolgt. Folgender Text kann daher nur als Gedankenstütze und Diskussionsansatz gewertet werden.

Angenommen, ein manuell-konventionelles Bestellwesen im Betrieb wird bereits durch ein leistungsfähiges IT-System unterstützt und lässt sich in eine höhere Automatisierung gut integrieren, mit der Voraussetzung, dass die Daten- und Prozessmodellierung zwischen den organisatorischen Einheiten des Betriebs einheitlich gestaltet wurde. Es obliegt den Prozessdesignern und Softwareentwicklern, die Subprozesse weitestgehend automatisiert zu gestalten.

Dort wo explizit Kundeninput gefragt ist, sollte die Automatisierung temporär anhalten und eine gewisse Flexibilität erlauben. Liegt beispielsweise ein Kundenvertrag vor (der Kunde ist somit genau definiert mit Identität, Adresse, Betriebsgröße, Branchenzugehörigkeit, Preisliste, Konditionen, Transport- und Auslieferparameter), so laufen die anmeldungsrelevanten Subprozesse im Hintergrund.

Bei der Konzeption einer B2B-Lösung ist deswegen zu beachten, dass das aktuelle IT-System nicht so weit automatisiert ist, dass sich der gesamte Betrieb mit seinen Prozessen an die Software anpasst und nicht umgekehrt.

14.1.1   Die konventionelle Bestellungsaufnahme

<u>Das konventionelle Geschäftsmodell</u>

Unten verwendetes Modell geht bei der Prozessmodellierung davon aus, dass der Kunde mit seiner Anfrage per Telefon, Fax, Besuch usw. Kontakt aufnimmt. Jener Teil im Hauptprozess - die *persönliche Interaktion mit dem Kunden* - bezieht sich insbesondere auf den Subprozess #1 bis #13. Ab Subprozess #14, die interne „Freigabe der Bestellung", wird die Abwicklung der Bestellung durch das Regelwerk der vorhandenen ERP-Maschine übernommen. Sämtliche weitere Logistik- und Finanzaufgaben unterliegen den Routinen des konventionellen Geschäftes.

<u>Die B2B-Lösung</u>

In diesem Geschäftsmodell erfolgt die Kontaktaufnahme elektronisch. Der Kunde identifiziert sich eindeutig mit seinem Passwort. Die Personalisierung bringt den Vorteil für den registrierten User, dass er - je nach unternehmensstrategischer Abstufung der Login-Ebenen - tiefere Information (z.B. Dokumente, Manuals, Presseartikel, Produktbeschreibungen, Kreditkonditionen, Rabattstufen etc.) erhält. Für das Unternehmen selbst bringt die Hierarchisierung der User unternehmensstrategische Vorteile (Anpassung der Kundenbindungsstrategie bei veränderten Kundenbedürfnissen, bessere Kundenbindung, dadurch dass der Kunde das Gefühl hat, es wird auf ihn explizit und individuell eingegangen etc.)

Alle nachgelagerten Fragen werden pro Subprozesse mit ausdrücklicher Bestätigung des Kunden oder des Systems „abgehakt". Dies bedeutet, dass die Subprozesse #1 bis #13 automatisch und exakt nach Kundenwunsch ablaufen. Darüber hinaus wird die Garantie gewährt, dass der eingegebene Kaufwunsch auch tatsächlich den Vorstellungen des Kunden entspricht. Dies senkt in der Folge zwar nicht direkt den Reklamationsbestand hinsichtlich Missverständnissen, es erleichtert jedoch die etwas eher unangenehme Diskussion im Nachhinein.

14.1.2   Die Subprozesse

Zwei Subprozesse kennzeichnen diesen Vorgang:

- Eröffnung der Bestellung (Order Capture)
- Bestellungsfreigabe (Order Entry)

Zu Beginn des Bestellvorgangs beinhalten die Subprozesse #1 bis #13 Folgendes: Aufzeichnung aller Daten im Vorfeld der Kundenbestellung, die jedoch nicht an die produktive Bestellungsumgebung freigegeben werden. Je nach Systemumgebung (e. g. AS 400, Scala, SAP, Oracle usw.) werden solche Informationen ohne Vorliegen einer Auftragsbestätigung, oft nicht einmal gespeichert.

Die Eröffnung der Kundenanfrage reduziert sich demzufolge auf drei Stufen:

1. Die Identifizierung (WER?)

# 01. Wer ist der anfragende Kunde? (bekannt, unbekannt)			
	# 02. Ist ein Konto angelegt worden? (ja, nein)		
		# 03. Ist das Kontoprofil OK? (ja, nein)	
			# 04. Sind Liefer- und Fakturadresse OK? (ja, nein)
			# 05. Benachrichtigung des Kunden über sein Profil

2. Die Anfrage (WAS?)

# 06. Login		
	# 07. Die Anfrage	
		# 08. Art der Bestellung?

3. Spezifikation (WIE?)

09. Warenkorb (Art der Produkte, Menge, Währung etc.)?
10. Verfügbarkeit der Ware? (Produktstatus)
11. Liefer- und Zahlungskonditionen? (Lieferort? Lieferdatum? Tracking & Tracing, Rabattstufen, Währung, Zoll)
12. Reservierung/Bestellung
13. Prüfung der Vollständigkeit der Anfrage

Die Subprozesse # 1 - # 13 werden hauptsächlich vom Kunden bestimmt. Der **Freigabeprozess der Bestellung** (Subprozess #14 bis #23) beinhaltet, dass mit der Bestätigung der Anfrage (Bestellbestätigung) die Information an die produktive Umgebung freigegeben wird.

Die operative Umgebung ist definiert anhand der Lager- und Debitorenverwaltung, Logistikplanung, Berechnung und Bestimmung von Verkaufsprovisionen etc. Folgende Subprozesse bauen explizit auf die Nachfrage des Kunden:

14. Freigabe Bestellung
15. Buchung der Bestellung
16. Aktivierung der Logistik
17. Warenentnahme
18. Ausdruck des Entnahmeschein
19. Warenentnahme und Verpackung
20. Bestätigung der Sendung
21. Generierung der Versandetikette
22. Generierung des Lieferscheine
23. Freigabe zum Transport

Schematische Darstellung der Abläufe

Im Sinne einer „*Scorecard*" wird genau festgelegt, welche Information der 23 Subprozesse durch wen an wen weitergeleitet wird und was kritische Elemente in der Informationsweiterleitung sind:

01. Prozessinhaber

02. Initiator / Auslöser

03. Endet mit

04. Prozess-Input

05. Informationslieferant

06. Prozess-Output

07. Kunde

08. Prozessziel

09. Messung

10. kritische Erfolgsfaktoren

Das 1/10/100 – Genauigkeitsprinzip

Wie wichtig eine genaue Datenerfassung während der Bestelleröffnung (Anfrage) ist, zeigt folgendes Skalenprinzip:

- ein einminütiger Eingabefehler zu Beginn der Bestellung bringt

- eine 10-minütige Korrekturarbeit bei der Bestätigung der Bestellung und

- eine 100-minütige nachgelagerte Reklamationsbearbeitung

Diese logarithmische Progression des Zeitaufwands basiert auf Ungenauigkeiten, die sehr einfach an der Quelle (Datenaufnahme) vermeidbar sind. Diese logarithmische Progression des Zeitaufwands basiert auf Ungenauigkeiten, die sehr einfach an der Quelle (Datenaufnahme) vermeidbar sind.

Gemäß unserer Erfahrung werden in einem Konzern wie der <u>Nouvo Rich Eisenwaren GmbH</u> tagtäglich und weltweit tausend mangelhafte Kundenbestellungen von den Absatzkanälen an den Kundeninnendienst kommuniziert (Fax oder Telefon).

Wie oft werden Bestellungsbeschreibungen wie: „Bitte das Gleiche wie letzte Woche für Herrn Piet Kees, aber 20 Stück!", mit weiterem Vermerk: „ Bitte nicht an die Phillipine/Zeeuws Vlaanderen, sondern an die Sas van Gent Baustelle-Adresse, auf der Belgischen Seite der Baustelle!", aufgenommen. Dieses als extrem gedachtes Beispiel zeigt Folgendes: P. Kees erscheint acht mal bei der niederländischen <u>Nouvo Rich Eisenwaren NV</u> in diesem Verkaufsgebiet, sei es als Bvba, NV, PK & Partner usw.

Der Logik nach sollten solche ungenaue Bestellungen abgelehnt werden. Doch diese Anweisung geht aufgrund Geschäftsprioritäten, verkaufen, verkaufen und nochmals verkaufen komplett unter. Die nachgelagerten Funktionen des Bestellwesens sehen sich dazu verpflichtet, das Beste aus dem entsprechenden Fall zu machen. Die Erfahrung zeigt, dass eine Frustrations- und Fehlerinterpretationswelle oft knapp vermieden wird. Der Kundeninnendienst weiß als primäre Anlaufsstelle genau, wie Professionalität und gutes Know-how über den einzelnen Kunden zu verknüpfen ist. (In diesem Text verzichten wir auf die internen Bestellungen für das Replenishment und betrachten nur die Kundenbestellungen.)

14.2   Die Abwicklung einer Kundenbestellung - generisch

Der Prozess der Bestellabwicklung spezifiziert eine Anfrage oder Nachfrage. Es folgt die Freigabe an die Logistik und die Auslieferung. Im Falle einer Panne (Lagermanko, nicht ausreichender Kredit, zu niedriger Preis usw.), sollte der Kunden im Sinne des „Exception Managements" darüber unverzüglich informiert werden.

Die Abwicklung einer Kundenbestellung – generisch:

01. Prozessinhaber	Internes Bestellwesen und Fulfilment
02. Initiator / Auslöser	Kunde kontaktiert den Absatzkanal
03. Endet mit	Bestellung ausliefern
04. Prozess-Input	Angebot oder Anfrage
05. Informationslieferant	Kunde
06. Prozess-Output	Bestellung
07. Kunde	Extern
08. Prozessziel	Kundenzufriedenheit
09. Messung	Zeitgerechte und komplette Lieferung
10. kritische Erfolgsfaktoren	Lagerdisponibilität, Effizienz, Kundezufriedenheit

14.3 Die Registrierung

14.3.1 Die Chronologie der Registrierung:

Ein „Internet-User" besucht die firmeneigene Website. Beeindruckt vom Erscheinungsbild, möchte er mehr über Produkte und Dienstleistungen erfahren. Diese Information ist jedoch nicht für jeden gleich zugänglich.

Zwei Ebenen sind zu unterscheiden:

- Ebene 1: Ein Gast-User muss sich erst als **„Benutzer"** registrieren, um über die gesamte technische Dokumentation verfügen zu können. Wer diese Information nachfragt, wird als kritischer Erfolgsfaktor der B2B-Anwendung gewertet. Eine Hierarchisierung der User ist hier somit strategisch sinnvoll.

- Ebene 2: Der „registrierte Benutzer" wird zum **„zugelassenen Kunden"**, wenn er zusätzlich zur technischen Dokumentation seine eigenen Konditionen festlegen und nachfragen will.

Das Geschäftsmodell der deutschen Nouvo Rich Eisenwaren GmbH basiert prinzipiell auf einer formell eingegangenen Kundenbindung. Der Kunde wird erst dann ordnungsgemäß bedient, wenn er registriert ist. Die Attribute, nach denen er registriert wird, können sich je nach erforderlichen Daten unterscheiden. Die Anfrage eines Kunden im zentralen Regelwerk des Bestellwesens erfolgt beim klassisch-konventionellen System schriftlich oder telefonisch. Im Falle des Wunsches zur Nutzung der detaillierteren Information sollte dieser vorgelagerte Anmeldeprozess ab der Startseite möglich sein.

Kundenseitige Attribute:

N	Thema der Eingabe
	Die Personalisierung von Webauftritten löst drei nachgelagerte Verfahren aus: Der Web-Gast hat nach dem Anschauen der Homepage kein weiteres Interesse. Ebene 1: Der Gast möchte sich eine breitere Dokumentationsbasis regelmäßig anschauen; er mutiert zum Status „Benutzer" mittels einer exklusiven Benutzernummer. Ebene 2: Der Benutzer wird zum „registrierten Kunden". Eine Kundenkontonummer erscheint. Detaillierte technische Angaben und Kauftransaktionen werden nur so zugänglich.
	Beschreibung des Ablaufs
	GAST-USER
	Nein, keine Benutzernummer vorhanden => Registrierung erforderlich:
1	Name (Vorname, Nachname)
2	Name der Firma
3	Firmenadresse (Straße, PLZ, Ort, Staat)
4	Telefonnummer, Fax-Nummer der Firma
5	E-Mail-Adresse
6	Betriebsgröße (Anzahl Mitarbeiter). Drop-down-Menü: Klassifizierung nach einem aufgelisteten Modell.
7	Newsletterfunktionalität: Möchten Sie über unsere Promotionen und Neuigkeiten informiert werden?(Auswahlfenster mit Ja?(Nein?)

8	Branchen: Anhand eines Pull-Down-Menüs kann die Betriebsbranche, in welcher <u>Nouvo Rich Eisenwaren</u> präsent ist (e.g Schreinerei, Tischlerei usw.) ausgewählt werden. Für Rapportierungszwecke kann die <u>Nouvo Rich Eisenwaren</u> durchaus 180 Branchen kennen; es stellt sich hier die Frage, ob man dem Kunden mit einer größeren Auswahl als 30 belästigen möchte. Klickt der sich Anmeldende mit Weiterverkäufer z.B. an, so erscheint die Botschaft: „Nehmen Sie bitte mit unseren Kunden-Innendienst Kontakt auf."
10	Beschreibung der Verantwortlichkeit/Tätigkeit/Position des interessierten Users: Funktionen wie Betriebs-leiter, Einkäufer, Spezifizierungsingenieur oder Architekt, Vorarbeiter usw. können anhand eines Pull-Down-Menüs ausgewählt werden.

	BENUTZER- /KUNDENREGISTRIERUNG
11	Das System generiert eine Benutzernummer. Es erscheint die Botschaft: „Sie sind nun als Benutzer angemeldet!"
12	(Wenn der Kunde eine für <u>Nouvo Rich Eisenwaren</u> „kritische" Funktion anklickt, wie Spezifizierungs-ingenieur oder Architekt, so wird an dieser Stelle eine Kundenkontonummer generiert. Es erscheint die Botschaft: „Sie sind nun als Kunde registriert.")

13a	Ja, Kundenkontonummer ist vorhanden.	13b	Nein, keine Kunden-konto-nummer vor-handen.
14a	Der Web-Gast wird als registrierter Kunde zugelassenen. Er hat beide Kontonummern.	14b	Mitteilung, dass der Anfrager vom Web-Gast zwar als Benut-zer registriert ist, er aber bei Preis-fragen den Kundeninnen-dienst (Auflisten der E-Mail-Adresse und Telefon-nummer) zu kontaktieren hat, oder sich als Kunde regi-strieren muss.

15	Bei Eingabe der falschen registrierten Kundenkonto-nummer werden dem drei Versuche gewährt. Nach dem dritten vergeblichen Versuch, erscheint die Botschaft: „ Bitte wenden Sie sich an unseren Systemadministrator oder geben Sie nochmals Ihre Kundendaten ein". Bei Vergessen der Login-Daten erscheint die Meldung: „Passwort vergessen? Klicken Sie hier, wir senden Ihnen die Zugangsdaten per E-Mail zu."

16	Nein, die eingegebene Nummer ist keine Kundenkonto-nummer. Das existierende Benutzerkonto wird auf die Historik geprüft. Die Vergabe einer Kundenkontonummer für Websites wird hier gesperrt bis zur internen Beantwortung der Fragen bezüglich Preisliste, Kreditwürdigkeit, Kreditbeanspruchung etc.		
17	Anmeldung ist nun vollständig.	18	Nein. Das Login für die Kundenebene auf der Web-site wird gesperrt, mit dem Hinweis, sich als Kunde registrieren zu lassen.
19	Der Web-Gast ist zugelassener Benutzer und Kunde. Er hat beide Kontonummern. Als Kunde und Benutzer zuge-lassen!	20	Mitteilung, dass der Anfrager vom Web-Gast zum registrierten Benutzer wurde, und dass bei Preisfragen der Kundeninnen-dienst zu kontaktieren ist.

14.4.2   Subprozesse und Prozeduren

1: Wer ist der anfragende Kunde?

Wie identifiziert man die Anfrage? Im einfachsten Fall mit Instrumentarium eines Kundenpasswortes. Im konventionellen Bestellwesen ist der Detailaufwand hierfür beachtlich. Beim Prozess #1 meldet sich ein Kunde mit seiner Anfrage. Die Suche nach den Kundendaten in der „Customer Database" wird gestartet. Mehrere Kriterien erlauben es, das Kundenprofil zu kontrollieren und somit die Verhandlungskonditionen für seine Anfrage zu festigen.

Ist der Kunde angelegt, d.h. er ist im Kundenregister eingetragen, so hat er eine Kontonummer, gegebenenfalls eine Nummer für eine bereits erfolgte Bestellung, Lieferschein, Rechnung, Offerte, Paket, Telefon, Kundenname, Stadt, Postleitzahl, eine Adresse, Kontaktperson, Produktseriennummer usw. Werden die Kundendaten immer noch nicht gefunden, so wird er als Neukunde bzw. Einmalkunde angelegt.

Falls der Kunde als Einmalkunde durch den Handelsvertreter in ein eigens dazu angelegtes Spezialkonto angelegt wird, so erscheint dieser Kunden nicht im zentralen Kundenregister. Dies ermöglicht somit Lieferungen an Kunden, welche e. g. einer Liefersperre - aufgrund finanzieller Engpässe - nicht beliefert werden dürften. Alte Debitorenausstände bleiben weiterhin, dennoch verbucht man Verkäufe und kassiert folglich Provision.

01. Prozessinhaber	Internes Bestellwesen Kreditabteilung
02. Initiator/Auslöser	Kunde im Kontakt mit dem Absatzkanal
03. Endet mit	Liefer- und Fakturieradresse, Zahlungsmethode
04. Prozess-Input	Externer Kunde
05. Informationslieferant	Externer Kunde oder Absatzkanal
06. Prozess-Output	Identifizierter Anfrager, Liefer- und Fakturieradresse, Zahlungsmethode
07. Kunde	Externer Kunde
08. Prozessziel	Kundensuche nach verschiedenen Attributen, Kontenkontrolle für die Konditionen
09. Messung	Keine
10. kritische Erfolgsfaktoren	Keine

2. Ist ein Konto angelegt worden?

Sind die entsprechenden Kundendaten eindeutig identifiziert, so wird überprüft, ob er ein Benutzer- oder Kundenkonto hat. Dies ist deshalb wichtig, da das Konto tiefergehende Informationen über die Kundenart (Kleinkunde, Großkunde, Regierungskunde usw.) enthält. Jede Kundenart löst den spezifisch definierten Prozess aus.

01. Prozessinhaber	Internes Bestellungswesen
02. Initiator / Auslöser	Kunde im Kontakt mit dem Absatzkanal.
03. Endet mit	Identifiziertes Kundenkonto
04. Prozess-Input	Suchattribute sind Kundenname, KontoNr., Lieferschein Nr., RechnungsNr., Offerte/ AngebotsNr., PaketNr., Stadt, Postleitzahl, Adresse, Kontaktperson, TelefonNr., SerienNr. der Geräte.
05. Informationslieferant	Externer Kunde
06. Prozess-Output	Identifiziertes Kundenkonto
07. Kunde	Externer Kunde
08. Prozessziel	Identifizierung des Kunden und der nachgelagerten Prozesse
09. Messung	Beziehung zwischen kaufenden, mehrfach-hinterlegten, und schlafenden Kunden
10. kritische Erfolgsfaktoren	Geschwindigkeit der Identifizierung; Pflegung der Kundendatenbank

3 Ist das Kontoprofil OK?

Das Kontoprofil gibt vor, welche Zahlungs- und Lieferkonditionen der Kunde hat (Bar- oder Kreditkonto, Status bezüglich Kreditlimits und seiner Ausschöpfung). Somit werden nachgelagerte Konditionen für die Bearbeitung der Anfrage festgelegt. Folgende Konditionen ergänzen das Kundenprofil:

- Betriebsgröße oder Personalstamm des Kunden,

- Rabattstufe gemäß Vertrag oder rechnerischem Modell, abhängig von Umsatz und Branche.

Die Kundenklasse bestimmt die Anzahl benötigter Kundenbesuche pro Jahr und wird von der Handelsvertretung vorgegeben. Der Reklamationsindex zeigt das Verhältnis zwischen Rechnungen und Gutschriften und zeigt die Reklamationshäufigkeit des Kunden.

01. Prozessinhaber	Bestellwesen Kreditabteilung
02. Initiator / Auslöser	Kunde im Kontakt mit dem Absatzkanal oder der Absatzkanal mit der Kreditabteilung.
03. Endet mit	Kreditentscheidung
04. Prozess-Input	Identifiziertes Kundenprofil
05. Informationslieferant	IT-System, Kredit und Finanzabteilung
06. Prozess-Output	Zahlungsmethode
07. Kunde	Externer Kunde
08. Prozessziel	Risikovermeidung für die Firma
09. Messung	Offenstehende Debitorenrechnungen
10. kritische Erfolgsfaktoren	Kundendatenbank

4. Sind Liefer- und Fakturadresse OK?

Der anfragende Kunde muss nun genau nach seinen Liefer- und Fakturadressen abgefragt werden; bzw. er sollte die gespeicherten Adressen am Telefon oder am Bildschirm prüfen. Wie oben beschrieben, kann ein kleiner Fehler an dieser Stelle schnell in eine 100-minütige Reklamationsbearbeitung und Kundenärger ausarten. Zusätzlich werden die Verkäufer nach Umsatz per Auslieferadresse honoriert.

Die Fakturadresse ist für Umsatzprovisionen oft nicht relevant (man denke an Holdingfirmen mit unzähligen Töchtern in allen Teilen des Landes). Diese Suche erfolgt über die Nummer des Kunden und seine Lieferadresse, seinen Kundennamen, sein Vertretungsgebiet, seine Vertreter, seine Branche.

01. Prozessinhaber	Internes Bestellungswesen
02. Initiator / Auslöser	Kunde im Kontakt mit dem Absatzkanal
03. Endet mit	Identifizierte Liefer- und Fakturieradressen
04. Prozess-Input	Identifiziertes Kundenkonto
05. Informationslieferant	Kunden
06. Prozess-Output	Liefer- und Fakturadressen
07. Kunde	Externer Kunde
08. Prozessziel	Identifizierung der vom Kunden gewünschten Liefer- und Fakturieradressen
09. Messung	Beziehung zwischen Liefer- und Fakturieradressen
10. kritische Erfolgsfaktoren	Manuelle Dateneingabe

5: Benachrichtigung des Kunden über sein Profil

Hier wird dem Kunde sein Kundenprofil bestätigt. Diese löst nun die Bearbeitungsmethodik seiner Anfrage aus:

01. Prozessinhaber	Bestellwesen
02. Initiator / Auslöser	Kunde im Kontakt mit dem Absatzkanal
03. Endet mit	Kaufentscheidung
04. Prozess-Input	Zahlungsmethode
05. Informationslieferant	Absatzkanal
06. Prozess-Output	Information an den Kunden
07. Kunde	Externer Kunde
08. Prozessziel	Klarheit durch die Bestätigung durch den Kunden
09. Messung	Reklamationshäufigkeit als Folge von undeutlicher Benachrichtigung
10. kritische Erfolgsfaktoren	Kundendatenbank

6 Log-in

Beim Login wird der Anfragekopf („order header") ergänzt. Dies erfolgt entweder anhand einer bereits bestehenden Anfrage oder der Kontakthistorie. Auskunft über Preis, offene Angebote, frühere Anfragen und Produkte sind vorhanden. Auch hier kann das Konto zum Löschen gekennzeichnet oder können Liefersperren zwischengeschaltet werden.

01. Prozessinhaber	Bestellwesen
02. Initiator / Auslöser	Identifiziertes Kundenkonto durch das IT-System
03. Endet mit	Beschreibung vom Anfragekopf
04. Prozess-Input	Identifiziertes Kundenkonto und/oder bestehende Anfrage
05. Informationslieferant	Absatzkanal zum IT-System
06. Prozess-Output	Ergänzter Anfragekopf mit allen Informationen oder bereits vorhandener Referenz
07. Kunde	Externer Kunde
08. Prozessziel	Identifizierung des Kundenbedürfnisses (Retournierung, Kaufbestellung, Reparatur, neue oder ergänzte Abfrage)
09. Messung	Anzahl gespeicherter Anfragen
10. kritische Erfolgsfaktoren	Suchgeschwindigkeit beim Erforschen der Beziehung zwischen bestehenden und neuen Anfragen und Konti.

7 Die Anfrage

Die Spezifikation der Anfrage über gewünschte Produkte oder Dienstleistungen, Menge, Datum wird nun per „default" oder mit „enter" festgelegt bzw. mit „escape" gelöscht. An diesem Punkt wird der Kaufwille ausdrücklich vom Kunden bestätigt.

01. Prozessinhaber	Bestellwesen
02. Initiator / Auslöser	Identifiziertes Kundenkonto durch das IT-System
03. Endet mit	Anfragekopf
04. Prozess-Input	Identifiziertes Konto oder bestehende Referenz
05. Informationslieferant	Absatzkanal zum System
06. Prozess-Output	Anfragekopf oder bestehende Referenz
07. Kunde	Externer Kunde
08. Prozessziel	Bestätigung bzw. Ergänzung des identifizierten Kontos
09. Messung	Anzahl bestehender Anfragen
10. kritische Erfolgsfaktoren	Beziehung zwischen bestehenden und neuen Anfragen und Konten, Suchgeschwindigkeit

8. Welche Bestellart?

Hierbei ist die genaue Beschreibung des ganzen Prozesses wichtig. Die Bestellung löst sämtliche nachgelagerten Aktionen im System aus. Als Bestellart gelten Kostenvoranschläge, Verkäufe (auch gebunden an die Zahlungsart) und gewählter Verkaufskanal. Folgende Ausnahmen müssen auch hier als Bestellart hinterlegt werden: Warenretournierung, deren Auszahlung und Eilaufträge. Eilaufträge sind mit Vorsicht zu genießen, da sie eine sofortige Priorisierung im Lagerhaus auslösen. Auch an Terminbestellungen mit oder ohne Materialreservierung ist zu denken. Für das Verständnis der Bestellart ist auch die Kenntnis über Warenflüsse (wie genau bzw. seriös wird die Wünschterminierung gelebt, wie sieht die Zahlungsart aus und wie dringend ist es dem Kunden nun wirklich) elementar.

Oft spiegelt die vom Absatzkanal eingegebene Dringlichkeitsstufe den noch nicht erreichten Monatsoll (Bananenkurve am Monatsende) wider.

01. Prozessinhaber	Bestellwesen
02. Initiator / Auslöser	Aktivierung der Bestellungseingabe durch das IT-System
03. Endet mit	Vorkonditionierung der Eingabemasken
04. Prozess-Input	Kundenwünsche: Mengen und Termin, Zahlungsmethode
05. Informationslieferant	Absatzkanal zum System
06. Prozess-Output	Steuerung der nachgelagerten Prozesse
07. Kunde	Externer Kunde
08. Prozessziel	Steuerung der Logistik, Definition der Zahlungsmethode
09. Messung	Wichtiges Datenelement für nachgelagerte Berichterstattungen
10. kritische Erfolgsfaktoren	Bestätigung der Lieferart bevor Bestellungsbestätigung. Vollständigkeit der Anfragekopf im IT-System

9. Warenkorb

An diesem Punkt greift die entsprechende Applikation oder Software nicht mehr auf die Kundendatenbank, sondern auf die Produktdatenbank zu. Der gewünschte Artikel soll gefunden werden. Die entsprechende Information (e. g. Preis, Messeinheit) wird über Artikelnummer, Artikelbeschreibung oder sonstige Attribute abgefragt. Wichtig bei der Produktdatenbank ist die hinterlegte Artikelstruktur. Jeder Artikel macht einen Teil von:

- entweder einer vertikalen Artikelgruppe (Produktlinie A: e. g. Klebstoff als Verbrauchsartikel) oder

- einer horizontalen Artikelgruppe (Produktsystem: Produktlinie Auspressgeräte + Produktlinie Klebstoff + Zubehör Düse) aus.

Bei Promotionsangeboten ist diese Identifikationsstufe äußerst wichtig, da für die spätere Rapportierung die einzelnen Produkte (e. g. Klebstoff, Auspressgerät, Düse) hier nicht separat betrachtet werden dürfen. Die Mischkalkulation der erzielten Marge kann für jedes Produkt gesondert als unzufrieden eingestuft werden, jedoch kann das Gesamtangebot befriedigend wirken.

Man denke hier an Maßnahmen zur Senkung der Lagerkapitalisierung.

10. Verfügbarkeit der Ware?

Die Verfügbarkeit der Ware hängt hier mit der Verknüpfung verschiedener Lagerorte zusammen. Dies beinhaltet demzufolge eine logische Kalkulation nach Aufwand und Zeit, um die Ware am effizientesten auszuliefern. Dieser Prozess ist bei automatisierter Verkaufssoftware stets eng mit der Preisinformation verbunden. Damit wird vermieden, dass auf eine abgeschlossene Preisdiskussion nicht eine Absage erfolgt, weil kein Material da ist! Wie bereits erwähnt, sind die einzelnen Verkaufspunkte eines Anbieters nicht immer online, sondern im „Batch" mit dem Hauptverwaltungsrechner verbunden. Ein Fehler aufgrund eines „Time lags" ist hier nie völlig auszuschließen. Ist die Ware nicht vorrätig, so sollte der Rechner per „default" den nächsten Liefertermin ab Werk mitteilen.

01. Prozessinhaber	Bestellwesen
02. Initiator /Auslöser	Identifizierter Artikel und Menge IT-System oder Telefonat (Abfrage)
03. Endet mit	Information an den Kunden
04. Prozess-Input	Artikel, Menge, Liefertermin (zur Priorisierung), Lieferart.
05. Informations-lieferant	IT-System zum Absatzkanal oder intern zwischen Absatzkanälen
06. Prozess-Output	Lieferort, alternativer Artikel, alternativer Liefertermin, „Backorder", gelöschte Bestelllinie
07. Kunde	Kunde und Absatzkanal
08. Prozessziel	Kundenzufriedenheit
09. Messung	Reklamationsbestände bezüglich Mengen und Liefertermin, Anzahl „Backorders", Lieferaufwand
10. kritische Erfolgsfaktoren	Produktdatenbank; Online-Funktionalität aller Verkaufspunkte zum Zentralrechner; Genauigkeit der gesamten Versorgungskette

Bei Prüfung des Produktstatus wird das Regelwerk über den Status eines Artikels aktiviert. Dies prüft, ob der Artikel noch aktiv, ein Auslaufprodukt oder ein Einführungsprodukt ist. Hintergrund ist auch hier die spätere Rapportierung für Marketingzwecke. Zwei Möglichkeiten werden unterschieden:

- die verlangte Menge überschreitet den Lagerbestand.

- die verlangte Menge ist kleiner als der Lagerbestand. Diese Option hat den Vorteil, dass die Verwaltung von Ladenhütern besser kontrollierbar wird. Vor allem bei Auslaufprodukten („Phase out"), die von Einführungsprodukten („Phase in") auf Dauer abgelöst werden. Im Hintergrund kann der Dispositionsrechner sämtliche sich in der Nähe befindlichen Lagerorte nach dem Vorrat abfragen.

01. Prozessinhaber	Fulfilment
02. Initiator / Auslöser	Identifizierter Artikel durch das IT-System
03. Endet mit	Information über den Lieferstatus des Artikels
04. Prozess-Input	Identifizierter Artikel mit Lieferort
05. Informationslieferant	Absatzkanal zum System
06. Prozess-Output	Auskunft über die weiteren artikelbezogenen Aktionen
07. Kunde	Absatzkanal
08. Prozessziel	Vermeiden von Artikeln, welche falsch, veraltet, ersetzt oder nicht vorrätig sind
09. Messung	Rapportierung von Mankoaufträgen, Substitutionen, Leistungsbeurteilung der Versorgungskette, Überalterung und punktueller Lagermankos
10. kritische Erfolgsfaktoren	Produktdatenbank Anzahl abzuändernder Bestellungen von falschen Artikeln

11 Liefer- und Zahlungskonditionen

Nach dem „order header" wird nun die Anfrage mit entsprechenden Daten, welche für die ganze Bestellung gültig sind, ergänzt. Diese Informationen sind:

- Bestelltyp mit Mussfeldern für Kontaktdateien, Bestell-, Versand- und Auftragsart, Wünschtermin, Lieferart, Absatzkanal. Lagerort, Art der Bestellungseingang (Telefon, EDI, Fax, Besuch, Website usw.), Währung (lokal oder Euro).

- Beziehung zwischen einer früheren Anfrage und der aktuellen. Dies ist wichtig, da bei automatisierten Verkaufsinstrumenten wie „sales force automation" (e.g auf Laptops), die Kundenanfragen des Öftern im „Cache" zwischengespeichert und nicht zeitgleich online zum Zentralrechner weitergeleitet werden. Differenzen können entstehen, wenn der Kunde zweimal mit der Vertretung über die gleiche Anfrage gesprochen hat, zwei Preise verabredet und diese online nicht gleich aktualisiert wurden.

Weiterhin kann der Kunde hier eine Auslieferung für mehrere Lieferorte verlangen oder einen bestimmten Spediteur.

01. Prozessinhaber	Bestellwesen
02. Initiator / Auslöser	Identifiziertes Kundenkonto IT-System
03. Endet mit	Vollständiger Anfragekopf
04. Prozess-Input	Identifiziertes Kundenkonto und/oder bestehende Anfrage
05. Informationslieferant	Absatzkanal zum System
06. Prozess-Output	Ergänzter Anfragekopf oder bestehende Referenz
07. Kunde	Externer Kunde
08. Prozessziel	Identifizierung aller im Kopf enthaltenen Informationen, mit Gültigkeit für alle Bestelllinien
09. Messung	Keine
10. kritische Erfolgsfaktoren	Kundendatenbank, manuelle Eingabe

Bei der Verifizierung des **Lieferortes** muss Folgendes beachtet werden: Für einen einmaligen Lieferort muss hier die Abweichung zu der vorgegebenen Lieferadresse angepasst werden. Beispielsweise für Baustellen. Solange die Büroadresse und gegebenenfalls die Fakturadresse vom Kunden nicht von den Stammdaten abweicht, erfolgt die Auszahlung der Verkaufsprovision am Absatzkanal immer in Abhängigkeit zum Lieferort.

Einmalige Lieferadressen werden jedoch oft nicht gespeichert, weil sie oft zu stark mit Fehlern behaftet oder zu kurzlebig sind. Mit dem Attribut des **Lieferdatums** wird festgelegt, ob der Kunde den gesamten Auftrag zu einem Wunschtermin geliefert haben möchte oder ob mehrere Termine zu berücksichtigen sind (e.g Terminaufträge oder terminlich verschobene Bestelllinien).

Der **Wunschtermin** des Kunden wird hier mit der Bestellart und dem Versandmodus (e.g Eilauftrag, Post, Paketdienst) verknüpft. Terminaufträge, d. h. „Forward-Bestellungen", lösen automatisch eine Lagerreservierung aus. So können falsch eingegebene Mengen oder Artikel die nachgelagerte Lagerverwaltung bis zur Auslösung des „Pick & Pack" in Mitleidenschaft ziehen. Die gewünschte Menge definiert, wie sie abgerundet wird. Eine Vollkostenanalyse zeiugt schnell die Unwirtschaftlichkeit, falls weniger als die Standardmenge bestellt wird.

In der Regel verknüpft hier der Computer den Artikel mit „Verwaltungsartikeln", wie beispielweise den Transportaufwand nach einer vordefinierten Matrix im IT-System.

01. Prozessinhaber	Bestellwesen
02. Initiator / Auslöser	Identifizierter Artikel und Lieferort durch: IT-System zum Absatzkanal
03. Endet mit	Richtige Menge und Lieferdatum
04. Prozess-Input	Gewünschte Menge und Lieferdatum, Überprüfung von Minimum-Bestellmenge und gültigem Artikel
05. Informationslieferant	IT-System zum Kanal
06. Prozess-Output	Auskunft darüber, ob gewünschte Menge weder ein Mehrfaches oder eine Fraktion der Minimummenge ist
07. Kunde	Kunde und Absatzkanal
08. Prozessziel	Bestätigung von Wunschmenge, Wunschlieferort und -Termin, eventuell auch auf Linienebene
09. Messung	keine
10. kritische Erfolgsfaktoren	Produkt Datenbank, Genauigkeit des manuellen Inputs

Rabattstufe: Eine kurze Abklärung mit den Kunden auf der Website oder durch den Kundeninnendienst (konventionelles Verfahren), ob die vom IT-System vorgeschlagene Rabattstufe noch Gültigkeit hat, wirkt Wunder beim nachgelagerten Beschwerdemanagement. Im konventionellen Verfahren wird hier einen Historienvergleich ausgeführt: Was hat der Kunde bis jetzt gekauft? Hat der Kunde den gleichen Artikel vor kurzer Zeit gekauft (≤ 12 Monate)? Eine Staffelpreismatrix (Menge-Preis) kann hier aktiviert werden. Auch können mündliche Vereinbarungen oder Verkaufspromotionen deponiert sein.

01. Prozessinhaber	Bestellwesen und Marketing
02. Initiator / Auslöser	Identifizierter Artikel und Menge; IT-System zum Absatzkanal
03. Endet mit	Erfassen der Bestelllinien
04. Prozess-Input	Artikel und Menge nach Rahmenvertrag, Offerte, Kaufhistorie, Promotions, Rabattkalkulation usw.
05. Informationslieferant	IT-System zum Absatzkanal oder intern bei Neukunden
06. Prozess-Output	Korrekter Preis
07. Kunde	Kunde und Absatzkanal
08. Prozessziel	Kundenzufriedenheit
09. Messung	Reklamationsbestände; Anzahl Rahmenverträge
10. kritische Erfolgsfaktoren	Produkt Datenbank;Genauigkeit des manuellen Inputs; Rabatt-Datenbank; Kontakthistorie durch die Absatzkanäle; Anwenderfreundlichkeit vom IT-System

12 Reservierung

Eine korrekte Auslieferung erfolgt nur dann, wenn die Bestelllinien am ausgewählten Lagerort reserviert wurden. Bei Auftragsstorno muss diese Reservierung rückgängig gemacht werden. So deckt die Reservierung nur eine kleine Zeitspanne. **Ausnahmen** sind Termin-, Produktions- oder Projektaufträge (andere Zeitstandards!).

Falls der Sicherheitsbestand zur Neige geht, sollte eine Reservierung erfolgen. Die Gefahr der Reservierung besteht darin, dass solange die Bestellung nicht ausgeliefert wird (Terminauftrag), die auszuliefernde Menge gesperrt bleibt. Wird die Bestellung später auf Wunsch des Kunden storniert, so wurde sinnlos reserviert. Im schlimmsten Fall wurden andere Kundenbestellungen wegen Lagermanko nicht ausgeliefert.

01. Prozessinhaber	Bestellwesen
02. Initiator/ Auslöser	Identifizierter Artikel und Lieferort; IT-System
03. Endet mit	reservierte Bestelllinie
04. Prozess-Input	Artikel, Lieferort
05. Informationslieferant	IT-System zum Kanal
06. Prozess-Output	Reservierter Artikel bzw. Inventar
07. Kunde	Kunde und Absatzkanal
08. Prozessziel	Sicherstellung der Inventardisposition (Bestelleingang bis Auslieferung)
09. Messung	Keine
10. kritische Erfolgsfaktoren	Produktdatenbank; Online-Funktionalität aller Verkaufspunkte; Möglichkeit, mehrere Lagerorte auszuwählen für eine Bestellung. Genauigkeit der Inventardifferenzen

Im Geschäftsmodell der <u>Nouvo Rich Eisenwaren AG</u> werden die Kunden mehrheitlich direkt und am nächsten Tag beliefert.

13 Ist die Verkaufsanfrage vollständig?

Kundenzufriedenheit erfolgt auch aus der Verifizierung der Kontaktperson und deren Erreichbarkeit (e.g. TelefonNr.). Eine kurze Bestätigung, dass Produktbeschreibung, Menge, Messgröße, Bestellwert, Konditionen (Auslieferung und eventuelle Warenretournierung) und Rechnungsempfänger stimmen, wirken Wunder auf die Kundenzufriedenheit.

Bereits bestehende Bestellnummern vom Kunden müssen hier eingetragen werden. Im Hintergrund rechnet der Zentralrechner das Gewicht der Gesamtsendung, den Auslieferungsaufwand, dessen Fakturierung und den Prioritätsgrad aus, damit der Transporteur anschließend vereinbarungsgemäß ausliefert.

01. Prozessinhaber	Absatzkanäle
02. Initiator / Auslöser	vom Bestelleingang ausgelösten Prozess durch das IT-System
03. Endet mit	Vollständige Information, vor Start der Verbuchungsprozesse
04. Prozess-Input	Information vom externen Kunden geliefert and das IT-System
05. Informationslieferant	IT-System zum Absatzkanal, Kunde zum Absatzkanal
06. Prozess-Output	Eine buchfähige Bestellung
07. Kunde	Externer Kunde und Absatzkanal
08. Prozessziel	Die erfassten Angaben sind vollständig und korrekt.
09. Messung	Reklamationsdatenbank, Bestellungsdatenbank
10. kritische Erfolgsfaktoren	Manueller Input, Erfahrung und Kompetenz in der Erfassung

14 Freigabe der Bestellung

In diesem Prozess wird die erfasste Bestellung freigegeben, d.h. gebucht. Die Suspendierungsprozesse werden nun gestartet.

#15 Buchung der Bestellung

Ist einmal die Bestellung gebucht, herrscht Sicherheit über das Einverständnis des Kunden mit den Bestellkonditionen. An diesem Punkt muss mit dem Kunden über Kreditlimits gesprochen werden oder es muss ein Limit mit der Kreditabteilung ausgehandelt werden. Bei den meisten IT-Systemen folgt auf Kreditüberschreitung keine automatische Suspendierung der Bestellungen. Eventuelles Reduzieren der Bestellmenge, bezüglich Anpassung an das Kreditlimit, ist technisch schwierig. Es ist einfacher mit einer vorher erfassten Offerte mit niedrigerem Lieferwert die Bestellung anzupassen. Somit kann die Bestellung strukturiert einwandfrei freigegeben werden. Die Folge der Buchungsaktion ist das Ausdrucken eines Warenentnahmescheins („Pick slip") im Lager.

01. Prozessinhaber	Absatzkanäle
02. Initiator / Auslöser	Erfasster Anfragekopf und Bestelllinien durch das IT-System
03. Endet mit	Gebuchte Bestellung
04. Prozess-Input	Anfragekopf und Dateien zu den Bestelllinien
05. Informationslieferant	IT-System zum Absatzkanal
06. Prozess-Output	Erfasste Bestellung wird an das Fulfillment weitergeleitet. Ein Lieferschein erfolgt automatisch.
07. Kunde	Externer Kunde und eventuelle dezentralen Lagerorte
08. Prozessziel	Alle erfassten Daten sind korrekt.
09. Messung	Übertragungsgeschwindigkeit vom Zentralrechner zum Rechner des ausgewählten Lagerorts (zentral oder dezentral), damit am richtigen Ort der Lieferschein ausgedruckt wird. Besonders schwierig sind an diesem Punkt jene Aufträge, welche bei den Übertragungen irgendwo in den Telefonleitungen „stecken" blieben (Thema: Suspendierungen).
10. kritische Erfolgsfaktoren	Die Synchronisierung der Daten zwischen den verschiedenen IT-Subsystemen; Das Buchungsvolumen; Die Stabilität vom IT-System und Telefonnetz. Fraglich ist hier auch, ob während des Buchungsprozesses der Artikel nicht für andere Anwender im Team blockiert ist.

16 Aktivierung der Bestelllogistik

Ab hier werden jene Prozesse aktiviert, welche das „Pick release" in den gewählten Lagerort für die Warenentnahme und die Speditionsaktivitäten steuern. Das „Pick release" gruppiert rechnerisch „Pick slips" in einem „Picking batch".

#17 Die Warenentnahme

Basierend auf vom Absatzkanal oder durch die Website gesetzten Auslieferpriorität generiert das IT-System den Warenentnahmeschein (Pick slip) je Bestelllinie.

Mehrere „Pick slips" werden in ein „Picking batch" gebündelt. Gleichartige Produkte werden gruppiert gelagert und zur Auslieferung entnommen. Dieser Prozess generiert auch die „Backorderlisten", d.h. jene Bestellungen, welche trotz vorherigem „OK" aufgrund eines Lagermankos nicht vorrätig sind. Auch hier erfolgt die automatische Selektion der Spediteure (Optimierungskalkulation des Transportaufwandes in Funktion von Gewicht, Größe, Dringlichkeit, Lieferzeit).

18 Ausdrucken von Entnahmescheinen

Hier werden die Entnahmescheine gedruckt. Diese Dokumentation enthält Informationen, die sowohl für Lagerbetreuung als auch Kunden nützlich sind.

#19 Ware entnehmen und verpacken

Jene physisch gelagerten Artikel werden:

- den Regalen entnommen,

- registriert,

- gegebenenfalls in Baugruppen hineinmontiert (e. g. ausgewähltes Gerät in den Koffer legen),

- auf den Verfalltag chemischer Produkte kontrolliert,

- auf Konformität geprüft,

- gemäß Standard oder Anfrage verpackt

- mit gesetzlichen, kunden- und logistischer Dokumentation ergänzt und dem Paket zugefügt (e. g. Gefahrenstoffklasse, Exportpapiere, Zertifikate usw.)

- in Finanzpapiere integriert

An diesem Punkt erscheint es sinnvoll, die Differenz zwischen dem physischen und den logischen Lagerbeständen zu dokumentieren, da:

- eine Auslieferung gefährdet sein und

- trotz scheinbarem Manko doch ausgeliefert werden kann.

#20 Bestätigung der Sendung

Sämtliche Informationen logistischer Natur werden hier zentral registriert. Dabei soll sowohl an eine ordentliche Endbuchung der Bestellung als auch an deren Rückverfolgung bei Beschwerden gedacht werden. Details davon sind Sendungsdatum, Gewicht, Anzahl und Type der Pakete, Auftragsnummer des Transporteurs, Kundenkontakt, Transportpriorität. Spätestens hier werden die Seriennummern der ausgelieferten Geräte per Kunde registriert. Dieser Prozess wird erst dann abgeschlossen, wenn die Menge der entnommenen und versendeten Waren dem Inventar abgezogen wurde. Dies löst in der Regel den Fakturierungsprozess aus.

#21 Generierung des Versandetiketts

Das Versandetikett ist mit sämtlichen auslieferungsrelevanten Daten beschriftet. Es erlaubt dem Transporteur den Kunden eindeutig zu identifizieren. Mangelhafte Koordination im Betrieb, e. g. zwischen Marketing und Logistik, oder auch zwischen IT und Logistik, zeigt sich an den kleinsten Details: das Versandetikett ist zum Beispiel zu klein konzipiert. Auch entsprechen altmodische Auslieferungssysteme den modernsten Anforderungen nicht immer:

- Adresse, exakte Lieferzeiten („time slot")

- Ausladen (e. g., mit LKW nur von oben)

- Maximale Breite des Lastwagens

- Barcode bezüglich Inhalt und Lieferinformation

#22 Generierung des Liefermanifests

Beim Verlassen der Laderampe wird ein Gesamtüberblick für den Transporteur ausgedruckt. Dabei werden sämtliche übertragene Pakete summiert. Moderne Transporteure haben bereits den elektronischen Austausch der Information mit dem Internet verknüpft. Vor allem im Sinne eines „Exception Management" erscheinen solche Verknüpfungen als zukunftsweisend. Dieser Gesamtüberblick erlaubt auch gleichzeitig die Speicherung der Lieferbeweise des Vortages vom Transporteur an den Kunden.

#23 Transport freigeben

Hier wird das Paket an den Transporteur zur Auslieferung bzw. zum Transport elektronisch freigegeben. Als Gegenzug erhält die Lagerbetreuung eine Empfangsbestätigung, i.e. ein unterzeichneter Lieferschein oder ein vom Transporteur generiertes Manifest. Bei modernen Transporteuren sind Verknüpfungen mit dem Internet vorhanden; sie beschleunigen die Prozesse der Auslieferung und der nachgelagerten Reklamationsbearbeitung.

this is a drop-out / a total unknown / a tale of the unexpected
give me a birthmark / give me a sign / teach me acceptance
by the colour of your smile [158] *(...)*

Online Marketing: strategisch denken – webspezifisch handeln

Zwei grundsätzliche Fehlentscheidungen verursachen häufig Misserfolge, wenn es um den Einstieg in den Online-Handel geht:

- Unternehmen, die nach dem Motto „Es wird schon nicht schaden" halbherzig ein Internetprojekt starten, mit ein paar mehr oder weniger gut gestalteten Webseiten, die nicht weiter in die Marketingstrategien eingebunden sind.

- Unternehmen, welche die traditionellen Konzepte 1:1 ins Internet übertragen.

In den meisten Fällen werden so nur „Sunk Costs" produziert – obwohl die Ladenöffnungszeiten hier nicht beschränkt sind und Kunden aus aller Welt der Zugang offen steht. Es gibt kein Patentrezept, um diese Misserfolge zu vermeiden.

Das Online-Marketing wird dabei zunächst durch drei Fragestellungen bestimmt:

- Wie funktioniert der neue Vertriebskanal?

- Welche Produkte sollen angeboten werden?

- Was ist nötig, um Vertriebskanal und Produkte erfolgreich zu kombinieren?

---

[158] Vgl. Yann. IN ADORATION OF YOU.

15.1   B2B als „Single Source of Communication"

Die **wirkliche Stärke von B2B** liegt in seiner Eigenschaft als „Single Source of Communication". Dies bedeutet, dass häufige Änderungen von Produkten, Preisen sowie Lieferzeiten schnell und vor allem zentral durchgeführt werden können. Die hohe Aktualität kommt sowohl den Kunden als auch den Anbietern zugute. Der Kunde braucht nicht mehr Stapel von Papier durchzublättern und zu horten; es reicht ein „Klick" auf aktualisierte Seiten. Die Bearbeitung von Broschüren, Katalogen, Konvertierungstabellen, die Verknüpfung mit Produktbeschreibungen, technischen Unterlagen, Kopien der Zertifikate sowie Homologierung allgemeiner Firmendaten sind auf Papier komplex darzustellen und schwer zu pflegen. Mit Internet erfolgt dies einfach über „Links". Gedruckte Informationen kennen de facto nur „Top-down Links". Die in der „Web-Site" eingebauten Links ermöglichen einen guten Marketing-Mix im Bereich Marktfragmentierung und Kundensegmentierung durch sehr elegante und gezielte Suchabläufe.[159]   Es kann jetzt nach einer multidimensionalen Informationshierarchie gesucht werden.[160] Die Gestaltung von „Websites" wird komplexer, wenn horizontale Links die gleiche Rangordnung haben sollten wie die vertikale Informationsfülle oder der Detailgrad. Dies muss im gleichen Niveau zur Interaktivität der Informationen („Level of Interactivity") gesehen werden.

Beispiel

Informationsfülle (Detailgrad): Wand aus Gasbeton (und nicht nur „die Wand"); *Interaktivität*: 8 mm Loch, für Dübelbefestigung, Schwerlast.

Auf diesem Niveau interessiert sich der Kunde noch nicht für die Verpackungsgröße, Lieferkonditionen etc. Raffinierte Analyseprogramme erlauben dem Anbieter noch tiefgehender zu agieren. Entscheidet sich der Kunde zum Beispiel für Artikel A und ist bereits als Kaufkunde registriert, so lässt sich nun ein weiteres Angebot am Bildschirm aufbauen, das dem bestimmten Kundenprofil entspricht.

---

[159] Vgl. Steiner.

[160] Vgl. Fisystem.fr.

Viele Unternehmen erfahren dadurch einen Paradigmawechsel, indem sie bildorientierte Werbung, geprägt von vielen „Catchy Slogans", vermehrt durch inhaltsorientierte Werbung ersetzen müssen. Push-Marketing zum Kunden wird ein Pull-Marketing der Kunden. Theoretisch betrachtet verlieren Anbieter ihre Beratungsrolle bei der Auswahl von Produkten oder Dienstleistungen. B2B reduziert sie somit zu Vertrags- und Güterflussnetzwerken. Dieses digitale Umlaufvermögen der Firma kann mehrfach angewendet und unendlich oft vermehrt werden.

Daimler-Chrysler startete für die Betreuung des gesamten Online-Geschäft das DCX-Net mit einem Startkapital von ca. 430 Mio. [161].

Siemens kündigte an, mit einer Milliarde in den B2B-Handel investieren zu wollen, und zwar nicht als Wundermittel, sondern als effizientes Kommunikationsmittel mit dem Kostensenkungsziel, kurzfristig bis zu zwei Prozent des Umsatzes, mittelfristig von drei bis fünf Prozent einzusparen.

Im neu zu schaffenden „Centre of Excellence" sollten alles Geschäftliche rund ums B2B und die Umgestaltung sämtlicher internen Prozesse zentral koordiniert werden.[162]

Die Stärke von B2B ist seine Eigenschaft als "Single Source of Communication". Kunden können im Vorfeld einer webbasierten Bestellung die technischen Angaben über Produkte und Dienstleistungen äußerst genau definieren. Die Zeit mit den Firmenspezialisten zu telefonieren, wird durch gut vorbereitete Fragen etwas länger. Das Telefonieren sollte deshalb zumindest qualitativ steigen. Zu Beginn kann sich B2B nur auf eine kleine und vorhandene Kundengruppe beschränken.[163] Es stellt sich dann die Frage, welche von diesen nun Kunden sind. Dazu zählen Key Accounts, EDI-Kunden oder Kunden nach genau definierten Industriebranchen (z.B. nach den amerikanischen Standard Industry Codes oder SIC).

---

[161] Vgl. Unbekannt. Daimler-Chrysler.

[162] Vgl. Desurtins.

[163] Vgl. Berres.

15.1.1   Zauberwort „Interaktivität"

Interaktivität ist das Zauberwort, das gleichzeitig die großen Chancen und die hohen Anforderungen an das Online-Marketing umfasst. Es gilt eine unüberschaubare Menge von Kunden zu erreichen und sie dennoch individuell zu bedienen. „Einer für alle", dieses Motto ist fehl am Platz. Online-Marketing ist individuelles Direktmarketing. Gleichzeitig verschärft sich aber die Konkurrenz, denn was für die Käufer ein wichtiger Vorteil des B2B ist – die Erreichbarkeit der Angebote unabhängig von Zeit und Raum – intensiviert den Wettbewerb auf der Händlerseite enorm. Standortvorteile beim traditionellen Handel lassen sich nicht automatisch ins Internet übertragen. Andere, möglicherweise bessere Angebote sind nur einen Klick entfernt. Strategien des Online-Marketing müssen sich auf weitgehend transparenten Märkten behaupten. Über geeignete Produkte wird noch viel diskutiert. Erfolgreiche Services aus der Praxis zeigen aber immer wieder, dass sich kaum eine Ware nicht an den Mann, die Frau oder zunehmend das Kind bringen lässt.

15.1.2   Content als Erfolgsfaktor

Natürlich verlangen unterschiedliche Waren unterschiedliche Strategien und sind mehr oder weniger marketingintensiv. Eines der vier P des traditionellen Marketing verliert an Bedeutung: weniger das „Was" (das Produkt) als vielmehr das „Wie" (die Promotion) ist ausschlaggebend. Das fängt bei der Gestaltung des Online-Shops, der Präsentation der Produkte, der intuitiven Navigation durch das Angebot an. Zum wichtigsten Erfolgsfaktor für das Online-Marketing im B2B hat sich aber mittlerweile die Einbindung der Produkte in einen attraktiven Kontext entwickelt. Der attraktive Kontext muss vielmehr die Brücke vom Kunden zum Produkt bauen.

Der Wahlspruch „wir verkaufen keine Produkte, sondern Problemlösungen" ist schon lange in der Praxis erprobt.

Das Produkt allein zählt wenig, für das Online-Marketing ist „Content" ein Erfolgsfaktor.

15.2   Marktkommunikation

B2B wird, im Gegensatz zum E-Commerce (B2C), am Anfang bekanntlich für den Betrieb nicht das große Zusatzgeschäft. Es muss deshalb als ultimatives Instrument zur Schaffung der „Corporate Presence" gesehen werden. Es wird ein Mechanismus zum „Single Response" geschaffen. Die üblichen Techniken des „Interruption-Marketing", wo Medienpräsenz in Zeitschriften, Fernsehen, Radio usw. sorgfältig aufgebaut werden, wirken im Internetzeitalter eher störend. Die Zusendung von Katalogen und Broschüren an einzelne Haushalte sowie die scheinbar nie aufhörende Zunahme von Firmen, welche nun urplötzlich auch <u>Ihre</u> Adresse haben, verursachen eine Psychose der Kontroll- und Datenschutzlosigkeit bei vielen Kunden. Analysen von Fernsehstationen in den USA belegen, dass der Durchschnittkunde von den mit Satellitenteller empfangbaren 700 Sendern mit nur zehn Sendern bestens auskommt.

15.2.1   Die konzentrischen Kreise bei Webmarketing

Die Welt: Wo in der Welt kann ich finden, was ich suche? Die Aufmerksamkeit/Besuche auf der Website und das Angebot müssen vielmehr genauso den Prozess des Beziehungsaufbaus unterstützen. Eine Menge an frei zugänglicher Information ist eine Investition in das Vertrauen.

Die Community: Diskussionsforen mit wirklich interessierten Teilnehmern erlauben es, Communities zu bilden. Eine Community vermittelt Sicherheit bei den Surfern. Angenommen der Name <u>Nouvo Rich Eisenwaren GmbH</u> erscheint auf vielen Websites durch einen Werbebanner, der diese zufällig besuchten Websites mit der entsprechenden URL (<u>http://www.nouvo-rich-community.com</u>) verknüpft. Beim Anklicken des Werbebanners mutiert ein Zufalls-Surfer plötzlich zur Nouvo Rich Community. <u>Nouvo Rich Eisenwaren GmbH</u> weiß, was die Community für ihr Geschäft wert ist. Webveranstaltungen wie Diskussionsforen und Newsgroups ermöglichen dem Anbieter, bei solchen akquirierten Zufalls-Surfern die Vertrauensbasis aufzubauen und somit in späterer Folge gewinnend etwas zu verkaufen. Wird diesen Zielgruppen hochwertige Informationen geliefert, so stärkt sich das Vertrauen zwischen dem User und dem Anbieter.

Auf dieser Grundlage entstehen Beziehungen, aus denen Geschäfte resultieren. Schwieriger könnte jedoch die Zukunft für so genannte Branchenportale werden, die bisher als Orientierungshilfe für Märkten dienten. Sie haben mit hohen Streuverlusten zu kämpfen, was zu Lasten ihrer Attraktivität geht[164].

Neue Kunden vs. Stammkunden: Die wenigsten Besucher geben direkt beim ersten Kontakt Bestellungen auf. Die Konversionsrate – der Anteil der Besucher, der tatsächlich einkauft – liegt irgendwo zwischen 0,5 % und 5 %, Lediglich 25 % oder 30 % aller Surfer geben ihre Emailadresse ein.[165]

Erfolgsfaktoren:

- Informationen sollten einfach abrufbar sein.

- Unterstützung durch Bookmarking für das Sammeln von Emailadressen

- Layout sollte zu wiederholtem Besuch und zum Einkauf anregen.

- Einkaufsablauf sollte einfach, effizient und glaubwürdig angeboten werden.

15.2.2   eBrands und deren Legitimität

B2B ist der neuer Absatzkanal mit Kommunikationsabläufen in umgekehrter Reihenfolge.[166] Der Dialog mit dem Kunden wird zum Dialog zwischen Partnern.[167] Historisch entstand nur dann ein Dialog, wenn der Kunde Informationen vom Zulieferanten benötigte. Heute verlangen Kunden eine einfache, sichere und exakte Abwicklung des vorher abgestimmten Geschäfts.

---

[164] P. Hanser.

[165] Vgl. Internet. electronic-commerce.org.

[166] Vgl. Bearchell.

[167] Vgl. Prahalad. Ramaswamy.

Virales Marketing führt zu einer Produkt- oder Dienstleistungspositionierung, die fast ausschließlich auf kollektiver und persönlicher Kundenerfahrung bezüglich des Einkaufsvorgangs basiert.

Für Firmen wie zum Bespiel Amazon und eBay sind jene Kunden typisch, die Identität und Strategie dieser Firmen prägen und „E-Brands" legitimieren. „E-Brands" ermöglichen die klassische Kundenbindung an die entsprechenden Marken. Der elektronische Kunde ist mündiger und emanzipierter und vor allem ist er "just one click away". Dennoch ist die virtuelle Markentreue geringer als die der klassischen Marken.[168]

Mit der Entwicklung des Marktes zum globalen Handelsforum werden die Firmen vermehrt dazu forciert, sich mit der Individualität der Kunden auseinander zusetzen. Vor allem bei beratungsintensiven Produkten stellen die Anbieter eine wachsende Empfindlichkeit mit wachsender Spezialisierung ihrer Kunden fest.[169]

15.3   Weborientierte Kommunikation – die Kundenakquisition

Auf allen Marktplätzen vertreten zu sein ist zu kostenintensiv, weil die Unternehmen doch häufig Software brauchen, die vom Marktplatz gestellt wird, oder auch weil Schnittstellen zur Warenwirtschaft und Buchhaltung beachtet werden müssen.[170] Aufgrund der hohen Liquidität der elektronischen Marktplätze und die ihrer Integration in die bestehenden Warenwirtschafts- oder Buchhaltungssysteme, ist eine webgerechte Kommunikation nur unter Berücksichtigung ihrer strategischen Dimension für das Unternehmen möglich.

---

168 Vgl. Kastenmüller.

169 Vgl. Prahalad. Ramaswamy.

170 Vgl. P. Hanser.

15.3.1   Werbebanner

Was ist eigentlich der Kern des Webmarketings? Sicher nicht nur ein paar Werbebanner zu schalten. Bannerwerbung wurde ursprünglich als einfaches und effizientes „Inside-out" Kommunikationsinstrument verwendet. Der Grundgedanke, Werbebanner als abgeändertes Erscheinungsbild von Fernsehspots oder Zeitschriftwerbung einzusetzen, ist sicher unzureichend. In den klassischen Medien wird der Werbeerfolg bekanntlich in CPM gemessen, in „Cost per Thousand" (mir der lateinischen Buchstabe M für tausend).

Diese Methode misst die Effizienz der gelieferten Werbung. Man betrachtet die gelieferte Werbung exklusiv als „Push-Effekt".

Eine kleine Analogie

Ein Händler möchte Werbung einschalten. Zwei Optionen bieten sich an: die klassische Werbung in den Printmedien, eine Webwerbung bei einem Provider.

- Ein Vertreter der Printmedien schlägt ein ganzseitliches Inserat in einer Monatszeitschrift vor, mit dem Argument, sie erreicht 100.000 potentielle Kunden: Er verlangt 10.000 Euro für eine ganze Seite.

- Der Verkäufer des Provider schlägt eine Bannerwerbung auf seiner Website (Portal) vor: Sie erreicht ebenfalls 100.000 potentiellen Kunden. Er verlangt 10.000 Euro pro Banner, auch für einen Monat.

Welche Option soll angenommen werden? Der Händler ist gut beraten, den Unterschied zwischen der Menge der „gelieferten" Werbung und der Menge der „verbrauchten" Werbung in seinem Investitionsvorhaben herauszuarbeiten. Klassische Werbung wird geliefert, elektronische Werbung wird verbraucht. Der Werbebanner ermöglicht nämlich Verknüpfungen zu weiteren Sites, welche bei klassischer Werbung eher selten ist. Somit stellt sich oft die Frage, wer zuerst da war, das Huhn oder das Ei. Indem der eHändler den Navigationspfad seiner eBesucher verfolgen kann, erweitert sich bei intelligenter Auswertung die Effizienz von eWerbung gegenüber der klassischen Werbung.

Angenommen, die eWerbeagentur (inkl. Provider) offeriert ein CPM von 80 Euro. Es wird vereinbart, 10.000 Kunden erreichen zu wollen. Der eHändler zahlt vereinbarungsgemäß 10 x 1 CPM von 80 Euro, dies ergibt 800 Euro oder umgerechnet 0,08 Euro je potentiellem Kunden. Bei einer Konversionsrate von 1 % (d.h. 1 % von 10.000 Kunden, d.h. 100 potentielle Kunden melden sich) und bei einer gratis offeriertes Pay-per-Click-Werbung bezieht sich die Zahlung von 800 Euro auf lediglich 100 erreichte Kunden. Das sind 8 Euro pro Kopf. Falls sich von diesen 100 eBesuchern lediglich 1 % zum Kauf überzeugen lässt, d.h. ein eBesucher kauft ein Produkt, so kostet jeder neue eKaufkunde als einzeln erreichter eKaufkunde 800 Euro. In Klartext, der eBanner hat 800 Euro gekostet! Der wichtige Punkt hierbei ist die Erhöhung der Konversionsrate. Eine Konversionsrate von 5 % senkt die Kosten für jeden neuen Kunden auf ein vertretbares Niveau.

Um sich heutzutage als B2B-Anbieter zwischen den Millionen Websites von den andern zu unterscheiden, um die kritische Masse auf sich zu ziehen, sind die weborientierten Marketingkosten enorm. eHändler investieren im Durchschnitt 100 Euro für die Kundenakquisition.[171] Zahlen bis zu 500 Euro sind keine Seltenheit. Konzentriert sich der eHändler auf hochwertige, höher bepreiste Artikel mit einer breiten Stammkundenplattform, so machen oben genannte Akquisitionsgelder durchaus Sinn. Für die meisten eHändler bedeuten sie aber den finanziellen Selbstmord – vor allem, wenn der durchschnittliche Akquisitionsaufwand höher als der durchschnittliche „Customer Lifetime value" ist. Bei Kaufbesuchen von mehr als eine Million täglich (!), wie es bei <u>Amazon</u> bzw. <u>CDnow</u> bereits der Fall ist, lassen sich Kostenstrukturen gut analysieren. Schlägt man obiges Zahlenmaterial (eBanner) auf den „Customer Lifetime value" um und bezieht sich auf den Wert des Einkaufs, so lässt sich Folgendes errechnen:

Angenommen, beim ersten Besuch kaufen durchschnittlich 1.000 User für 50 Euro ein. Der eHändler hat eine Gewinnmarge von 20 % oder erwirtschaftet durchschnittlich 10 Euro pro Kunde [(1.000 x 50 x 20 %)/1.000]. Beim zweiten Besuch kauft die Hälfte der obigen 1.000 User (500 eKunden) für 100 Euro.

---

[171] Vgl. Internet. electronic-commerce.org.

Der eHändler erwirtschaftet durchschnittlich 10 Euro pro Kunde, gemessen an der ursprünglichen Kundenplattform [(500 x 100 x 20 %)/1.000 =10]. Beim dritten Kaufbesuch melden sich zehn Prozent der obigen 500 User, die bereits ein zweites Mal einkauften (50 eKunden) und kaufen nun im Wert von 100 Euro. Der eHändler erwirtschaftet durchschnittlich einen Euro pro Kunde, gemessen an der ursprünglichen 1.000 Userzahl [(50 x 100 x 20 %)/1'000 = 1].

Zusammengefasst erwirtschaftet der eHändler durchschnittlich 21 Euro pro kaufendem User (10 + 10 + 1), gemessen an der geplanten Kundenplattform. Sind dabei die Werbekosten kleiner als durchschnittlich 21 Euro pro Kunde, so geht die Rechnung auf. Kauft aber nur ein einziger User (siehe oben), so ist die Wirtschaftlichkeit der Werbung äußerst kritisch.

Schlussfolgerung: Kreativität, Innovation sowie eine adäquate Kosten-Nutzen-Analyse im Werbebereich ist dringend notwendig.

15.4   Virales Marketing

15.4.1   Affiliertes oder assoziatives Marketing – Virales Marketing

Virales Marketing bezeichnet Strategien, die es elektronischen Händlern erlauben, Marketingmeldungen weit zu verbreiten. Das Potential liegt darin, dass eine Meldung exponentiell im Sinne einer „Win-Win" Situation anwachsen kann. Der Grundgedanke dabei ist das so genannte „Revenue sharing", welches im Moment durch 16 % aller eMarketer praktiziert wird. Die Website des eHändlers A zeigt einen Werbebanner, welcher auf die Website von eHändler B referiert. Wandert der eKunde von der Website A zur B, und kauft B-Produkte ein, so erhält der eHändler A eine Kommission von z.B. der Prozent des erzielten Verkaufsumsatzes von eHändler B.[172] Auch Kommissionen zwischen sieben und fünfzehn Prozent sind in der Zwischenzeit schon üblich.

---

[172] Vgl. Hoffman. Novak.

Ob dies für internationale Transaktionen mit dem nationalen Steuerrecht des ursprünglichen Anbieters einwandfrei ist, wird mit Sicherheit ein Thema werden (Anmerkung: Preisabsprache, Steuer- und Zollflucht). Ein neuer und virtueller Channel wird somit zusätzlich zum bestehenden B2B-Channel ins Leben gerufen: die potentielle virtuelle Verknüpfung mit tausenden von Websites oder die Erreichung einer ungeahnten Menge von Zielgruppen, deren Finanzierung für den einzelnen eHändler unmöglich wäre. Interessanterweise schließt diese Strategie auf Grund ihrer Wirtschaftlichkeit auch die „Pure play"-Intermediären aus. Und sie ist 100 Prozent „webby" – bereit für das Medium Internet – aufgrund ihrer Verknüpfbarkeit und Tracing-Eigenschaften.

Das Problem dabei ist, dass diese Vorgehensweise dem eHändler keine Exklusivität garantiert. Ein Registrierungsformular ist bereits auf der Website abrufbar. Zusätzlich muss der eHändler an seine Opportunitätskosten denken, falls sein Werbebanner keine Anziehung ausübt – weder auf seine eigene als auch auf allen andern Websites. In Klartext, bei solchen Werbemodellen wie Revenue sharing ist der Preis für die Werbung abhängig von dem vom eHändler gewünschten „Response" am Markt. Die Frage stellt sich, wie werden diese Resultate gemessen? Natürlich anhand verkaufter Einheiten, Anzahl von „Downloads", qualifizierten „Verkaufsleads", „Click-Raten" usw.

<u>Forrester Research</u> beziffert, dass im Jahr 2004 die Hälfte der weltweiten Ausgaben von 33 Milliarden Euro[173] für eWerbung auf der Basis eines Leistungsnachweises erfolgen wird. Nach <u>Jupiter Communication</u> werden bis 2002 25 % aller eKäufe über affiliertes Marketing akquiriert werden. Die unbestrittene Komplexität der Software, welche solche Allianzen erlaubt, erhöht den Stellenwert der Navigationsmaschinen: Das Suchen nach geeigneter Information im Web muss für den eKunden wesentlich rentabler gemacht werden. Die Suchmaschinen <u>AltaVista</u> und <u>HotBot</u> indizieren mit dem Ausdruck +"cassette deck" +„record" sehr viele Webseiten.

---

[173] Vgl. Hoffman. Novak.

Selbst wenn für den eKunden die ersten drei Ergebnisseiten einer Suchaktion enttäuschend sind, so kann mit dem Werbebanner Aufmerksamkeit geweckt werden.

Im **Hintergrund** passiert dabei Folgendes:

- Der jeweilige Internetauftritt (HTML-Seiten, ASP etc.) wird mit „Meta tags" versehen (Codierung, die gewünschten Suchbegriffe enthält, nach denen die Suchmaschinen absuchen)

- Suchmaschinen registrieren durch eine spezielle Software (z.B. Addweb3) die entsprechenden „Keywords"

- Kernherausforderung dabei ist die Positionierung bei den Suchmaschinen und diese ist abhängig von der Wartung der „Keywords" oder der Aktualisierung der Website.

Besonders interessant erscheint hier der neue „Hype" des Synonym-Matching. Der Kunde kann eine Anfrage mit einem Begriff seiner Wahl formulieren, der europaweit auf alle synonymen Begriffe gemappt wird. Damit erhöht sich die bekanntlich schlechte Trefferrate der Suchmaschinen um das Zwanzigfache. Während die transaktionsorientierten Marktplätze über-wiegend die Transaktionskosten reduzieren, senkt ein informationsorientierter Marktplatz die Suchkosten[174]. Sinnvoll sind deshalb nur Marktplätze, die sowohl den Transaktions- als auch Informationsaustausch gewährleisten. Das klassische Beispiel ist Hotmail.com als Anbieter kostenloser Services. Mit der Strategie, den E-Mail-Versand mit Serviceleistungen kostenlos zu vergeben, beispielsweise indem am Ende jeder E-Mail, der Hinweis: „Get your private, free e-mail at http://....) erscheint, verbreitet sich die potentielle Kundenplattform schnell und kostengünstig.

Eine solche Strategie basiert auf **sechs Grundelementen**:

- Verschenken von Produkten oder Dienstleistungen: "Kostenlos" fungiert erst einmal als Blickfänger und liefert wertvolle Email-Adressen, Werbeeinnahmen und Verkaufsmöglichkeiten.

---

[174] Vgl. Hanser.

- Ermöglichen einer einfachen Übertragung: Das Medium, das die Marketing-Meldung überträgt, muss leicht zu bedienen sein. Virales Marketing funktioniert hervorragend, da die Kommunikation durch das Internet einfach und preiswert geworden ist. Die Digitalisierung macht das Kopieren einfach. Die Marketingbotschaft sollte möglichst einfach gestaltet sein. Der Klassiker ist hier " Get your privat, free email at: http://www.hotmail.com"

- Ausnutzen der allgemeinen Verhaltensmuster: Virales Marketing nutzt das menschliche Bedürfnis nach Kommunikation. Dies erlaubt in Verbindung zu Websites und Emails eine Marketingstrategie.

- Einfache Skalierung von klein zu groß: Für eine rasante Verbreitung muss die Übertragungsmethode problemlos zu skalieren sein. Hier sollte darauf geachtet werden, dass die eigenen technischen Ressourcen mit dem Marketingerfolg wachsen.

- Verwendung bestehender Netzwerke: Spezialisten wissen, dass im Internet ebenfalls soziale Netzwerke vorhanden sind.

- Profitieren von fremden Ressourcen: Die kreativsten Pläne für virales Marketing nutzen fremde Ressourcen für ihre Veröffentlichungen. Sie verknüpfen ihre Werbetexte, Grafiken oder Button mit anderen Websites. Autoren, die ihre Artikel frei zur Verfügung stellen, positionieren diese wiederum auf anderen Websites.[175]

15.4.2   Techniken des viralen Marketing

Links auf die eigene Website, die Registrierung bei Suchmaschinen und Kooperationsvereinbarungen mit anderen Websites sind ausschlaggebend, um die Nutzerzahl bei geringem Aufwand zu erhöhen. Beispielsweise können spezialisierte Fachartikel an verwandten Websites angeboten werden, mit der Bedingung, auf die eigene Website zu verweisen. Solche PR-Effekte führen besonders bei kostenlosen Veröffentlichungen im Web zu „Pull-Effekten".

---

[175] Vgl. Internet. electronic-commerce.org.

Mittels Partnerprogrammen werden Netzwerkverbindungen hergestellt, die anderen Websites finanzielle Anreize dafür bieten, dass sie auf die eigene Seite verlinken.

15.4.3   „Word of click"– Werbung

Eine Weiterempfehlung wird eine missglückte Website nicht retten können, jedoch kann sie Besuchern helfen, diese Website weiter zu bewerben.

Ein Beispiel

http://www.wilsonweb.com/reviews/recommend-it.htm. Die Interaktivität, die das Internet und das World Wide Web in diesen Beziehungen ermöglichen, liefert den Schlüssel zum Erfolg. Zukunftsträchtige Marketingkonzepte im Online-Bereich stellen die Kundenkommunikation in den Mittelpunkt. Dabei gelten folgende **Ziele**:

Kunden finden: Allein eine gut gestaltete Homepage reicht nicht aus. Zur aktiven Promotion der Internetadresse auf Visitenkarten, Briefpapier oder in Anzeigen in Printmedien gehört dazu eine Anmeldung bei den Suchmaschinen. Eine Steigerung bewirkt Teilnahme an Newsgroups oder Gesprächsbeiträge in Foren. Das schnelle Finden von Informationen wird ebenso wichtig wie deren Erinnerung (Favoriten). Skurril erscheint hierbei das Bemühen von Web challenge[176], eine US TV-Produktionsfirma, welche ein Quiz zum Thema „IQ des Internets" organisiert. Mehrere Teams sind mit Laptops und schnellen Internetzugängen ausgestattet. Ziel ist es, auf die gestellten Fragen möglichst schnell eine Antwort im Internet ausfindig zu machen.[177]

---

[176] Vgl. Internet. searchenginewatch.com.

[177] Vgl. De Decker.

Kunden gewinnen: Bereits bei der Planung des Internetauftritts ist die Orientierung auf die Dienstleistungen für die Kunden unerlässlich: z.B. ein Schnäppchenmarkt, wie ihn <u>Lands End</u> für Überbestände anbietet oder eine Restpostenecke oder Rabatte für besondere Kundengruppen. So kann das Shopsystem <u>iCat</u> z.B. einem Kunden, der sich mehrmals ein bestimmtes Produkt ansieht, aber nie kauft, automatisch einen Rabatt von 10 % einräumen, wenn er bestellt.

Kunden <u>behalten</u>: eine große Zahl von „Hits" oder „Visits" einer Website reicht für einen Geschäftserfolg im Internet nicht aus. Große Unternehmen schaffen rund um ihre Produkte unterhaltsame Angebote und Kundenclubs wie den <u>Nestle Lion</u>. Relationship Marketing lässt sich im Internet aber auch für kleinere Unternehmen mit wenig Aufwand realisieren. Unter dem Motto „Beziehung statt Werbung" bieten sich hier entscheidende *Vorteile*: Ein kleines Sortiment und eine überschaubare Anzahl an Kunden macht individuelle Beziehungen leichter realisierbar. Viele Unternehmen bleiben mit ihren Kunden wie der Weinanbieter <u>La Vineria</u> auch auf elektronischem Wege z.B. über Email in engem Kontakt. Auch hier gilt: Persönliche Betreuung und kundenindividuelle Angebote bringen im Internet entscheidende Vorteile.

Kundenpräferenzen <u>kennenlernen</u>: CRM ist mit neuen Anforderungen verbunden. Emails müssen schnellstmöglich beantwortet, Anfragen und Reklamationen bearbeitet werden. Der engere Kontakt zum Kunden bringt aber ebenso neue Chancen mit sich. Verbesserungsvorschläge und Änderungswünsche müssen nicht mehr in langwierigen und kostspieligen Verfahren erhoben werden, sondern sind direkt erfragbar. Auch die Verwaltungen nutzen bereits zum Teil das Internet zu Befragungen, um ihren Service zu verbessern. Wertvolle Informationen über die Bedürfnisse der Kunden können aktuell in die Planung der Geschäftsstrategie oder der Produktpalette einfließen. Individualisierte Angebote betreffen nicht nur die Produkte selbst, sondern den angebotenen Service insgesamt. Das Internet bietet in diesem Zusammenhang hervorragende Möglichkeiten für kundenspezifische Lösungen. Obwohl sich nicht jede Ware beliebig in geringer Stückzahl rentabel fertigen lässt, auch nicht bei Standardprodukten, muss im Rahmen des erbrachten Leistungspaketes auf die Wünsche der Kunden eingegangen werden.

Des öfteren sind hierbei zusätzliche Informationen für die Kunden von großem Wert. So kann ein bestimmter Weingeschmack nicht auf Bestellung geliefert werden, aber die Bereitstellung umfangreichen Hintergrundwissens hilft dem Kunden bei der Auswahl z.B. bei <u>Nur Natur</u>.

Webmarketing entspricht einer Serie von konzentrischen Kreisen. Am äußeren Rand versucht der Anbieter von <u>Die Welt</u> die Surfer auf die eigene Website zu ziehen. Je mehr der Anbieter den Surfer allerdings in Richtung Community fortschreiten lässt, desto mehr verringert sich die Zahl der angesprochenen Surfer, aber dennoch steigen die Aussichten auf einen Verkaufsabschluss.

15.4.4   Virales Marketing und die Navigationsstruktur

Die Feststellung, dass Konsumenten viel Zeit damit verbringen, im Internet die gewünschten Produkte oder Dienstleistungen ausfindig zu machen, ist das Resultat oder die Folge der ursprünglich fehlenden Strategie. Das Internetgeschäft der zweiten Generation basiert auf dem Konzept einer übersichtlichen, einfachen Navigationsstruktur.[178] **Navigationsmaschinen** sind das Ergebnis strategischer Überlegungen, welche sich nicht mehr auf die Experimentierfreudigkeit und das taktische *„Trial and Error"* des Beginns berufen, sondern auf die Fragen:

- Wie können wettbewerbstechnisch die Suchkosten des Konsumenten sinnvoll genutzt werden?

- Wie können dem Konsumenten die Suchkosten erspart bleiben?

In der Regel ist es so, dass die Anbieter den Konsumenten bei der Suche im Web durch eine strukturierte Navigation helfen. Es ist für den Konsumenten vergleichsweise in Europa teuer und aufgrund mangelhafter Sprachkenntnisse teilweise schwierig, ohne jegliche Hilfe im Web zu surfen und das gewünschte zu finden. Beispielsweise betrachten viele Konsumenten <u>Amazon.com</u> als Online-Buchladen, doch ihr wahres Businessgeheimnis liegt in der Navigation.

---

[178] Vgl. Evans. Wurster.

Kundenreichweite war vor der Geburt des Internet eine strategische Entscheidung, die auf geografischen Gegebenheiten und der Sortimentsbreite basierte. Im Vergleich zum größten Buchshop der USA, <u>Barnes & Nobles</u>, die knapp 200.000 Buchtitel physisch lagern, bietet <u>Amazon.com</u> 4 ½ Millionen Titel über ca. 25 Millionen Bildschirme an. Dieser Quantensprung ist die Folge einer vollkommenen Trennung zwischen Navigationsfunktion des Angebotskatalogs und physischem Lager. Der Versuch bedrohter Konkurrenten, mit ihrer neuen Navigationstechnologie sich auf Nischen zu konzentrieren und nicht auf die kritische Masse, ist wirklich nur eine reflexartige Reaktion.

Nach populärem Glauben ist bezahlte Navigationshilfe nach dem Motto „Der Konsument zahlt für solche Abhilfe nie!" sinnlos. Doch diese Überzeugung sagt lediglich etwas darüber aus, was Firmen wegzugeben bereit sind, doch nichts darüber, ob der Kunde nun zahlen will oder nicht. In vergangenen Zeiten wurde davon ausgegangen, dass Konsumenten nie für den Empfang von Fernsehprogrammen zahlen würden. Gebührenpflichtige Kabel, Satellit, PayTV-Empfang usw. sind heute allgegenwärtig.

Die Navigationstechnologie sieht ihre Stärke in der Problemlösung gegen „Cash out" und nicht Produkte, wie bei altmodischen Push-Strategien, transparenter zu machen und zu verkaufen.

Als das <u>Wall Street Journal</u> bekannt gab, wie viel Geld <u>Amazon.com</u> für die Bestplatzierung (Ankündigung neuer Titel, Leitartikel usw.) auf ihrer Website von den Verlagshäusern verlangte, änderte <u>Amazon.com</u> ihre Strategie – aufgrund dieser Überlegung – blitzartig. Objektivität ohne Ausnutzung der starken Marktposition und ein Entscheidungstool, welches den Konsumenten erlaubt, schneller über Inhalt zu entscheiden, ist der Erfolgsgarant der Navigationstechnologie.[179]

---

[179] Vgl. Evans. Wurster.

15.5   Entwicklungen im Marketing Mix des B2B

Abb. 23. Entwicklungen im Marketing Mix.

Ohne ein ausreichendes Budget geht nichts. Online-Marketing ist eine Aufgabe, die sich nicht in einem Tag vom Praktikanten erledigen lässt. Wenn dennoch nicht wenige Unternehmen über 90 % des Electronic Commerce Budgets für die technische Ausstattung reservieren, verwundern die Flops mancher Online-Shops nicht mehr.[180] Schließlich lassen sich die vier Ps, gegebenenfalls die vier Cs, nicht ohne Weiteres im Online-Marketing als „Joker" einsetzen.

P für Preis: Im Internet sind bekanntermaßen zahlreiche „Shopper" auf Schnäppchenjagd. Und nicht nur die privaten Kunden (B2C), auch die Abteilungen Einkauf und Beschaffung in den Unternehmen (B2B) suchen den für sie günstigsten Kauf. Allerdings zeigt sich hier ebenfalls, dass Online-Handel lediglich ein Baustein im Rahmen des Electronic Commerce ist.

---

[180] Vgl. Internet. e-commerce.com.

Kaum ein Unternehmen wird im Preiswettkampf bestehen können, ohne auch intern und im Austausch mit den Geschäftspartnern das Kostensenkungspotential des B2B auszuschöpfen. Dennoch bleibt es zweifelhaft, ob allein der günstige Preis eines Produktes zum Erfolg im Online-Handel führen wird, denn auf der anderen Seite formieren sich Kunden, um mit den gleichen Waffen noch günstigere Preise zu erzwingen. „Shopping Robots" durchforsten das Internet nach den besten Angeboten, elektronische Einkaufsgemeinschaften suchen Mengenrabatte, innovative Services verkehren den Preismechanismus und der Kunde bestimmt, was er zu zahlen bereit ist. Online-Marketing-Strategien müssen sich darauf einstellen. PowerBuy ist nicht nur in den USA bereits eine eingetragene Marke, auch in der EU richten sich einige große Händler bereits auf das Powershopping ein (siehe Kapitel „Einkaufsmodelle").

Wenn über die Preispolitik keine Differenzierung mehr möglich ist, tritt der Service in den Vordergrund – auch und gerade im elektronischen Handel. Prominente Beispiele gibt der Buchhandel ab: Hier zwingt die Buchpreisbindung in Deutschland (noch) dazu, den Servicegedanken ganz groß zu schreiben.

Versandkostenfreie Lieferung ist kein Problem sowie eine Benachrichtigung über die Lieferkonditionen des Produkts, Empfehlungen, welche Produkte ebenfalls interessant sein könnten. Discountstrategien liefern kaum mehr Vorteile, an ihre Stelle tritt der Kundenservice. Der Preis tritt zugunsten des Erfolgsfaktors „Convenience" in den Hintergrund.

15.5.1 Absatzmärkte: lokal oder global?

P für Place. An der richtigen Stelle, zur richtigen Zeit, wo die Kunden sich gerade aufhalten – ist mit dem Internet kein Problem, oder? Sie sind nur einen Klick entfernt, aber auch ein Klick kann sehr aufwendig zu erzielen sein. Natürlich gibt es auch im Internet gute und schlechte Lagen. Die großen Portale zählen aufgrund ihrer hohen Besucherzahlen sicherlich zu den Destinationen, die Aussicht auf viel Laufkundschaft bieten. Es ist aber nicht gerade die „hohe Schule" des Online-Marketings im Bereich des Electronic Commerce, einen Shop aufzumachen und dann zu werben. Nur die großen Namen können es sich erlauben, unter allseits bekannter Adresse auf die Kunden zu warten.

Alle anderen müssen sich auf den Weg machen, um ihre speziellen Zielgruppen im Netz anzusprechen.

Doch wo sind die Kunden? Auf den Ort im physikalischen Sinne bezogen, bieten sich regionale Plattformen an, zur Werbung ebenso wie zur Kooperation. Zahlreiche Werbegemeinschaften und Serviceprovider bauen virtuelle Treffpunkte auf. Gegenüber überregionalen Anbietern sind aber auch hier die Anbieter mit beschränktem Einzugsgebiet im Nachteil. Berechtigterweise sank die Euphorie mittlerweile ab, denn das verfügbare Investitionsvolumen kleiner Unternehmer ist beschränkt. Die Kosten für den Aufbau eines Electronic Commerce Angebotes sind aber nahezu gleich, unbeschadet, ob es sich um einen regionalen Anbieter oder einen national tätigen Filialist handelt, der sein Netz um ein virtuelles Geschäft erweitern will. Ein Nachteil, der gegenwärtig auch durch Untersuchungen z.B. des Marktforschungsinstitutes <u>Forrester</u> bestätigt wird. Es muss aber nicht unbedingt bei einer elektronischen Filiale bleiben, längst haben findige Marketingstrategen mindestens einen Ausweg aus diesem Dilemma gefunden. So sind Partnerprogramme für Händler, die logistische Probleme lösen können, eine attraktive Möglichkeit. Umsatzbeteiligungen sichern nicht nur dem bekanntesten Pionier <u>Amazon</u> (ein ertragreiches Filialnetz, dass über 280.000 Verkaufsstellen umfasst) auf diesem Gebiet. Erfolgsfaktor für das Online-Marketing im Electronic Commerce ist weniger das P für Place als vielmehr das C für Co-location, dem unbegründete Berührungsängste weichen müssen.

Die Werbung

P für Promotion: Massensendungen (per E-Mail), Anzeigenwerbung (Banner advertising), Pressemitteilungen (auf elektronischem Wege), das sind Mittel zur Promotion, die bereits hinlänglich aus dem traditionellen Handel bekannt sind. Im Prinzip findet nur eine Übertragung in ein anderes Medium statt.

Hat das Online-Marketing nicht mehr zu bieten? Auch das Schlagwort vom interaktiven Dialogmarketing führt nicht über Bekanntes hinaus.

Natürlich benötigt die Promotion im Internet spezielle Formen zur Bekanntmachung von Angeboten im elektronischen Medium, beispielsweise die Anmeldung bei Suchmaschinen und Verzeichnissen sind unbedingt notwendig.

Vielleicht C für Community? Schließlich sind die Internet Communities wie Tripod und Fortune City ein Phänomen, das sich in ein einträgliches Geschäft beim Electronic Commerce umsetzen lässt. Obwohl interessant, ist das zwar nicht der Kern der Veränderungen, aber die Communties führen auf die richtige Spur. Promotion im Online-Marketing meint nicht nur, neue Kunden für Produkte zu finden, sondern zielt in erster Linie auch auf die Kundenbindung ab. Wenn die Kosten für die Akquisition eines neuen Kunden um die hundert Euro betragen, erklärt dies durchaus die besondere Betonung von Kundenbindung. Vom eigenen Newsletter über das Sponsoring oder den Aufbau von Communities bis hin zu speziellen elektronischen Kundenbindungsprogrammen wie z.B. Webmiles reicht das Spektrum der Promotionaktivitäten. Deutlich wird dabei, dass es das P für Promotion im Online-Marketing als isolierten Erfolgsfaktor nicht mehr gibt, weil sich völlig neue, integrierte Vertriebsmodelle entwickeln. Ein letztes C der Vollständigkeit halber? Electronic Commerce.

i only try to be different from the one you see each day [181]

Value-chain, virtual private network (VPN)

Informationsaustausch und Transaktionen werden verschlüsselt übermittelt. Es ist bei Stammlieferanten zweckmäßig, ein „virtual private network" (im Folgenden VPN) einzurichten. Bestellen und Verkaufen im Internet – Haupterfolgsfaktoren des Internets, unabhängig von Ladenöffnungszeiten und Örtlichkeiten. Für Einkaufsgemeinschaften ist das Thema B2B in seinen beiden Ausprägungen B2B (Business to Business) und B2C (Business to Consumer) von großer Wichtigkeit. Das gesamte Beschaffungswesen, der Bestellverkehr zwischen Mitgliedern, einer Zentrale und den Lieferanten kann mit integrierten B2B-Systemen revolutioniert werden. Je enger solche Systeme in die vorhandenen Systeme integriert sind, um so größer ist die Einsparung durch Rationalisierung. Wenn korrekte Informationen direkt dorthin gebracht werden, wo sie ohne weitere Zwischenschritte verarbeitbar sind, ist das für alle Marktteilnehmer die optimale Lösung. **Komponenten** solcher **B2B-Services** können sein:

- Warenkorbsysteme
- Bestell-, Recherche- und Reservierungssysteme,
- elektronische Unterschrifts- und Zahlungssysteme,
- elektronische Bonitätsprüfung
- automatische Statusabfragen, wie für Verfügbarkeit, Auftragsabwicklung, Sendungsverfolgung

16.1   Verschlüsselungstechnologien

Um eine gesicherte Übertragung kundenrelevanter Daten zu garantieren, werden zur Zahlungsabwicklung Sicherungs- bzw. Verschlüsselungstechnologien verwendet (e. g. SET= Secure Electronic Transaction).[182]

---

[181] Vgl. Yann. LET'S PLAY HOUSE.

[182] Vgl. Günther.

Kurzübersicht über Sicherheit und elektronische Zahlungssystemen

Elektronisches Geld Ecash, NetCash, Cybercoin, Millicent	Allgemein abgesicherte Kreditkartenzahlungen SET, SSL (Secure Socket Layer)
Elektronische Schecks NetCheque	Spezielle Absicherungsverfahren: First Virtual, X-Pay
	Smart Cards Mondex

Ecash

Entwickler/Anbieter	DigiCash (NL), Mark Twain Bank (USA), Merita Bank (Finnland), Deutsche Bank AG
Einordnung	Elektronische Münzen für das Internet
Anwendung/Sicherheit	Signatur der Geld-Dateien mit einem geheimen Schlüssel, Bank kennt den Weg des Geldes nicht. Der Kunde bleibt anonym.
Sonstiges	Kunde benötigt spezielle Software, in den USA schon kommerziell seit 1995 verfügbar, in Deutschland Feldversuch der Deutschen Bank (1997).

NetCash

Entwickler/Anbieter	NetCash Systems, Software Agents
Einordnung	Elektronische Münzen (Coupons)
Anwendung/Sicherheit	Kauf von Coupons, PGP-Verschlüsselung: Jeder Coupon besitzt eine Seriennummer und kann nur einmal verwendet werden.
Sonstiges	Fehlende Anonymität und Speicherung privater Informationen auf zentralen Servern kann zu Datenschutzproblemen führen. Durch die Speicherung der Seriennummern kann festgestellt werden, wer was wann und wo gekauft hat.

Cybercoin

Entwickler/Anbieter	Konsortium aus CyberCash GmbH und Dresdner Bank AG, Sachsen LB, West LB, StSpk Köln, Commerzbank, Bayerische Vereinsbank
Einordnung	Elektronische Münzen (Wallet)
Anwendung/Sicherheit	Akkumulation der Kleinbeträge und Verrechnung über die Kreditkarte: 1024-Bit RSA-Verschlüsselung
Sonstiges	

Millicent

Entwickler/Anbieter	DEC (Digital Equipment)
Einordnung	Elektronische Münzen (Scrips/ Account-basiert)
Anwendung/Sicherheit	Keine Scrips mit festem Nennwert, sondern der Broker generiert ab dem vorausbezahlten Account des Kunden passende Beträge, der Händler prüft die Echtheit der Scrips mittels spezieller Software, geringe Sicherheit.
Sonstiges	Derzeit nur geeignet für Kleinstzahlungen (Micropayment) im Internet, sehr geringe Transaktionskosten: 0,01 US Cent. In den kumulierten Beträgen sind die Brokergebühren enthalten.

SET

Entwickler/Anbieter	Visa und Mastercard, Microsoft und Netscape, IBM, GTE, SAIC, Terisa Systems, VeriSign u.a.
Einordnung	Kreditkarten-Basis (aber auch spezielle Zahlungssoftware verwendbar)
Anwendung/Sicherheit	Aufgrund der Implementierung durch strategisch bedeutsame Firmen und Finanzdienstleister wird ein einfacher Zugang erwartet, hohes Sicherheitsniveau durch klassische und „Public-Key" (asymmetrische) Kryptographie
Sonstiges	Wurde von den Beteiligten zum offiziellen Standard erklärt, SET ist nicht nur für Kreditkarten, sondern auch für Debit- und ATM-Karten ohne PIN anwendbar, 1.2.1996 Geburtsstunde, seit Anfang 1998 im Einsatz (Version 1.0). Derzeit mächtigste strategische Allianz.

SSL (Secure Socket Layer)

Entwickler/Anbieter	Netscape u.a.
Einordnung	Kreditkartenbasis
Anwendung/Sicherheit	Unterstützung beliebiger TCP/IP-basierter Protokolle (z.B. FTP, Gopher, telnet), relativ hohe Sicherheit aufgrund der 128 Bit (US-) Verschlüsselung, internationale Variante nur mit 40 Bit-Verschlüsselung (RSA)
Sonstiges	Derzeitiger „de-facto" Standard im Netz, kein spezifischer Geldtrans-aktionsschlüssel, sondern allgemeines Verschlüsselungsprotokoll (https).

First Virtual

Entwickler/Anbieter	First Virtual
Einordnung	Broker-Verfahren, das auf Kreditkarten basiert
Anwendung/Sicherheit	Relativ sicher, relativ kompliziertes Rückruf-Bestätigungsverfahren (per Email), Einkauf per Virtual-Pin
Sonstiges	Seit Ende 1994 in Betrieb, Nachteil: relativ hoher Aufwand für Benutzer.

X-Pay

Entwickler/Anbieter	Brokat GmbH
Einordnung	Softwareinfrastruktur für diverse Zahlungssysteme
Anwendung/Sicherheit	128 Bit- (RSA) Verschlüsselung
Sonstiges	X-Pay „Wallet" für die authentische Aufladung vom Server benötigt, Grundlage ist ein JAVA-fähiger Browser.

NetCheque

Entwickler/Anbieter	Information Sciences Institute University Of Southern Carolina
Einordnung	Scheck-Basis
Anwendung/Sicherheit	Anlehnung an und Kopplung mit traditionellen Scheck-Verfahren, d.h. nicht anonym.
Sonstiges	Prototyp-Test seit 1/95, Benutzer kann Schecks ausstellen, Geld auf Konten deponieren und überweisen.

EC-Scheckkarte mit Chip (ZKA-Geldkarte)

Entwickler/Anbieter	Banken und Sparkassen
Einordnung	Scheck/SmartCard-Basis
Anwendung/Sicherheit	POS-Bezahlung und Geldautomaten, Bargeldaufladung des Chips
Sonstiges	Chip zur aktiven Geldaufladung, bis ca. Ende 98 sollen alle deutschen EC-Karten mit diesem zusätzlichen Chip, ausgestattet werden, bereits an mehr als 50.000 Händlerterminals einsetzbar.

Mondex

Entwickler/Anbieter	Mondex International, National Westminster Bank, Midland Bank, British Telecom, First Direct u.v.a.
Einordnung	Smart-Card-Basis
Anwendung/Sicherheit	PIN/TAN
Sonstiges	Offline Zahlungsmittel, Pilotprojekt vom 3.7.95 bis 1.1.96 in England mit 40.000 Teilnehmern und 1.000 Händlern, seit 6/96 wird Mondex von den zehn führenden Banken in Neuseeland und Australien angeboten.

16.2 Effiziente Beschleunigung des Geldtransfers

Es ist unbestritten, dass Internet zur einer markanten Steigerung der Geldumlaufge-schwindigkeit beigetragen hat. Dies garantiert kaum geplante Facetten von Internet und dessen Salonfähigkeit und Zukunft. Handeln mit Geld ist teuer: Beispielsweise waren in Belgien in 1999 ca. 300 Mio. Banknoten und 13.000 Tonnen Münzen im Umlauf. Die Bearbeitungskosten solcher Geldmengen ist beachtlich: Geld kennt auch einen gesamten Fulfilmentprozess: Zählen, Stapeln, Buchen, Verpacken, Transportieren, Versichern und Aufbewahren.

Die Kosten dieser Tätigkeiten werden auf ½ bis eine Milliarde Euro jährlich geschätzt.

Die Polizeieskorte von einem Geldtransfer im Wert von 1,25 Mio. Euro kostet umgerechnet 625 Euro, oder 0,05 Euro für jede Banknote von 100 Euro. Beträgt die jährlich sich im Umlauf befindende Geldmasse in Belgien ca. 11,25 Milliarden Euro, so ist der Zinsverlust @ 5 % 0,6 Milliarden Euro.

Der „Switch" von physischen auf elektronischen Geldtransfers erbringe Ersparnisse von zwei Milliarden Euro, oder ½ % des Bruttosozialproduktes[183]. Wenn eine Banken-transaktion am Schalter in 1998-1999 noch einen Dollar kostete, so waren bereits dann die Kosten bei Automaten einen halben Dollar und bei Internet ein hunderstel Dollar (Verhältnis: 1 / 10 / 100).

---

[183] Vgl. BvB KNACK.

on which all men arouse / & generally applaud / for this child being so right /
giving them / such good advice [184]

Projektmanagement

Ein Projekt ist nur dann von Erfolg gekrönt, wenn das zu entwickelnde System in technischer Hinsicht erstklassig ist und Kostenvorteile bringt. Um kosteneffizient und praktikabel zu sein, muss das Projekt Vorteile bringen, die seine Kosten übertreffen und darf zudem keine Zusatzkosten mit sich bringen, die verfügbare Ressourcen übersteigen. Vorteile bringt ein Projekt dadurch, dass es entweder ein bestimmtes Geschäftsproblem löst oder eine besondere Marktchance eröffnet.

Der Nutzen unterteilt sich in vier Kategorien:

- Steigerung des Umsatzes

- Reduzierung der Kosten

- Verbesserung der Kundenbeziehung

- Optimierung eines speziellen Geschäfts-prozesses

Allgemein lässt sich der Nutzen somit als Verbesserung der Wettbewerbsfähigkeit des Unternehmens zusammenfassen.

17.1   Das richtige Konzept

Bevor ein Unternehmen sich für einen Webauftritt entscheidet, sollte es sich Gedanken über das Konzept machen. Bei der Betrachtung erfolgreicher Sites im World Wide Web wurde festgestellt, dass sie in den meisten Fällen weder technisch noch grafisch außerordentlich anspruchsvoll sind.

---

[184] Vgl. Yann. THE CHILD WITH THE DROP IN HIS EYE.

Ihr Erfolg liegt hauptsächlich darin begründet, dass sie Ihren Zweck in hohem Maß erfüllen und dies mit Zuverlässigkeit und hoher Geschwindigkeit tun. Diesen Qualitätsanspruch kann jedoch nur eine Website erfüllen, die auf einem gut durchdachten und konsequent umgesetzten Konzept basiert. Es zeigt sich auch, dass Websites immer wieder besucht werden, wenn diese:

- aktuell,

- klar strukturiert,

- mediengerecht aufbereitet und

- interaktiv sind, d.h. Reaktion fördern.

Damit ergibt sich für Unternehmen die Chance, eine dauerhafte Kommunikation zu einer Nutzergemeinde im Internet aufzubauen – die Community.

17.2   Der perfekte Webauftritt

Der Weg zum perfekten Webauftritt gliedert sich in sechs Schritte:

- Definition der **Ziele** bzw. des **Geschäftsmodells** und **Zielgruppen**

- Festlegung der **technischen Parameter** (Browser, Bildschirmauflösung, Frames, Übertragungsgeschwindigkeit, spezielle Anwendungen, Sprachen)

- **Zusammenstellung** der **Inhalte** und **Materialsammlung** (alle Daten, die dem Benutzer zur Verfügung gestellt werden sollten)

- **Gliederung** und **Labelling** der Informationen (Gliederung der Inhalte in zusammengehörende Kategorien wie z.B. Unternehmensdaten, Produktübersicht, Kontaktaufnahme etc.)

- **Struktur** und **Navigation** (kategorisiert, indiziert, chronologisch, geographisch etc.)

- **Basisdesign** und **Corporate Identity** (Farbgestaltung, Logos etc.)

Internet-Business ist einem ständigen Wandel unterworfen und entwickelt sich permanent weiter. Aus diesem Grund ist es besonders bedeutend, dass bestimmte **Faktoren** auf die ausgewählte Lösung zutreffen:

Intuitive und sichere Navigation

Der Internet-Kunde muss sich durch einen klaren Aufbau schnell zurechtfinden können. Durch einen unklaren Aufbau wird der Kauf von Produkten erschwert, es kommt folglich zu keinem Abschluss des Kaufs.

Einfacher Betrieb

Für die Datenwartung und Administration sollten weder spezielle Design- noch Programmierkenntnisse vorauszusetzen sein. Durch übersichtlich gestaltete Administrationsseiten kann ein Verkäufer ohne großen Zeitaufwand die entsprechenden Daten warten.

Individuallösung

Das Design einer B2B-Lösung sollte genau an das Unternehmen angepasst werden (Corporate Identity). Dadurch wird der Internetauftritt unverwechselbar. Flexible Applikationen (Newsletter, Gästebuch, Postkartenversand etc.) können den ganzen Auftritt attraktiver und interaktiver gestalten.

Schnittstellen

Der elektronische Geschäftsverkehr ist nur sinnvoll und effizient, wenn er voll in die Unternehmensabläufe integriert ist. Das bedeutet, dass Schnittstellen, zum Beispiel zu einem Warenwirtschaftssystem, bestehen und auch ausgebaut werden können.

Sicherheit

Die Software muss die neuesten Sicherheitstechnologien unterstützen (siehe Punkt Security).

Weiterentwicklung und Ausbau

Eine B2B-Lösung sollte immer den neuesten Anforderungen und Wünschen der Internet-User gerecht werden, d.h. dass die Software weiterentwickelt und um neue Applikationen ergänzt werden kann. Bei **Konzepterstellung** empfiehlt es sich, folgende Punkte zu beachten:

Vermarktbare Produkte: **Welche Produkte sollen im Internet verkauft werden?** Besonders standardisierte und bekannte Produkte wie zum Beispiel Bücher, Unterhaltungselektronik, Hardware, Software etc. sind für die Vermarktung über das Internet sehr geeignet. Schlecht vermarktbar sind vor allem sehr billige Produkte und Impulsprodukte. Dies sind Waren, bei denen Geschmack, Geruch etc. bestimmend für einen Kauf sind, und bei denen ein „Probieren" unumgänglich ist (siehe Kapitel *Fitness*).

Vertriebswege: **Welche Vertriebswege sollen genutzt werden?** Ist ein Partner vorhanden, der in Logistik-Angelegenheiten berät? Wer trägt die Vertriebs-kosten? Internetkunden schätzen es sehr, die Lieferung kostenfrei zu erhalten (siehe Kapitel Fulfilment).

Bezahlung: **Welche Zahlungssysteme sollen akzeptiert werden?** Bezahlung per Kreditkarte, per Nachname, gegen Rechnung etc.? (siehe Kapitel Zahlungssysteme)

Marketing: Es gibt mittlerweile über eine Milliarde verschiedener Homepages im Internet. Um einen Online-Shop auch zu finden, ist Bewerbung des Shops wie zum Beispiel durch Bannerwerbung, Zeitungsannoncen, Eintragungen in Suchmaschinen oder auch eine Einbindung in ein Shop-Portal (Shopping Mall) unverzichtbar (siehe Kapitel Online-Marketing).

Ressourcenplanung: Dieser Punkt wird oft unterschätzt. Für den Betrieb einer Shop-Lösung müssen Personalressourcen für folgende Bereiche eingeplant werden: Logistik, Zahlungsabwicklung, Administration, Marketing und Wartung (siehe Kapitel Projektablauf – Planung).

Security: Neueste Schutzmechanismen für die Gewährleistung der Sicherheit machen Angriffe auf Kundendaten praktisch unmöglich. Das Misstrauen der Internet-Nutzer gegenüber Online-Transaktionen ist dennoch sehr hoch. Der Faktor Sicherheit ist deshalb für Internet-Kunden bei der Auswahl eines Online-Shops unverzichtbar (siehe Kapitel Virtual private Network).

17.3 Erfolgreiches Projektmanagement

17.3.1 Zweck

- einzelnen **Planungsobjekte** eines Projekts abzuleiten und

- **Teilpläne** zu erstellen,

- Planungsobjekte wie Tests, Projektbericht-erstattung und **Projektdokumentation**.

17.3.2 Kosten

Vor der Durchführung eines Projektes sollte folgendes Verhältnis kalkuliert werden:

- Nutzen gegen Kosten

- Ressourcen gegen Kosten

- Nutzen gegen Ressourcen

Der Grund dafür, dass sich die Projektkosten nicht wie gewünscht amortisieren, liegt darin, dass oben genannte Kalkulationen versäumt wurden. Damit ein Projekt kosteneffizient und akzeptabel ist, muss dessen Nutzen die investierten Kosten überwiegen und darf keine Kosten nach sich ziehen, die die Möglichkeit der verfügbaren Ressourcen übersteigen.

<u>Nutzen gegen Kosten</u>: Der Projektnutzen lässt sich in vier Kategorien unterteilen (siehe oben).

<u>Ressourcen gegen Kosten</u>: Wenn ein Unternehmen nicht über die erforderlichen Mitarbeiter verfügt, die das Projekt durchführen können, muss die Projektdurchführung entweder extern in Auftrag gegeben oder das Projekt ad acta gelegt werden.

<u>Nutzen gegen Ressourcen</u>: Die Ressourcen müssen sorgsam auf die verschiedenen Projekte aufgeteilt werden, damit sich im Verhältnis zu den Kosten der größtmögliche Gesamtnutzen erzielen lässt. Folglich sollte ein Projekt nur dann in die Wege geleitet werden, falls es eine gute Kapitalinvestition der Unternehmensressourcen verspricht.

Die **Analyse des Verhältnisses Kosten, Ressourcen und Nutzen** ist aus folgenden Gründen erforderlich[185]:

- Entscheidung darüber, welche Projekte durchgeführt werden

- Festlegung der Reihenfolge, in der die Systemteile auf dem Wege der schrittweisen Implementation realisiert werden

- Bestimmung, welche Projektteile gestrichen bzw. verschoben werden, falls die verfügbaren Finanzmittel überraschenderweise nicht ausreichen

- Kosten und Nutzen eines Projektes besser und genauer schätzen zu können

Die Implementierung von B2B-Lösung(en) wird bei den meisten Unternehmen mit Startschwierig-keiten begleitet. Diese haben besonders mit dem vorhandenen Know-how der Mitarbeiter und der Integration bestehender und neuer Technik-komponenten zu tun. Fast ein Drittel der Unternehmen (28 Prozent) realisieren die Implementierung problemlos; größere Unternehmen haben die geringsten Schwierigkeiten.[186]

---

[185] Vgl. Page-Jones.

[186] Vgl. Internet. electronic-commerce.org.

Problemkategorien:

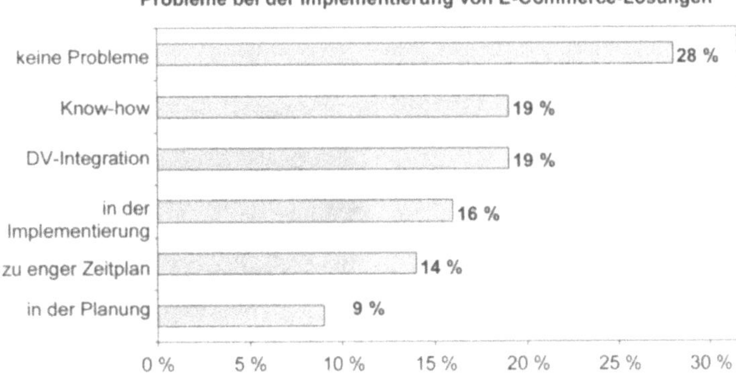

Abb. 24. Implementierungschwierigkeiten[187].

Es ist nicht überraschend, dass die geschätzten Kosten für die Implementierung von B2B-Anwendungen mit der Komplexität der angestrebten Lösung steigen.

Die Schätzungen für die einzelnen Umsetzungsformen sind breit gefächert, was nicht nur mit dem jeweiligen Anspruch der Lösung, sondern auch mit den unterschiedlichen Voraussetzungen der Unternehmen (Branchenzugehörigkeit, Größe, Ausgangssituation) zusammenhängt. Weniger erfahrene Anwender neigen dazu, die Kosten – insbesondere für das Webmarketing – zu unterschätzen.

---

187 Vgl. TechConsult.

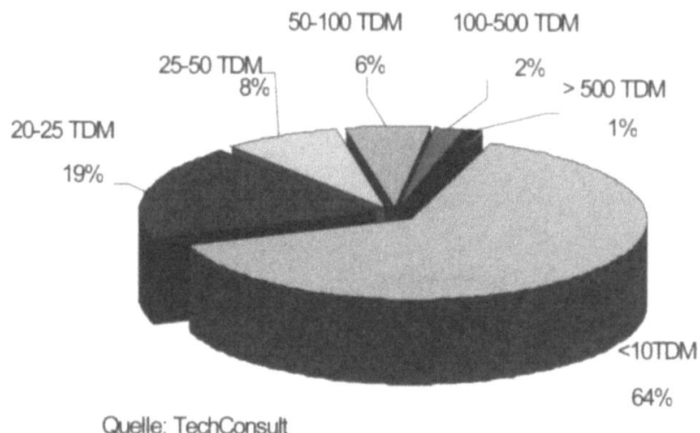

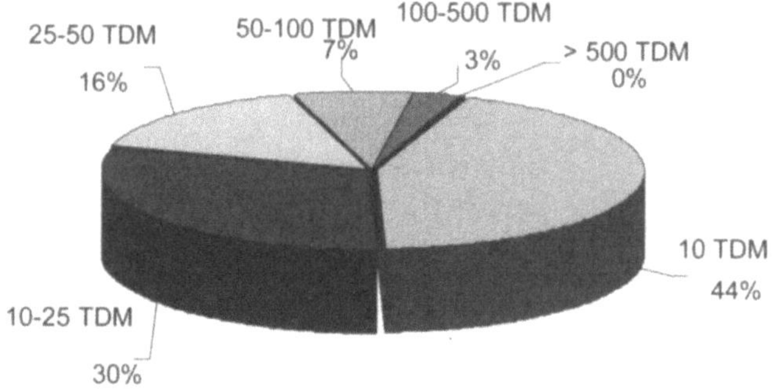

Abb. 25. Integrationsaufwand von Passiv-Online und Web-Marketing188.

---

188 Vgl. TechConsult.

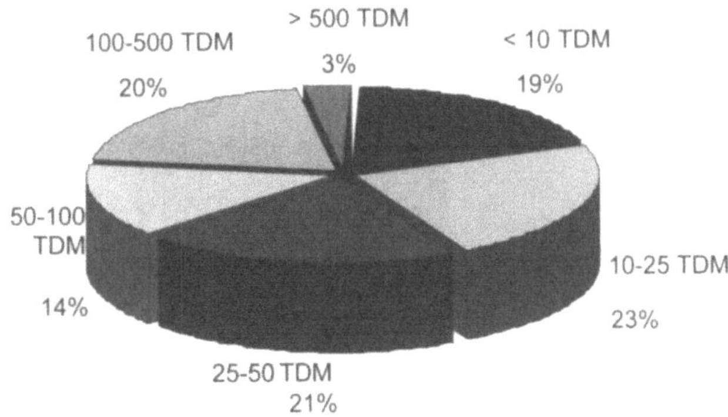

Abb. 26. Integrationsaufwand von Online-Verkauf und B2B-Integration[189].

Bei Betrachtung der maximalen Ausschöpfung aller technischen Möglichkeiten müsste man somit mit einem Budget von 1,75 Mio. Euro rechnen.

---

[189] Vgl. TechConsult.

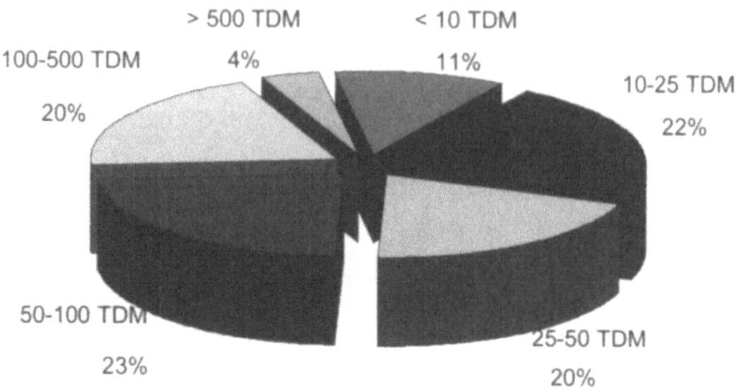

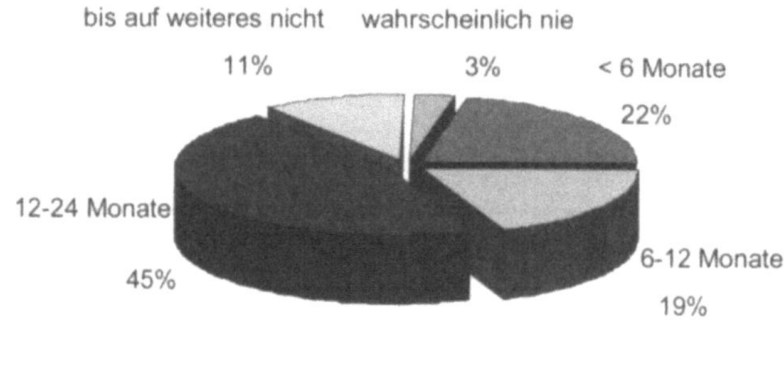

Abb. 27. Integrationsaufwand des e-biz-Modells, die Amortisierung190.

---

190 Vgl. TechConsult.

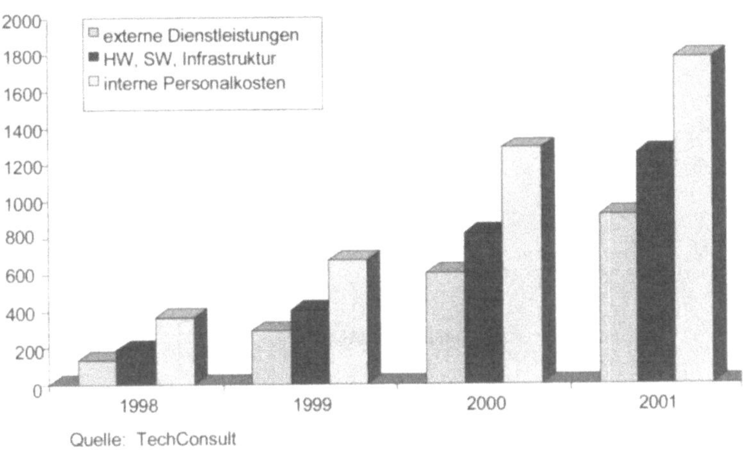

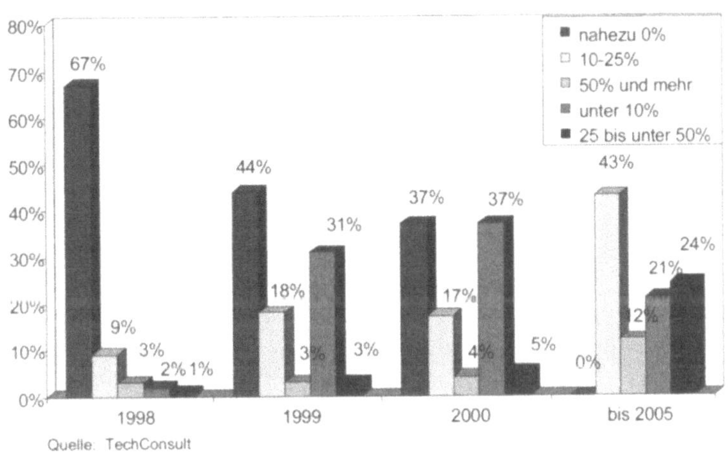

Abb. 28. Ausgaben & Anteil am Gesamtumsatz von E-Commerce[191].

---

[191] Vgl. TechConsult.

Für einen erfolgreichen Projektablauf ist es erforderlich, zuerst den Workflow zwischen den Beteiligten (Auftragnehmer und Auftraggeber) festzulegen (siehe Abbildung Workflow):

Die Beratung beim Projekt „Change-Management"

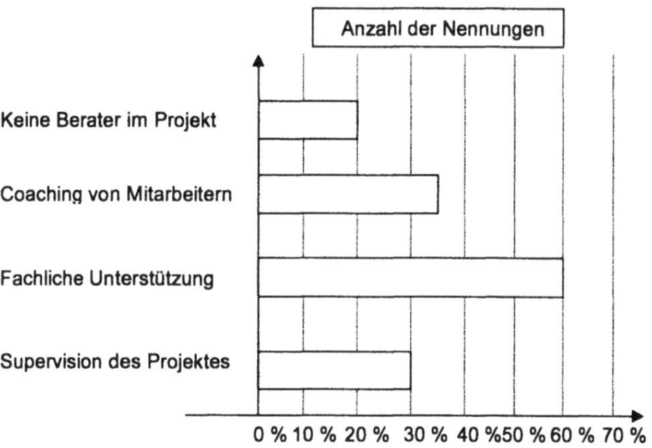

Abb. 29. Projektunterstützung und -beratung.

Die **Barrieren** in erfolgreichen und weniger erfolgreichen Projekten unterscheiden sich wie folgt:

Zielbezogene	Know-how bezogene
Keine schnellen Erfolge	Hohe Arbeitsbelastung der MitarbeiterInnen
Fehlende Zielvereinbarungen	Kapazitätsengpässe durch fehlende Ressourcen
Fehlende Kontrolle der Zielvereinbarung	Fehlendes Wissen über Veränderungsprozesse
	Ansatz an den falschen Stellen
Mitarbeiterbezogene	**Kulturbezogene**
Fehlende Eigenverantwortung der Mitarbeiter	Fehlende materielle Anreize
Niedriges Selbstwertgefühl der Mitarbeiter	Kein Feedback über den Veränderungsprozess
Vergangenheitsorientierung der Mitarbeiter	Negative Erfahrungen mit Veränderungen
Angst der Mitarbeiter vor neuen Rolleninhalten	Negativer Umgang mit Fehlern
	Fehlende Rollendefinition der Beteiligten
	Fehlende Vorbildfunktion der Führungskräfte
	Ungünstige mikropolitische Konstellationen
	Mangelnde Aufbereitung der kulturellen Situation

Auswertung:

254

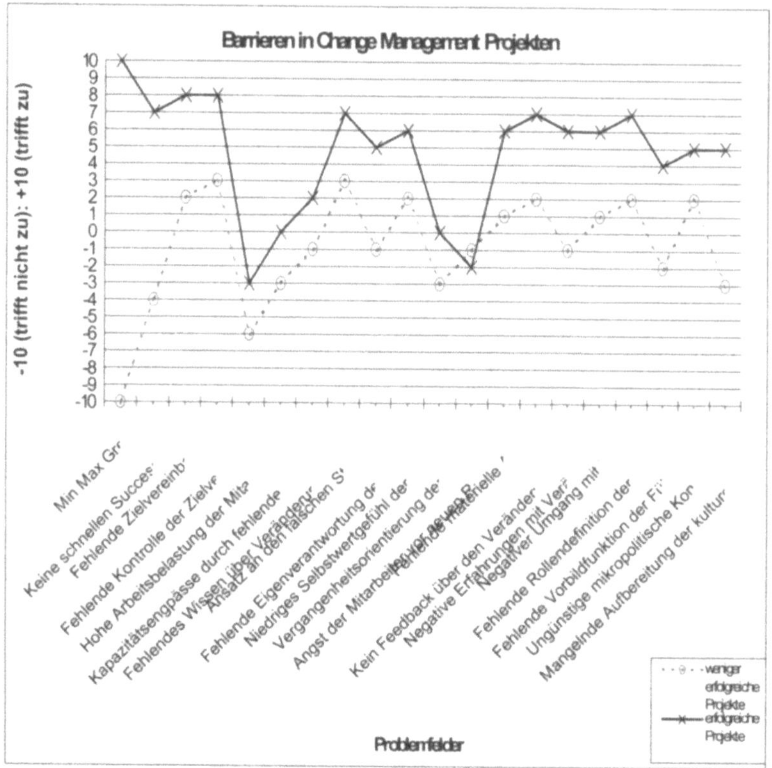

Abb. 30. Barrieren in Change Management Projekten.

Workflow zwischen Hersteller und Auftraggeber

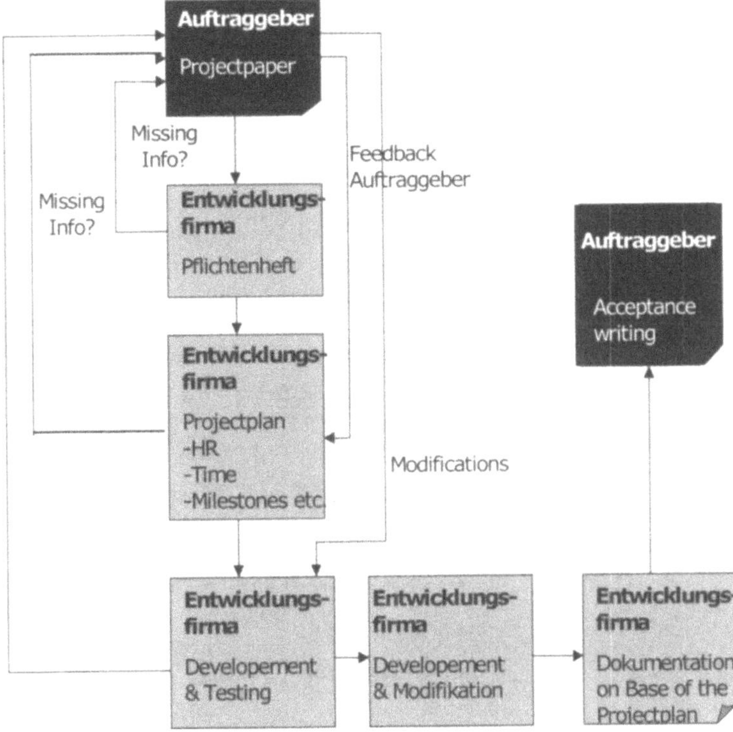

Abb. 31. Workflow zwischen Hersteller und Auftraggeber.

Zum Zwecke der **Dokumentation** und einer adäquaten Rückmeldung sollte ein „Projectpaper" erstellt werden, das aus folgenden Punkten besteht:

- Projektdestination
- Version
- Verantwortliche Person
- Abstract
- Destination of Version
- Kunde
- Zugang (Passwort, Maschine/Server, Konten, Pfade)
- Funktionalitäten, Beschreibung, Deadlines
- Datenbankmodell
- Schnittstellen
- Serviceübergreifende Effekte
- Periodische ToDo's
- Installationsprozedur
- Migrationspfad
- Modifikationen
- Link zu anderen dazugehörenden Dokumenten

Dokumentation:

Zur Dokumentation werden Daten in bestimmten Formaten gesammelt, erfasst, beschrieben, geordnet, dargestellt und gespeichert sowie für Zwecke der *Information* bereitgestellt und nutzbar gemacht. Objekte der Dokumentation sind die Produkte der Softwareentwicklung und -planung einschließlich der Tätigkeiten, die zur Entstehung der Produkte mit ihrer Nutzung und Wartung im Zusammenhang stehen.

Zweck

Dokumentation soll von den Personen, die das Projektpapier entwickelt haben, unabhängig machen. Während der Projektphasen dient die Dokumentation zur Kommunikation zwischen Auftraggeber, Auftragnehmer und zukünftigen Benutzern.

Zusätzlich ist die Dokumentation Nachweismittel und Referenzmodell für die Bewertung des Produktes (vgl. ISO 9001). Für den Auftraggeber sind folgende Dokumentationsmittel von Bedeutung[192]:

Projektbericht

Besprechungsprotokolle („Projekttagebuch"), Meilenstein- und Abschlussberichte, Testdaten und -ergebnisse.

Projektdokumentation

Arbeitsunterlagen, die in die Installation übergehen, für den Betrieb und die Nutzung erforderlich sind.

17.4 Projektablauf – Planung

Mittels einer genauen Planung vor Beginn der eigentlichen Umsetzung wird garantiert, dass die erwünschten Leistungen in der entsprechenden *Qualität*, aber auch *Quantität* in die Realität implementiert werden. Weitergehend wird hiermit die Einhaltung der Meilensteine sichergestellt.

Das **Vorgehensmodell** beinhaltet folgende Projektstufen:

---

[192] Vgl. Lutz.

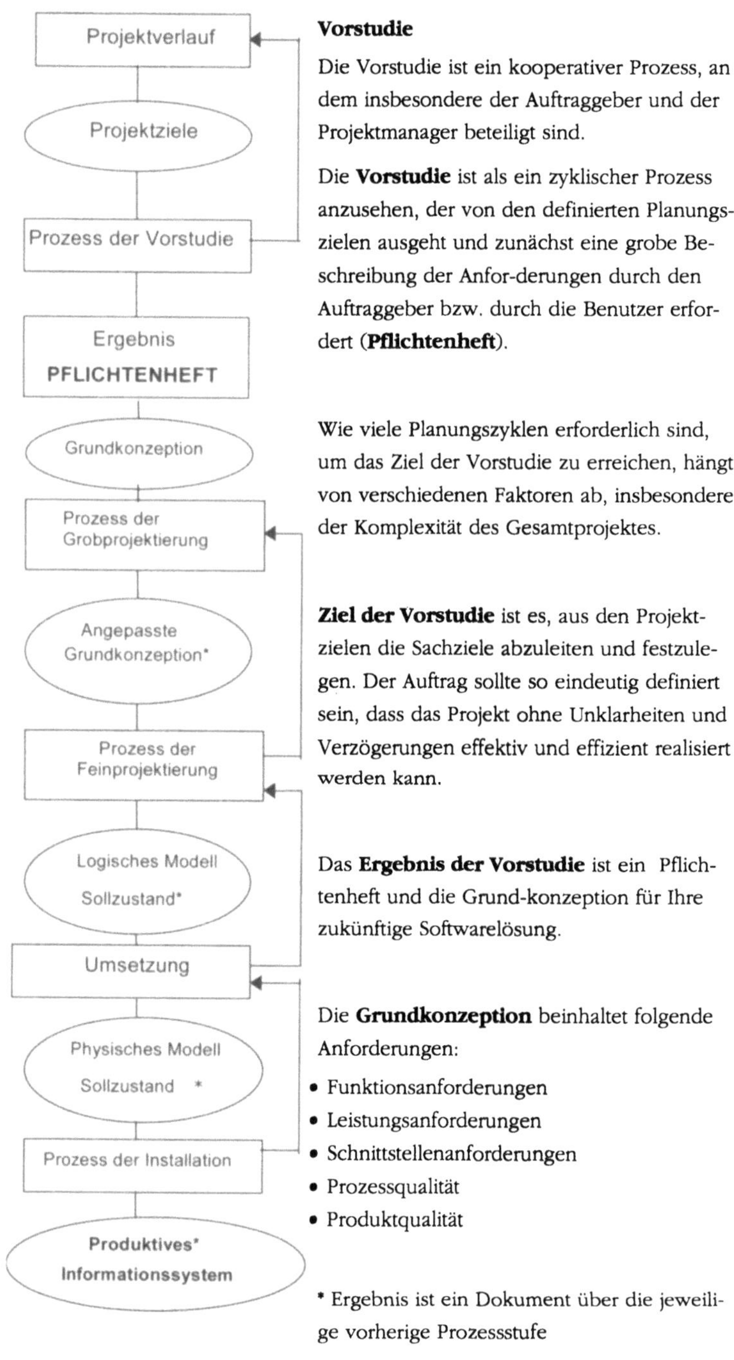

Vorstudie

Die Vorstudie ist ein kooperativer Prozess, an dem insbesondere der Auftraggeber und der Projektmanager beteiligt sind.

Die **Vorstudie** ist als ein zyklischer Prozess anzusehen, der von den definierten Planungszielen ausgeht und zunächst eine grobe Beschreibung der Anfor-derungen durch den Auftraggeber bzw. durch die Benutzer erfordert (**Pflichtenheft**).

Wie viele Planungszyklen erforderlich sind, um das Ziel der Vorstudie zu erreichen, hängt von verschiedenen Faktoren ab, insbesondere der Komplexität des Gesamtprojektes.

Ziel der Vorstudie ist es, aus den Projektzielen die Sachziele abzuleiten und festzulegen. Der Auftrag sollte so eindeutig definiert sein, dass das Projekt ohne Unklarheiten und Verzögerungen effektiv und effizient realisiert werden kann.

Das **Ergebnis der Vorstudie** ist ein Pflichtenheft und die Grund-konzeption für Ihre zukünftige Softwarelösung.

Die **Grundkonzeption** beinhaltet folgende Anforderungen:

- Funktionsanforderungen
- Leistungsanforderungen
- Schnittstellenanforderungen
- Prozessqualität
- Produktqualität

* Ergebnis ist ein Dokument über die jeweilige vorherige Prozessstufe

Abb. 32. Das Vorgehensmodell.

Anforderungen festlegen

Hier geht es darum, konkrete Aussagen darüber zu machen, welche Funktionen der betrieblichen Aufgaben durch das zu schaffende System unterstützt werden sollen, durch welche Leistungen die Funktionen gekennzeichnet sind und welche Schnittstellen zwischen den Funktionen und zum Umsystem der Aufgabe bestehen.

17.5   Vorstudie

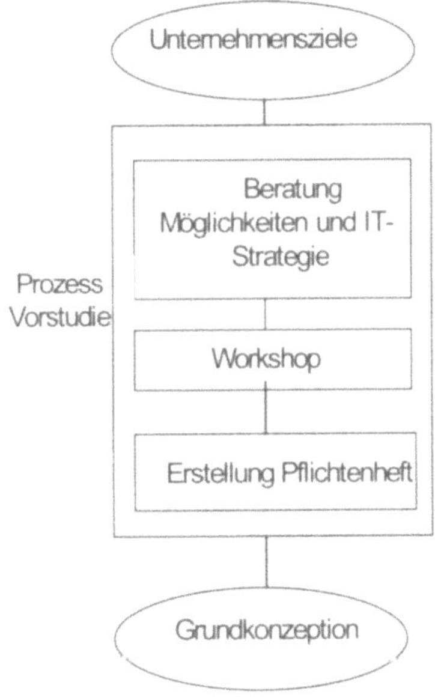

Pflichtenheft:

Das Ergebnis der Vorstudie ist die Erstellung eines Pflichtenheftes. Dies stellt die Basis für das Erstellen des verbindlichen Angebotes, sowie für die Entwicklung der Grundkonzeption dar und wird als eigenständiges Teilprojekt gesehen.

Das Pflichtenheft ist von grundlegendem Nutzen für den Auftraggeber, da es die quantifizierten Wünsche und Anforderungen beinhaltet, nach Berücksichtigung aller technischen Möglichkeiten. Zusätzlich ermöglicht es den Angebotsvergleich.

Abb. 33. Die Vortsudie – das Pflichtenheft.

17.6   Struktur Pflichtenheft

- **Zielsetzung** des Projektes (Geschäftsmodell)

- **Zielgruppen**

- **Systemanforderungen**

- **Struktur** des Systems (Struktogramm, Screenshots; Sitemap; Datenmodelle mit Felddefinition ID, ob Text, Nummer etc.) mit zu unterstützenden **Funktionalitäten** (Datenbanken, Interfaces mit/ohne Screenshots)

- **Layoutdefinition** mit Corporate Identity (Schriften, Farbe etc.)

- Eventuelle **Schnittstellen**

- **Technische Realisierung** (Datenbanken, Interfaces etc.)

- Vorgehensweise der **Umsetzung** (Projektplan)

- **Meilensteine** (Termine, Verantwortliche)

- **Schulung**

- **Abnahme** mit Abnahmekriterien

- **Wartung** des Systems

Zusammenfassend beinhaltet die **Vorstudie** eine vollständige, detaillierte Beschreibung aller geforderten Funktionen und Leistungen eines zu entwickelnden Software-Systems. Die Vorstudie wird als ein eigenes Projekt angesehen und wird meist als solches auch detailliert offeriert.

17.7 Grundkonzeption

Dem **Basiskonzept** sowie dem detaillierten Projektplan können Meilensteine und Meetings entnommen werden.

Feinkonzeption

Hier wird das gesamte Projekt nach der „Top-down"-Methode bis ins Detail definiert.

Umsetzung

Jedes Projekt sollte mit der Methode des evolutionären Prototyping durchgeführt werden. Während dieses Prozesses wird das Modell ständig einem **Soll-Ist-Vergleich** unterzogen und entsprechend angepasst. Nach Abnahme des Prototyps wird im Anschluss darauf eine **Testphase** erfolgen, bei der die Softwarelösung auf alle auftretende Probleme hin geprüft wird.

Installation

Zuletzt erfolgt die **Systemabnahme**. Das System wird implementiert. Eine adäquate **Schulung** auf die neue Applikation soll durchgeführt werden. Mit dem Abnahmeschreiben erfolgt die offizielle kundenseitige Freigabe des Projekts.

Wartung

Zur Distanzbetreuung (**Remote-Wartung**) sollte dem Hersteller des Systems auf dem entsprechenden Server ein direkter Zugriff (z.B. durch PC-Anywhere) auf den produktiven Bereich gewährt werden. Ein technischer **Wartungsvertrag** sollte folgende Dienstleistungen beinhalten:

- Telefonhotline

- E-Mail-Support mit entsprechender Reaktions-garantie

- Eingriffe seitens des Herstellers, wenn es zu Funktionsstörungen und Updates innerhalb derselben Versionsnummer des Systems kommt.

Beispiel

Das Grobpflichtenheft der Deutschen <u>Nouvo Rich Eisenwaren GmbH</u>

Inhaltlich

1. Betreuungsteam

2. Ziel

3. Erfolgsfaktoren

4. Aufgabe der Website

5. Einstiegsseite und Kopfleiste

6. Hauptmenü (linke Navigationsleiste)

7. Datenmodellierung

   Beschreibung der Kategorie Unternehmen

   Beschreibung der Kategorie Aufgaben

   Beschreibung der Kategorie Zusammenwirken mit den Partnern

   Beschreibung der Kategorie Hightech-Herausforderung

   Beschreibung der Kategorie Infoservice

   Beschreibung sonstiger Funktionalitäten

   Definition des Logos

   Bildschirmgröße

   Frames

   Bildschirmaufbau

   Schrift

   Farben

   Statistik

   Marketing

   Standards für Datenanlieferung

   Soft- und Hardwarevoraussetzungen

Betreuungsteam
Auftraggeber: Nouvo Rich Eisenwaren GmbH in Deutschland **Leiter PR/Kommunikation**: Herr Y. Ann **Koordination/ Kommunikation**: Herr Y. Ann **Produktion Layout/Design**: Agentur M. Oska, Frau L. Moska **Projektleitung/Konzept/Fragen:** Seibl GmbH, Frau C. Krick **Programmierung**: Seibl GmbH, Frau C. Krick

Ziel
Mit dem Medium Internet soll die Nouvo Rich Eisenwaren für Kunden und Interessenten mit Informationen und Funktionalitäten so präsentiert werden, dass Internet-Nutzer immer wieder die Homepage aufsuchen und sich wiederholt mit Nouvo Rich Eisenwaren beschäftigen.

Erfolgsfaktoren
Neue **Aufmachung** mit animierender Optik und interessantem Konzept, Neue **Struktur** mit aktuellen Inhalten und Funktionsanreizen, Neue **Technik** durch die neue Software Content-Manage-ment-System XXX mit Anbindung an eine Shop-lösung XYZ)

Aufgabe der Website
Die **Einstiegsseite** der Nouvo Rich Eisenwaren unterteilt in eine fixe *Kopfmenüleiste*, die noch genau zu spezifizieren ist, und *Inhalt der Startseite*. Vorerst beinhaltet die Kopfmenüleiste: *Nouvo Rich Eisenwaren-Logo, das den User immer wieder zurück zur Startseite führt; *Sprachauswahl in deutsch und englisch; *Index mit alphabetischer Auflistung der kompletten Inhalte der Webseiten; *Suche mit freier Volltextsuche *Kontakt mit E-Mail an definierten Ansprechpartner; *Hilfe mit kurzer Inhaltsbeschreibung und Anleitung (Text hierzu ist von der Nouvo Rich Eisenwaren noch zu spezifizieren).

Einstiegsseite und Kopfleiste

Der **Inhalt der Einstiegsseite** besteht vorläufig aus dem Nouvo Rich Eisenwaren Logo und dem Slogan „Spitzentechnologie und Spitzenleistung" sowie der Begrüßung „Willkommen" mit einem darunter liegendem aktuellen Lauftext. Dieser Text soll sich mittels des Systems XXX zeitgesteuert (z.B. alle vier Tage) automatisch ändern und direkt aus der Datenbank eingespielt werden. Weiter sollte ein Symbol für ein Einstiegs-video der Nouvo Rich Eisenwaren erscheinen. Klickt der User auf jenes Symbol, wird das Video abgespielt.

Hauptmenü (linke Navigationsleiste)

Das **Hauptmenü** der **linken Navigationsleiste** unterteilt sich in folgende Kategorien: Unternehmen/ Aufgaben/ Eisenwaren und Umwelt/ Zusammenwirken unserer Partner/ Hightech-Herausforderungen/ Infoservice

---

Datenmodellierung

Beschreibung der Kategorie Unternehmen

Unternehmen: Diese erste Seite unterteilt sich in Text mit unten angeführter *Adresse* (Adresse, Telefon, E-Mail) zu Informationszwecken, *Bilder* (Hauptsitz mit eingezeichneten Standorten der Nouvo Rich Eisenwaren und mit jeweils des neuesten Geräts) sowie *Links* zu folgenden Subseiten:

- Die **Unternehmensverhältnisse**: Text und Fotos der Vorstandsmitglieder.

- Die **Geschichte**: Text mit Illustrationen des Gesellschaftsvertrags 1826 (!) und Bilderbuch mit Jahreszahl anbieten.

- Aktuelle **Unternehmensentwicklungen** (Geschäftsjahr): Text mit Illustrationen aus Geschäftsbericht bzw. Mitarbeiterzeitschrift.

- **Kunden** der Nouvo Rich Eisenwaren: Text mit Links zur Homepage der Kunden (Logo!) und Illustrationen der Europakarte mit eingezeichneten Absatzgebieten.

- **MitarbeiterInnen** des Unternehmens: Text mit Bewerberhotline (Adresse, Telefon, E-Mail), Lehrlingsausbildung (Adresse, Telefon, E-Mail) sowie Link zur Lehrstelleninformation, Bildungstext und Mitarbeiterfotos.

Beschreibung der Kategorie Aufgaben

Aufgaben: Einstiegstext (Beschreibung der Aufgaben) mit Grafik über Leistungsbedarf eines Tages eines Handwerkers und **Links** zu

- <u>Eisenwarenprodukte</u>: Text mit sechs Textlinks zu tiefergehenden Inhalten und Grafik (Leistungsdiagramm) sowie Bildserie und/oder Diagramme und/oder Impressionen aus Baustellenbesuchen.

- <u>Logistik</u>: Text mit Grafik (Deutschlandkarte) und Textlink zur zentralen Logistik in Luxemburg. (Foto und Bilderbuch über Details)

- <u>Eisenwaren und Umwelt</u>: Beschreibungstext mit Bildern und Links zu

  - Umweltmanagement: Text mit Grafik der Urkunde

  - Konzernzentrale: (Text mit Grafik der *Wegbeschreibung, Tafel mit Fragen, Bilderbuch* und Link zu *Infoservice*)

  - <u>Nouvo Rich Eisenwaren</u> Werke: Beschreibungstext mit Grafik des Anlagenkonzept (Anklicken der Länderorganisationen soll möglich sein) und Link zu Werksbesichtigung. Weitere Links zu tieferen Inhalten:

  - Gesamtplan (Text mit E-Mail)

  - Die Werke (Grafik: Deutschlandkarte mit Möglichkeit die Werksstandorte anzuklicken und Auflistung der einzelnen Werke mit jeweils 2 Bildern.

  - Die logistischen Zentren und Läden (Auch hier erscheint die Deutschlandkarte mit der Möglichkeit die Standorte der logistischen Zentren anzuklicken sowie der zusätzlichen Auflistung der Läden.

Beschreibung der Kategorie Zusammenwirken mit den Partnern

Zusammenwirken mit unseren Partnern: Diese Seite besteht aus einem Text mit Grafik der Leistungsdia-gramme.

Beschreibung der Kategorie Hightech-Herausforderung

Hightech-Herausforderungen: Beschreibungstext mit Links zu

- Engineering (Text mit Infoadresse und diversen Bildern) und

- Jointventure <u>Schrodt & Co</u> GmbH (Text mit Kontaktadresse der Schrodt & Co GmbH und Bilder)

Beschreibung der Kategorie Infoservice

Infoservice: Hier werden angeboten:

- News (<u>Nouvo Rich Eisenwaren</u> aktuell): aktuelle Texte, Presseaussendungen zum Download, Werksbesichtigungsmöglichkeiten: Text und Bildserie des Schauraumes sowie Kontaktadresse mit E-Mail.

- Lehrstelleninformationen: Text und Kontaktadresse sowie Fotos aus Lehrwerkstätte, EDV-Technik etc.

- Anschriften und Servicestellen: Angabe aller Adressen mit Tel., Fax und E-Mail,

- Geführte Werksbesichtigungen: Text mit <u>Nouvo Rich Eisenwaren</u>-Logo und Link zu <u>Nouvo Rich Eisenwaren</u> Homepage sowie Adresse, Bilder und Livecam Logistikcenter.

Beschreibung sonstiger Funktionanlitäten für Kunden

Spiel: muss von der <u>Nouvo Rich Eisenwaren</u> noch spezifiziert werden. Vorschläge sind:

- *Rubbelspiel* (User rubbelt Lose frei und kann gewinnen.);

- *Quiz* (Bei richtiger Beantwortung spezifischer Fragen kann der User gewinnen);

- *Memory* (Karten mit z.B. <u>Nouvo Rich Eisenwaren</u> Motiv, <u>Nouvo Rich Eisenwaren</u>-Logo auf der Rückseite. Legt der User alles korrekt um, kann er sich in die Gewinnliste (Datenbank) eintragen.);

- *Kreuzworträtsel* (mit spezifischen Worten von der <u>Nouvo Rich Eisenwaren</u>); *Puzzlespiel* (Zusammensetzen eines <u>Nouvo Rich Eisenwaren</u>-Bildes);

Einstiegsvideo; Lauftext zur Ankündigung aktueller Berichte, Veranstaltung für Ankündigungen wie Tag der offenen Tür, Lehrlingsinfotag etc.;

aktuelle Texte auf der Startseite, die automatisch aus dem Content-Management-System eingespielt werden; die *eigene URL* ist noch zu reservieren und zu bestellen.

Die genaue Domain ist von der <u>Nouvo Rich Eisenwaren</u> noch zu spezifizieren (internationale .Com-Adresse oder nationale .DE-Adresse).

<table>
<tr><td colspan="2" align="center">Definition der Formate</td></tr>
<tr><td></td><td>Für die optische Präsenz der <u>Nouvo Rich Eisenwaren</u> werden folgende Kriterien festgelegt:</td></tr>
<tr><td></td><td>

Bildschirmgröße: 640 x 480 soll für alle Inhalte funktionieren. Begrenzung nach unten. Details:

Frame: Es werden KEINE Frames verwendet.

Bildschirmaufbau: wird noch gemeinsam fixiert.

Navigationsbalken am Kopf (Höhe x Pixel)

Menürandspalte links (Breite x Pixel)

Optionale 2. Spalte (Breite x Pixel)

Nettofläche für Inhalt (Breite x Pixel): 640 Gesamtbreite minus 2x 15 Pixel Rand; minus 2 x 10 Pixel Randspaltenmenüs

Schrift: verdana

- Menüschrift = verdana

- Textschrift = verdana

Farben: Inhalte auf blauem Hintergrund (siehe Layoutvorgaben), Titel – schwarz, Menü: Randspalte: blauer Hintergrund, Text weiß, Menü: weiß

</td></tr>
</table>

<table>
<tr><td colspan="2" align="center">Statistik und Dokumentation</td></tr>
<tr><td></td><td>

Statistik: Einmal im Monat wird per E-Mail eine ausführliche Statistik zugestellt:

- Pageviews und Visits auf den einzelnen Seiten

- Top-Entry und Top-Exit Page

- Uhrzeiten der Nutzung

- Geographische Einteilung

- Provider-Aufteilung etc.

Projektmanagement: Die <u>Nouvo Rich Eisenwaren</u> erhält von der <u>Seibl GmbH</u> zur **Dokumentation**:

Datenmodell, Protokolle, Meilensteine, Benutzerhandbuch

</td></tr>
</table>

Standards für Datenanlieferung

<u>Nouvo Rich Eisenwaren</u> liefert alle fertig bearbeiteten **Fotos** und **Bilder** auf digitalem Datenträger sowie sämtliche Texte, Adressen etc.

-   Formate: TIF, TGA, BMP, JPG, GIF, PhotoCD EPS

-   Maximale Bildgröße: 1024x1024 Pixel (bei größeren Bildern muss Seibl GmbH für das Skalieren nach Aufwand verrechnen)

-   Farbtiefe: entweder 24 Bit oder bereits mit WEB-Palette. Im Endeffekt kommen im Internet maximal 216 Farben (WEB-Palette im Photoshop) zur Anwendung.

Falls Bilder nicht digital angeliefert werden, wird von der <u>Seibl GmbH</u> das Scannen extra verrechnet.

Textformate:

-   Windows: Microsoft Word, Write, Wordpad, Notepad, RTF-Dateien

-   MAC: Microsoft Word, RTF-Dateien, Simple Text, Quark Xpress

Der Text ist fertig und Korrektur gelesen auf Datenträger anzuliefern.

Scan-Vorlagen:

-   Foto oder andere Aufsichtsvorlagen bis A4

-   Kleinbilddia 35 mm, entwickelt (Euro 5,-- einmalig; Euro 2,--/Stk.), Grossbilddia oder andere Durchsichtvorlagen bis A4 (Euro 10,-- /Stk.)

Die Kosten enthalten den Scanvorgang, die Skalierung und Aufbereitung für den Einsatz im Internet.

Datenträger: Die Datenträger sollten ausschließlich in einem der folgenden Formate geliefert werden:

-   PC mit DOS oder Windows: ZIP-Laufwerk 100 MB, Syquest 44 oder 88 MB, CDROM, PhotoCD

-   Diskette, 4 mm-DAT-Band 60,90 m (gesichert mit Windows-NT-integrierter Software)

-   Apple Macintosh: ZIP-Laufwerk 100 MB, Syquest 44,88 MB, CDROM, PhotoCD

Videos: Die Videos können jederzeit leicht eingebaut werden. Voraussetzung ist die Anlieferung auf BETA-SP und die Angabe der zu digitalisierenden Videostrecke (am besten der Timecode.)

Technik-Informationen – Client:

Software: Webbrowser MS-Internet-Explorer 4.0 (Javascriptfähig und Java-Applets), Win95, Windows NT 4.0, Win 98 (Workstation oder Server)

Hardware: IBM-PC und Compatible

Technik-Informationen – Server

Software: Windows NT Version 4.0 und größer, Windows NT Option-Pack, MS IIS 4.0 und/oder größer. Eine detaillierte Beschreibung des Information-Server finden Sie im Web unter http://www.microsoft.com/iis., ASP (Active Server Pages), Microsoft Transaction Server, SQL-Server 6.5 und größer oder MS-Access, Indexserver, FTP-SW, Webtrends

Technik-Informationen	
Client	Software: Webbrowser MS-Internet-Explorer 4.0 (Javascriptfähig und Java-Applets), Win95, Windows NT 4.0, Win 98 (Workstation oder Server) Hardware: IBM-PC und Compatible
Server	Software: Windows NT Version 4.0 und größer, Windows NT Option-Pack, MS IIS 4.0 und/oder größer. (Eine detaillierte Beschreibung des Information-Server finden Sie im Web unter http://www.microsoft.com/iis.) ASP (Active Server Pages) Microsoft Transaction Server SQL-Server Vers 6.5 und größer oder MS-Access Indexserver FTP-SW Webtrends

Soft- und Hardwarevoraussetzungen	
Nachstehende Komponenten sind für die Realisierung des Dienstes erforderlich:	
NT-Server Hardware	Minimalkonfiguration: Pentium II 400 NT-Server (256 MB Arbeitsspeicher, 2 x 4 Gigabyte Harddisk) Empfohlene Konfiguration: Dual-Pentium II 400 NT-Server (256 MB Arbeitsspeicher, 2 x 8 Gigabyte Harddisk)
NT-Server Lizenz (engl. Version)	Der Preis beträgt ca. Euro xxx
SQL-Server Datenbank 7.0 (engl. Version)	Ca. Euro xxx
SQL-Server Internet-Connection f. SQL 7.0 (engl. Version)	Ca. Euro xxx pro CPU
IIS 4.0	Kostenlos (Download bei Microsoft)
Serv-U FTP Server	xxx Euro, wird auf Wunsch von Webdesign <u>Seibl</u> besorgt und weiter verrechnet.
Webtrends (Statistik)	xxx Euro, wird auf Wunsch von Webdesign <u>Seibl</u> besorgt und weiter verrechnet.
PC Anywhere für Remote-Wartung (engl. Version)	Ca. Euro xxx
Real-Audio u. Real-Video	Software – bis zu 60 Streams (Download bei www.real.com)

17.8   Das „Projectpaper"

Unten aufgeführtes Dokument zeigt anhand eines konkreten Beispiels, wie ein „Projectpaper" als Entscheidungsantrag ausschaut. Das „Projectpaper" wird vom Auftraggeber soweit ausgefüllt, wie er die Anforderungen definieren kann. Das „Projectpaper" wird durch den Auftragnehmer durch verschiedene Dokumentationsmittel – wie z.B. Datenmodell, Hinweis zu anderen Dokumenten etc. – laufend ergänzt. Somit ist gewährleistet, dass immer dasselbe Dokumentationspapier verwendet wird und nicht überall Dokumentationsmittel verstreut erstellt werden.

Projektbeschreibung:	User-Tests („Testen Sie Ihr Wissen")
Version:	1.0
Zuständig:	Y. Ann

Zusammenfassung

„Testen Sie Ihr Wissen" ist eine kleine Anwendung, welche für alle Online-Dienste der <u>Nouvo Rich Eisenwaren</u> in Deutschland und der Schweiz gratis angeboten wird. Es beinhaltet einen öffentlich zugänglichen Teil für die User sowie eine Verwaltungsoberfläche. Mit dieser Anwendung ist es Editoren möglich, einen kleinen Test mit zufällig ausgewählten Fragen und Antworten zu gestalten. Während sich die User durch das Spiel weiterklicken, wird die Anzahl korrekter und falscher Antworten gezählt. Bei Spielsabschluss wird das Ergebnis grafisch dargestellt. Das Design der dem User zugänglichen Sites ist in HTML (keine Shockwave).

Version: Erstentwicklung

Es handelt sich hier um eine erste Release, ohne Vorgänger, ohne bereits existierende Anwendung.

Kunden

<u>Nouvo Rich Eisenwaren</u>

Zugang

Benutzerkennwort: Ftpnri, Passwort: nri1234

<table>
<tr><td align="center">Funktionalitäten/Beschreibung der Termine</td></tr>
<tr><td>

Allgemeine Anforderungen: anwendbar auf alle Dienste, mit unterschiedlichen Layouts, (Farben) und Meta-tags (Statistik). Tests sind in deutscher Sprache in der Datenbank zu speichern, bzw. sollten mit einer Fremdsprache nicht vermischt werden. Ein in Hamburg ansässiger Editor sollte in der Lage sein, ein in Wien gestaltetes Dokument zu verwenden. Beim Starten der Anwendung öffnet sich ein externer Browser. Das Design ist wie den "Screenshots" zu entnehmen: keine "Scrollbars" (Rollbalken), links oben am Bildschirm soll es angezeigt werden. Wenn das Fenster inhaltlich abgeändert wird, bleiben die Navigationselemente exakt auf der gleichen Stelle, das Fenster soll in seinen Maßen nicht verändert werden.

Öffentlich zugänglicher Teil der Anwendung: sämtliche erhältliche Tests erscheinen aufgelistet auf ein "Allgemeine Informationsseite". Diese Seite wird dann generiert und automatisch aktualisiert - jedes Mal wenn ein neuer Test produziert wurde (siehe "Screenshot" 1). Die letzten drei Tests einer Kategorie werden aufgelistet, mit einem Link zu "mehr Tests". Dieser Link führt zu einer zweiten Seite, wo Users sämtlicher dieser Kategorie zugehörenden Tests sehen können (Siehe "Screenshot" 2). Fraglich ist hier die Handhabung des Website, wenn es zu viele Tests für eine einzelne Seite gibt. Users wählen einen der Tests aus; das oben genannte externe Browserfenster eröffnet sich (siehe "Screenshot" 3). Das erste Fenster beinhaltet die Navigationsleiste, den Titel vom Test, die Frage, die möglichen Antworte und den "IVW-Tag". Die Navigationsleiste hat zwei Pfeile (Links und Rechts), welche zum vorherigen Test (Links) oder nächsten (Rechts) führen. Zwischen beiden Pfeilen erscheint den Text "Testen Sie Ihr Wissen"; dieser Text ist ein weiter Link zur "Allgemeine Informationsseite". Beim Drucken auf eine Antwort wird der Inhalt des Fenster geändert (siehe "Screenshot" 4). Stimmt die Antwort werden die Anwender benachrichtigt, ein lächelnder „Smiley" und einige erklärende Worte zur Antwort erscheinen sowie ein Link zur weiteren Frage. Ist sie falsch beantwortet, erscheint die dementsprechende Information in Form eines "traurigen Smileys", Kurzerklärung zur Antwort und die Botschaft "Versuchen Sie es nochmals!". Wenn der User sämtliche Fragen beantwort hat, erscheint ein Ergebnisblatt (ist noch stets ersichtlich im kleinen Fenster des externen Browsers) mit den persönlichen Ergebnisse, sowie ein Vergleich zu der Benotung von allen Users (Darstellung: Satz + Leiste). Am unteren Rande des Fensters erscheint der Link "machen Sie den erst noch mal" und ein Link "All Tests" (siehe "Screenshot" 5)

</td></tr>
</table>

<table>
<tr><td align="center">Database-Modell</td></tr>
<tr><td>dbmodel.rtf, crebas.sql, ktest.pdm (PowerDesigner 7.5)</td></tr>
</table>

Interfaces
Editoren haben eine Verwaltungsoberfläche mit Firewall und mit folgenden Möglichkeiten: -   Generierung des Titels von einem Test -   Zufallsgenerator von einer Anzahl beliebigen Fragen -   Generierung der Erklärung bei jeder Antwort -   Checkbox ob die Antwort korrekt oder falsch ist (das "Smiley" adaptiert sich automatisch mit der Wahl). -   Editierung des Titels der Fragen und der Antworte. Löschen eines ganzen Tests. Löschen einer Frage mit damit verknüpften Antwort. Löschen einer Antwort

Dezimierung der Effekte
Dateien sollten zentral generiert und in allen Servers veröffentlicht werden.

Periodische Aktionen
-

Installationsvorgang
install.doc

Konto der Verwaltungsteils
Username: admin, password: <no password>

Migrationsprozess
-

Modifikationen

Link zu andern Dokumente
ktest.doc

<table>
<tr><td align="center">Screenshots</td></tr>
<tr><td>screenshot1-4.jgp</td></tr>
</table>

17.8.1   Die Projektplanung

Angenommen, <u>Nouvo Rich Eisenwaren GmbH</u> beabsichtigt, ihr Verrechnungswesen internetgerechter, d.h. kundenfreundlicher zu gestalten.

Ziel ist es, bei der B2B-Bestellung des Kunden, sämtliche inhaltlichen Details der Rechnung am Bildschirm erscheinen zu lassen. Dazu beschließt sie, anhand eines Fragenbogens die exakten Vorstellungen einer Kundenauswahl heraus zu kristallisieren, daraus ein genaues Pflichtenheft zu erstellen. Interessant in diesem Realfall ist, daß solche offensichtlich einfache Anforderungen sehr schnell die Arbeitskapazität von 5 Personen und annähernd drei Vollzeitstellen einen Semester lang blockieren.

Die Planung und ihre Stufen:

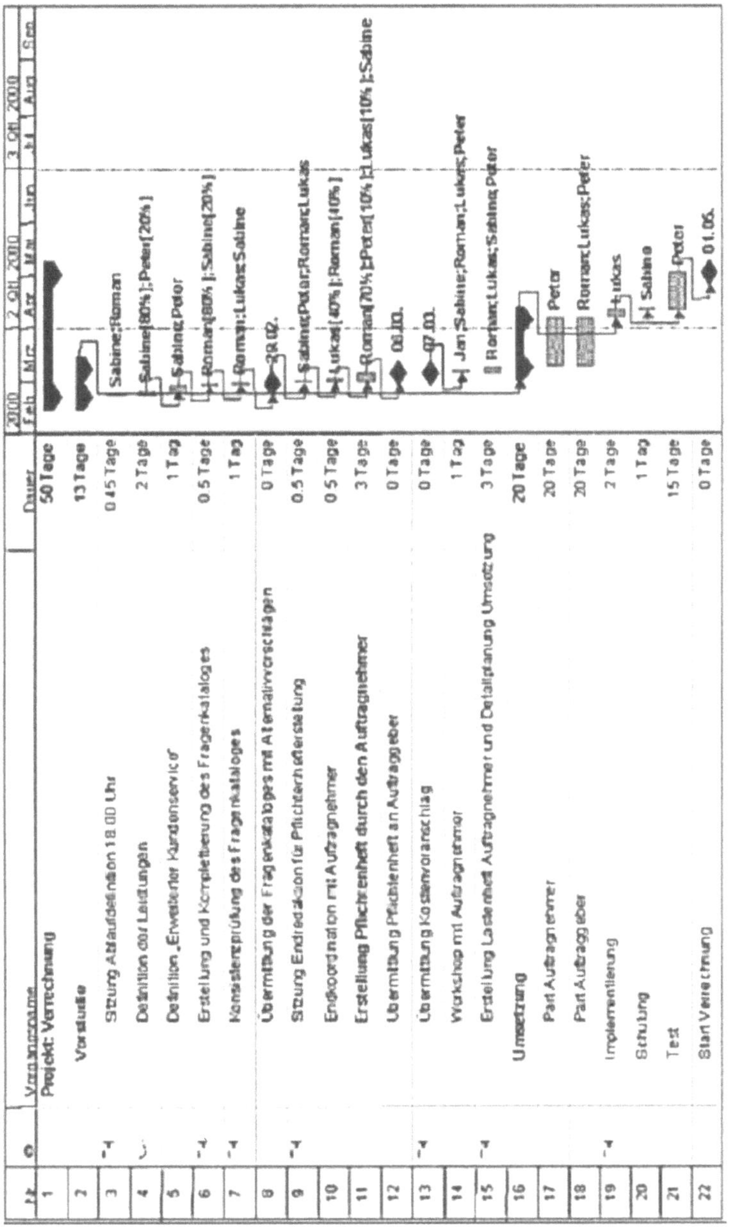

Abb. 34. Die Planungsstufen.

Einige Erfahrungsdaten:

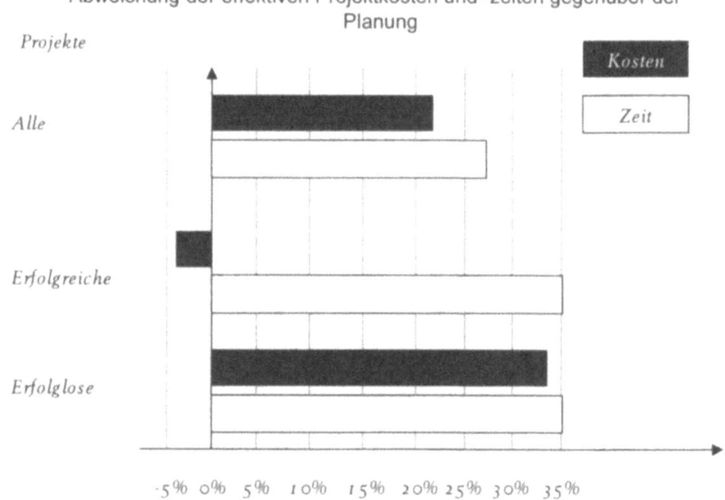

Abb. 35. Einige Erfahrungsdaten.

all becomes all / all matters / all what is / is all there is / all is ritual [193]

B2B: Die Zukunft des Geschäftsmodells

Aktuellen Medienberichten zufolge befinden sich heute vermehrt hoch dotierte bzw. hoch kapitalisierte dot.com-Firmen in einem außergewöhnlich schwierigen finanziellen Engpass. In den USA wird davon ausgegangen, dass bis 2003 90 % aller heute existierenden dot.com Firmen ihren „Break-even-Point" nicht erreichen werden, wenn sie vorher nicht schon Konkurs angemeldet haben[194]. Diese missliche Wirtschaftslage führt zu einer steigenden Frustration beim breiten Publikum. Der Interneteinstieg als „Start-up" erzeugt Angst bei der Betrachtung von „Cash Burn"-Raten von 1 bis 2 Mio. monatlich. Der Ausweg für B2C-Firmen, welche sich nur auf die Konsumenten konzentrierten, ist der rechtzeitige „Switch" zum B2B[195]. Zur Erklärung des Konzeptes „Cash Burn Rate": Beim IPO erzielte die Miracle.com einen Totalbetrag von ca. 31 Mio. . Im ersten Halbjahr 2000 betrug der Betriebsverlust – Gewinn vor Zinsen, Steuern, Abschreibungen und Amortisation, oder EBITDA - ca. 10 Mio. oder knapp 75.000 täglich.[196]

Die bisherige Verschleierung der Wirklichkeit und die versteckte Definition bzw. Position des Internetgeschäfts mit den theoretischen Grundlagen der bestehenden Marktmechanismen resultiert in immer kritischeren und abwertenden Äußerungen über die New Economy.

Diese kritische Einstellung ist durchaus positiv zu bewerten, da Internet den ungewöhnlichen Beweis dafür bringt, dass im Geschäftsleben der Faktor Zeit manchmal aus den Fugen gerät.

---

[193] Vgl. Yann. ALL IS RITUAL.

[194] Vgl. Rosenbloom.

[195] Vgl. Claassen.

[196] Vgl. Ragaz.

Bemerkung: Die blinde Verfolgung des Börsen-Hypes der letzten 2-3 Jahren ist erst jetzt bewusst geworden. Die Investitionsbereitschaft wird durch negative Schlagzeilen (Hiobsbotschaften bei Miracle.com, Complete-e.com, Massenentlassungen bei Etoys.com[197,198,199]) derart gedämpft, dass nun sehr wahrscheinlich das Gegenteil eintritt; die kollektive Unterschätzung der dot.com-Entwicklung. Daneben kann mit einem „Pyrrhussieg" (Scheinerfolg) gerechnet werden. Neid und Habgiergefühle kommen vor allem bei denjenigen auf, welche beim „Going public" aufgrund geringer Kapitalabsicherung ihrer dot.com-Firma nicht profitieren konnten. Dem ganzen Theater zum Trotz sind Internet-Pioniere sicher keine Heiligen bzw. bewussten Sünder. Wer sollte schon diejenigen mit Erfolg vom potentiellen „Winner" trennen? Nutzvolles Know-how wird gespeichert, wenn Probleme und Misserfolge gelöst wurden und aus Angst vor Nachahmung geizig versteckt und dezimiert wird.

18.1   Internet: Mutter aller Seifenblasen?

Die New Economy ist nach einigen Meinungen eine tiefgreifende Revolution. Andere wiederum sind überzeugt, dass es nichts anderes ist, als die Mutter aller Seifenblasen.[200]

Nicht zu leugnen ist aber, dass das bereits 15 Jahre andauernde und inflationsarme Wachstum der US-Wirtschaft mit der IT zusammenhängt. Dieses Wachstum ist jedoch auch die Folge von politischen und gesellschaftlichen Kursänderungen in den 80iger Jahren. Die Art und Weise, wie Waren und Dienstleistungen produziert, verkauft und ausgeliefert werden, hat eine drastische Wandlung durchgemacht. Die stark wachsende, preisgünstige und überall erhältliche IT hat zu erheblichen Steigerungen der Geschäftsproduktivität geführt. Dies wiederum hat eine stetige Erhöhung der Lohnkosten, welche die Preissteigerungen bewirken sollte, weitgehend durch die sinkenden IT-Kosten. Neutralisiert. Die US-Wirtschaft verdankte ihr starkes Wachstum der großen Nachfrage.

---

[197] Vgl. Unbekannt (2).

[198] Vgl. Unbekannt (3).

[199] Vgl. HT.

[200] Vgl. Despiegelaere.

Dies ist nicht nur die Folge oben erwähnter wachsender Produktionsressourcen und der IT, sondern auch der sinkenden finanziellen Selbstbeherrschung der Konsumenten.

18.1.1   Die Erfolgsfaktoren von Internet

Seit Oktober 2000 setzt sich eine Internetdepression („Technoblues") ein, weil Firmen der New Economy ihre Gewinnprognosen verfehlten.[201] Wenn sich Anlagevermögen innerhalb von Netzen, Rechnern und Kommunikationssystemen bewegt, können traditionelle Finanzanalytiker wenig bei deren Bewertung helfen. [202] Wie bewertet der Buchhalter schon die Lage, wenn die Firma lediglich den Zugang zum Netz besitzt, nicht aber das Netz selbst? Das Geschäftsrisiko wird vernachlässigt, Investoren sehen das Wachstumspotential und schon längstens nicht mehr nur die ausgeschüttete Dividende.

„HighTech-Firmen" wie <u>AOL</u>, <u>Amazon</u> etc. verfolgen vermehrt eine Politik der Null-Dividende: P/E-Verhältnisse (i.e. Price-to-Earnings-Ratio, oder Kurs-Gewinn-Verhältnis) von 40 bis 200 sind heute keine Seltenheit mehr. Schwere Jahresverluste werden von Finanzträgern noch als vorläufiges Übel akzeptiert, und die Aktien haben gigantische Börsencodierungen.

18.1.2   Internet: Förderung oder Zerstörung des Geschäfts?

Internet bietet heutzutage als Förder- als auch in manchen Fällen als Zerstörungsinstrument fast unerschöpfliche Möglichkeiten. Einige Fachspezialisten betrachten Internet als das klassische Beispiel einer zerstörenden Technologie: Internet unterstützt die Fragmentierung der wirtschaftlichen Aktivitäten - beispielsweise im Detailhandel - und ändert somit die Grundstruktur des Wettbewerbs[203]. Der traditionelle Wettbewerb hatte immer etwas Theatralisches.

---

[201] Vgl. Löpfe.

[202] Vgl. Rayport. Sviokla.

[203] Vgl. The Editors.

„Schauspieler" hatten auf der „Bühne" klar definierte Rollen. Die Kunden zahlten für den Eintritt, saßen still und schauten passiv zu. Analog zum Geschäftsleben verstanden und lebten Herstellungsfirmen, Zwischenhändler und Zulieferanten ihre exakt definierten Rollen. Nun aber werden die Rollen durch das Internet anders verteilt: Jeder, sowohl Zuschauer, Schauspieler und Regisseur, ist interaktiv involviert. [204]

Wichtige Geschäftsdiskontinuitäten wie Deregulierungen, Globalisierung, technologische Konvergenz sowie die rasante Evolution des Internet lassen traditionelle Rollenbilder kontrahierender Firmen verschwinden.

Die Konsumenten sind als Kompetenzquellen der Zukunft zu verstehen, da sie Wissen, Erfahrungen, Lern- und Experimentierfreude vorweisen und aktiv kommunizieren können. So gesehen sind die Konsumenten Mitschöpfer des Wertewandels. Auch die Kompetenz der Zulieferanten sollte vermehrt ausgenutzt werden. Beispielsweise wurden mehr als 650.000 Kunden in der Beta-Testphase vom <u>Microsoft</u> Windows 2000 mit einbezogen. Gemessen an der geschätzten Zeit, Anstrengung und dem Beraterhonorar, welches ohne diese kollektive Übung die MS-Kunden wohl individuell hätten zahlen müssen, entsprechen diese Erfahrungen und Ideen einer kollektiven Investition von 500 Millionen Dollar für F&E.[205]

B2B basiert auf einheitlichen Geschäftsprozessen. Prozessabläufe sind mit einheitlichen Daten- und Ablaufmodellen effizient und effektiv zu gestalten. Das **Prozessdesign** verfolgt zwei Ziele:

- die reine Automatisierung der Prozesse

- Effizienzsteigerungen aufgrund der Automatisierung mit den Effektivitätsgewinnen aus der Prozessumgestaltung zu verknüpfen[206].

---

[204] Vgl. Prahalad. Ramaswamy.

[205] Vgl. Prahalad. Ramaswamy.

[206] Vgl. Kaplan., Sawhney.

Diese immer stärker werdende Einbindung der Kunden in die Prozessgestaltung ist ungewohnt und wirkt oft noch hemmend. Beispielsweise bewirken internetbasierte Selbstdiagnosetools, wie bei E-Health (Online-Dienst im medizinischen Bereich), Wissenssprünge der Kunden. Dies dürfte vorläufig noch die etablierten Ärzte verärgern.[207]

Doch auch die skeptisch abwartende Ärzteschaft ist gut beraten, diesem Trend zu folgen.

18.1.3 Internet hat keinen Selbstständigkeitswert.

Kunden interessieren sich nicht für das Netz selbst, sondern für die konkrete Leistung und Information, die dahinter steht, die durch ihre Eigeninitiative ausgelöst wird. Internet ist kaum mehr als ein Teilsystem für Kommunikation und Vertrieb. Nur die Handhabung der Information, deren Aufnahme bzw. Wiedergabe und Austausch unterscheiden sich von den klassischen Medienmitteln.

Beim Erscheinungsbild einer Produkt- oder Dienstleistungsmarke auf der Website als „E-Brand", ist der „genetische Code der Marke" auch im Internet gültig. Das Corporate Identity und die Bausteine der Marke werden auch online respektiert. Doch vieles ist softwaretechnisch noch ungelöst: Wie lassen sich beispielsweise in E-Mails, Briefköpfe, Firmen- oder Markenlogos übermitteln ohne den Umweg des Attachements?[208]

Das Web ist ein Instrument und keine Strategie. Dessen Haupteigenschaften erweitern Kommunikationsmöglichkeiten mit den Kunden (Partnern), bieten somit genauere Informationen über deren Präferenzen (Feed-back) und reduzieren die Transaktionskosten. Der Kunde wird vermehrt in die Entscheidungs- und Handlungsprozesse mit einbezogen. Beispielsweise werden Dell-Computer bei Anfrage ausgeliefert, mit Inventarnummern bereits beschriftet und mit der notwendigen Software ausgestattet.[209]

---

207 Vgl. von Blarer.

208 Vgl. Pogoda.

209 Vgl. Reichheld. Schefter.

18.1.4   Unschärfen bei der Definition des Geschäftsmodells

Möglicher Grund der aktuellen Misere ist die oft beobachtete Definitionsunschärfe des ursprünglichen Geschäftmodells einer B2B-Firma. Die theoretischen und ökonomischen Annahmen, die zum erfolgreichen Aufbau eines klassisch-konventionellen Geschäftsmodells beitrugen, existieren kaum für das B2B-Modell. Anstatt dessen werden Hypothesen als Basis aufgesetzt. Die historische Vergleichsbasis ist aber zu eng, die Beurteilung des gewählten Geschäftsmodells, ob richtig oder falsch, stützt sich auf eine anekdotische Beweisführung und es fehlen rigoros aufgebaute empirischen Modelle.

B2B-Geschäftsmodelle bauen fast ausschließlich auf den so genannten Paradigmenwechsel. Die bewährte Wirtschaftlehre und Erfahrung wird erst jetzt - für viele dem Ende nahe - eingesetzt. Warum, stellt sich die Frage? Ist es die Arroganz, Ignoranz oder die bewusste bzw. unbewusste Irreführung mit dem ganzen „New-Economy-Hype" im Hintergrund? Folgende Beispiele gelten als Argumente zur vermeintlichen Irreführung:

18.1.5   Die Vermittlerrolle

Der Ansatz, nach dem der Erfolg von B2B auf der Eliminierung der Zwischenstufen im Geschäftsprozess basiert, die Disintermediation[210], hat nie stattgefunden - d.h. der Weiterverkauf, die Distribution und die Handelvertretung sollten sich im internetbasierten Geschäft erübrigen. Die gesamte Absatzstrategie, Materialbewirtschaftung und Verteilung wurde deshalb neu definiert. Vermittlerkommissionen und Verkaufsprovisionen sollten gespart werden, die daraus resultierenden Nettomargen sollten nie vorher gekannte Höhen erreichen.

Doch gerade <u>Amazon</u>, <u>eBay</u>, <u>Priceline</u> und viele andere sind par excellence Firmen der New Economy, welche sich als sehr spezialisierte Vermittler zwischen Anbietern und Konsumenten profilieren.

---

[210] Vgl. Strauss.

Vermittlungsagenten gegen spezialisierte Firmen, d.h. solche mit einer „Unique Selling Proposition" durch technologische oder serviceorientierte Kern-fähigkeiten, bilden progressiv eine harte Konkurrenz. Als eine beliebte, aber zu diskutierende Internetstrategie gilt beispielsweise die Assoziation mit anderen Handelsmarken. Ein Unternehmen kann ein Produkt des Wettbewerbs als Schlüsselwort, als „hidden text", in der Homepage hinterlegen. Bei der Suche über Suchmaschinen wird dieses Unternehmen automatisch gelistet. Dies führt bereits zu kontroversen Diskussionen über angebliche Gesetzeslücken. Dadurch, dass Vermittlungsagenten auf Umsatzkommission arbeiten, entwickeln sich im Web - entgegen dem Wunsch von angesessenen Firmen - neue Verhandlungskonditionen, welche ursprünglich gar nicht offeriert oder gewollt wurden. Unbekannte Firmen konnten sich gestern noch, ohne Gegensteuerungsmöglichkeit der angesessenen Firmen, rasch den Eintritt im Internet als Direktvertreiber e. g. als Nischenanbieter ohne finanzielles Risiko, vornehmen. Dieser Trend kann nur bedingt und schwer geändert, aber wenigstens mitbeeinflusst werden.

Kundenbetreuung erlaubt es, den Einfluss solcher unvermeidbarer Phänomene zu minimieren. Um ihr Wissen dem ursprünglichen Anbieter gegen Entgelt zur Verfügung zu stellen, sind solche Agenten zu kontrollieren. Es wird ihnen eine gewisse Vorrangposition im Absatzkanal geschaffen, die Kunden des ursprünglichen Anbieters in ihr Beziehungsnetz ablenkt.

Als Zwischenstufe von Online-Verkaufs-transaktionen wird vermehrt eine technische Lösung („Sales Force Automation" mit Laptop) für den Vertrieb angedacht. Ziel ist es dabei, sämtliche kunden- und produktrelevanten Daten gebündelt und ad hoc bereitstellen zu können. Allerdings lassen sich mit diesem Instrument kaum kundennahe Verkaufsgespräche organisieren. Informationen fließen öfters im Batchverfahren und sind demzufolge nicht immer aktuell. Der Kunde ist dem Laptop gegenüber oft misstrauisch und hat - wie immer - kaum Zeit für das Gespräch, und gerade wenn die Batterie leer ist, findet der Handelsvertreter kein Verlängerungskabel bzw. findet keinen Telefonanschluss.

18.1.6   Der abnehmende durchschnittliche Gesamtaufwand

Jedem ist die Kurve der sinkenden Grenzkosten bekannt. Im klassisch-konventionellen Modell sinkt der durchschnittliche Gesamtaufwand je Einheit bei steigender Produktivität bis zu einem Minimum. Steigt der Umsatz aber weiter, so steigt die Grenzkostenkurve in der Regel wieder. Bei der Betrachtung des Gesamtaufwands gewinnen weniger die variablen als vor allem die Fixkosten überproportional an Gewicht. Aufgrund des Wachstums werden schnell zusätzliche Lastwagen, eine neue Lagerhalle, neue Datenbanken notwendig.

Es wurde angenommen, dass die Immaterialität des *„pure-play"*-B2B-Geschäft stets sinkende Grenzkosten als Folge haben wird, und zwar ad infinitum, gegen null gehend. Dieses Ziel wurde nie erreicht. Wirklich immaterielle Vertragsgegenstände sind im B2B-Geschäft nur jene digitalisierbaren Waren wie Musik, Software, Verträge usw., welche ideal durch dieses Medium zu vertreiben sind.

Doch das B2B-Geschäft ist nur eingeschränkt immateriell. Die Realität zeigt, dass B2B-Geschäftsmodelle vermehrt mit hohen Prozesskosten und tiefen Transaktionswerten konfrontiert werden. Ein Beispiel zur Erläuterung: Ein Buch mit dem Anschaffungswert von 5 oder ein Plastikbecher mit 0,25 kommt im Versandhandel, bei einem durchschnittlichen Stundensatz von 30 , schnell auf 10 für Rüstung, Verpackung und Spedition. Ist der Kunde unzufrieden und retourniert er die Ware, so sind mit Prozesskosten von erfahrungsgemäss 25 bei jedem solchen Vorfall zu rechnen. Beispielsweise betragen die Prozesskosten eines Kostenvoranschlages für die Reparatur eines Handwerkergerätes erfahrungsgemäß 40 % und mehr vom Reparaturumsatz. Das „Frontend" und „Backend" des Geschäfts wird vollkommen verzerrt. Der Warenfluss wird somit, sowohl finanziell als auch operativ, zur „Achillesferse" des B2B-Geschäfts. Nicht E-Commerce, sondern F-Commerce (F für Fulfilment), regiert die Zukunft. Und sie trifft zu auf das B2B-„Click and Smokestack"-Geschäftsmodell.

Die Philosophie der New Economy zum Thema Reduzierung der Fixkosten hat etwas Chaotisches an sich. Fixkosten sind eben fix.

Somit kann eine Überschusskapazität des Hauptproduktionsmittels für 0,-- Fixaufwand zur Verfügung stehen. Anders ausgedrückt, berücksichtigt die Aufwandskalkulation nur den variablen Aufwand. Und somit kann „Preisdumping" betrieben werden.

Ein Rechenbeispiel

Eine Hotelnacht kostet dem Kunden 180 , die variablen Kosten für das Zimmer betragen 40 . Die Fixkosten für Buchung, Abschreibung, Schuldtilgung, Heizung, Instandhaltung und Pflege betragen 100 . Das Hotel erwirtschaftet einen Gewinn von 40 ohne Steuerabzug. Ist die Auslastung des Hotels nur 60 %, so lassen sich die 40 % nicht verkaufter Übernachtungen mit einem anderen Preismodell verkaufen. Hier wird nur vom variablen Aufwand (40 pro Zimmer) ausgegangen. Wird nun die Übernachtung für 90 offeriert, beispielsweise als Wochenendetarif, so erwirtschaftet theoretisch das Hotel einen Gewinn von 50 . Der Fixaufwand der Überschusskapazität ist 0,-- . Stimmt dies? Schwierig zu sagen.

Doch betrachtet man im B2B-Geschäft das Internetgeschehen als ein Kommunikationsinstrument im Sinne einer „Single Source of Communication" und dies nicht bloß für PR-Zwecke, so hat diese Theorie des variablen Aufwand durchaus ihre Legitimation.

18.1.7   Die unbewussten Opportunitätskosten

Bequemlichkeit beim Einkaufserlebnis und dessen Effizienz alleine reichen nicht aus für eine erfolgreiche Web-Präsenz. Kaufverhalten (B2C) und das nicht-relationale Einkaufsverhalten (B2B) sind die wirklichen Motoren des Internetgeschäfts. Dem Durchschnittskunden eines Großwarenhauses ist beim Kauf von Nahrungsmitteln sein Opportunitätsaufwand nie bewusst: Für die soeben gekaufte Flasche Milch und Schachtel Eier meint der Kunde 6 bezahlt zu haben. Womöglich hat der Kunde bewusst seinen bevorzugten Laden ausgewählt. Der Kunde ist mit dem Auto mehrere Kilometer gefahren, zahlt Parkgebühr, er hat zwanzig Minuten gebraucht für Auswahl und Zahlung, hat zuhause den Kühlschrank auf die richtige Temperatur für die Aufbewahrung seiner Nahrungsmittel dauerhaft eingestellt.

Zusammengefasst betrachtet der Kunde die komplexe Logistik, welche er im Hintergrund sorgfältig selbst betreut, als kostenneutral.

Sollte nun dieser Einkauf von Milch und Eiern mit einem Fulfilmentprozess eines Dienstleistungsbetriebs durchgeführt werden, so könnte der Kunde zwar anteilsmäßig die realen Kosten anrechnen, dann ist es zweifelhaft, ob er für den Gesamtaufwand gerade stehen möchte.

18.1.8   Die Extravaganz des „Börsenhype"

Eine Veranschaulichung der Extravaganz[211]:

Firmentyp	Firma	Umsatz Mrd. $	Gewinn Mrd. $	Angestellte	Börsenkapital Mrd. $
digital	AOL	2,60	0,092	10.000	130
konventionell	General Motors	161,00	2,800	600.000	57
digital	Amazon	0,61	-0,12	1.600	30
Konventionell	Sears	41,00	1,10	296.000	16
digital	Yahoo	0,203	0,025	673	37
konventionell	Boeing	56,000	11,000	230.000	37

Durchschnittlicher Return on Equity:

digital	*(0,092-0,12+0,025)/(130+30+37)=0 %*
konventionell	*(2,8+1,1+11)/(57+16+37)=13,5 %*
Investitionswert pro Arbeitsplatz	[(130+30+37)/(10.000+1.600+673)]=16 Mio.$ [(57+16+37)/(600.000+296.000+230.000)]= 98.000 $.

---

[211] Vgl. Rosenbloom.

Das klassische Europäische Geschäftsmodell, nach dem das Kapital einer Firma die Kreation von zukunftSorientierten Arbeitsplätzen bewirken sollte, klingt heutzutage vielleicht hohl und altmodisch. Dessen fundamentale Richtigkeit bleibt aber weiterhin gültig. So liegt der durchschnittliche Investitionswert pro Arbeitsplatz bei o.g. digital-orientierten Firmen mit 16 Mio. $ jenseits von Gut und Böse, im Vergleich zum Wert von 98.000 $ bei o.g. klassisch-konventionellen Firmen, die bereits seit Generationen zum sozialwirtschaftlichen Gedeihen ganzer Regionen beitragen. Somit ist es nicht die Profitorientierung oder die Kreation von Arbeitsstellen, sondern lediglich die Börsenkapitalisierung, welche im Internetzeitalter die Gemüter erhitzt.

Auch im Bereich der Umsatzmeldung lässt sich Ungeheueres erahnen. Meldet <u>Priceline.com</u> für 1999 482 Mio.$ Umsatz, so beinhaltet dieser Umsatz 424 Mio. $ an Fremdleistungen („Cost of Goods Sold"). Anders gesagt, die auf den Verkauf von Flugtikkets und Hotelnächten spezialisierte Firma scheint Drittkosten auch als Ertrag (weil weiterfakturiert an den Kunden) zu buchen[212]. Falls <u>Priceline.com</u> das Kreditrisiko für Flüge oder Hotelnächte branchenüblich nicht selbst trägt, so sollten nur die Kommissionen gebucht werden. Für Vermittlerkommissionen, also den wirklichen Umsatz aus einer wertvermehrenden Aktivität, beträgt die Differenz lediglich 58 Mio.$. Indikativ für solche rechnerischen Modelle ist der Zusammensturz der Aktie von ursprünglich $145, erzielt beim IPO (10 Mio. Aktien @ $16,-- am 3/99 und zusätzlich 4,5 Mio. Aktien @ $67,-- am 08/99), zum aktuellen Höchststand am 03/00 von $104 ¼ und Tiefststand am 12/00 von $1 1/16.[213]

18.2 Brand equity, Netquity, Channel equity

Interessanterweise lässt sich feststellen, dass sich im Internetgeschäft weniger die Brands, also die Produkt- oder Dienstleistungsnamen, als vielmehr die Firmennamen (URL) durchgesetzt haben.

---

[212] Vgl. Rosenbloom.

[213] Vgl. Internet. www.Priceline.com.

Amazon, ebay, Yahoo usw. reden denn auch von „netquity" - dem Netz-Kapital - und nicht vom Kapital ihrer Dienstleistung. Kritisch betrachtet, erstaunt es einen klassisch-konventionellen Geschäftsmann, dass dieses enorme Potential nicht für das ausgenutzt wird, für was es ist: Als „Merchandising vehicle" zur Absatzsicherung oder im Fachjargon als „Portal". Bei Betrachtung der klassisch-konventionellen Firmen wie Caterpillar Inc. oder Ferrari, welche mit ihrer Merchandisingpolitik tausende von firmenfremden Kunden nachhaltig und für sich selbst profitabel mit firmenfremden Produkten begeistern („Passion based Marketing"[214]). Dieses „Top-of-mind"-Phänomen ist nicht nur Milliarden wert, sondern für klassisch-konventionelle Firmen ist es sogar von größter Bedeutung.

Einige Zahlen zur Veranschaulichung der Werbeausgaben: Chevrolet: 664 Mio. $, McDonald's: 580 Mio.$.

Die Annahme, nach der die Tauglichkeit des B2B-Geschehen letztendlich im Sinne einer Verlängerung des Absatzkanals gesehen wird, ist somit gefestigt. Ein neues Wort findet langsam seinen Weg im Fachjargon: „Channel Equity" der Kapitalwert des Absatzkanals. Ironisch beim Aufbau vom „Brand Equity" und übergreifend von „Netquity" ist die Feststellung, dass ungeheure Summen an Cash für Werbung ausgegeben wurden. Von den von der IPO gesponserten Geldmitteln flossen in der Regel 110 % in die Werbung und zwar in die klassischen Medien. Selten wird für dot.com-Firmen der Bildschirm als Werbeträger eingesetzt.

18.3 Die perfekte Marktsegmentierung

Konventionelle Marketingtheorien wie „one-to-one", Nischen-, Mikro- Beziehungsmarketing usw. betonen, dass es erst dann eine perfekte Marktkonzentration gibt, wenn jedes Marktsegment mit lediglich einem einzelnen Artikel bedient werden kann. Eine perfekte Marktsegmentierung dagegen beinhaltet das Konzept, dass jedes Marktsegment mit einem einzelnen individuell gewählten Produkt bedient wird.

---

[214] Vgl. Sealey.

Im Zeitalter von Internet und der damit verbundenen Extravaganz bedeutet diese theoretisch perfekte Marktsegmentierung, dass für ein Zielpublikum von 100 Millionen potentiellen Kunden eben 100 Millionen Produkte angeboten werden können. Im Hinblick auf die vier P's des Marketing (Product, Place, Pricing, Promotion), lassen sich nachhaltig Wettbewerbsvorteile viel zu schwer aufbauen. Doch eine auf den Absatzkanal (place) orientierte Internetstrategie macht Sinn.[215]

In diesem Zusammenhang lassen sich die Investitionen von Daimler Chrysler's DCX[216] und Siemens[217] auch erklären. Der Aufbau von Internet bei „Click and Smokestack"-Firmen ist eine prozessorientierte Marketing- („Unique Organisation Value Proposition") und nicht eine Umsatzangelegenheit. Beim durchschnittlichen Akquisitionsaufwand pro Neukunde von erfahrungsgemäß durchschnittlich 200 Euro kann bezüglich der Investitionsüberlegung im Internet nicht eine „Break-even"-Strategie, sondern nur eine Kommunikationsstrategie zentral stehen.

18.4 Optimaler Kundenservice

Ausschlaggebend bei dem Aufbau des Geschäftsmodells ist der Leistungsumfang des Kundenservice. Umsatzschwere Kunden brauchen viel Service, sie sollten eine personalisierte Bedienung genießen. Kleinkunden sollten möglichst automatisch mit Websites bedient werden. Ein ganz offensichtliches Paradox bei diesem Modell besteht darin, dass serviceintensive Kleinkunden vernachlässigt werden.

Im klassisch-konventionellen Geschäft konnte jeder Kunde mit wenigstens einem telefonischen Support rechnen. Doch gerade bei „Click and Mortar"-Geschäftsmodellen (B2C), wo die Basiskundschaft aus einer großen Anzahl an Kleinkunden mit einem Jahreseinkaufsvolumen von weniger als 1.000 DM besteht, hat ein ausschließlich weborientiertes Serviceangebot verheerende Auswirkungen.

---

[215] Vgl. Sealey.

[216] Vgl. Unbekannt (1).

[217] Vgl. Desurtins.

Diese unausweichliche Konvergenz wiederum stärkt die These, nach der die „Click and Mortar" (B2C), und nun sogar „Click and Smokestack"-Geschäfte eine gute Zukunftsperspektive aufweisen; im Gegensatz zu den „Pure-play"-dot.com-Firmen.

Bibliografie

Applehans:

1999. Keine weiteren Angaben bekannt.

Bearchell:

Charles A. Bearchell. The Internet – Opportunity, but also a Problem. Marketing Journal. 6/99.

Beisheim.

Beisheim O. Distribution im Aufbruch. Verlag Vahlen. München. 1999.

Benson. Shapiro. Rangan. Sviokla:

Benson. P. Shapiro. V. Kasturi Rangan. John. J. Sviokla. Staple Yourself to an Order. Harvard Business Review. 1992.

Berres:

Anita Berres. Marketing und Vertrieb mit dem Internet. Springer-Verlag Berlin Heidelberg New York. 1997.

Bizrate:

BizRate.com; Survey Reveals Better Return Policies Could Mean Bigger Business for Online Retailers. www.BizRate.com. Los Angeles. 201299.

Block. Hirt:

B. Block, G. A. Hirt. Foundations of Financial Management (8th ed.). Homewood, IL: Richard D. Irwin. 1996. S. 180-186.

Britzelmaier:

B. Britzelmaier. Informationsverarbeitungs-Controlling; ein datenorientierter Ansatz. Wirtschaftsinformatik. B.G. Teubner. 1999.

Brown. Duguid:

John S. Brown, Paul Duguid. Balancing Act: How to Capture Knowledge Without Killing It. Harvard Business Review. May-June 2000.

BvB:

BVB KNACK Graphics. Geld is duur. Knack Magazine. NV RMG. Roeselaere. 280799.

Claassen:

Dieter Claassen. Neu E-Commerce-Pleite. Tages-Anzeiger. TA-Media AG. Zürich. DEZ00.

Clemm:

Helmut L. Clemm. Siemens Schweiz AG. Business Unit Telefone. „Deutscher Logistik-Preis 1993. Heibling Holding AG. 250400.

Cross:

Kim Cross. Intershop around the corner. kcross@business2.com.160500. (über Würth).

Customer Retention Association:

http://www.customerloyalty.org/ourClientsCRA.html. 150101.

Das Projekt-Team:

Das Projekt-Team. CRM 2000: Aufklärung tut Not. Absatzwirtschaftliche Gesellschaft e.V. Düsseldorf. 7/2000.

Davenport. Prusak.

1998. Keine weiteren Angaben bekannt.

de Ceulaer. Piryns:

Joël de Ceulaer. Piet Piryns. De therapeut van de consument. Knack Magazine. NV RMG. Roeselaere. 080999

De Decker:

Kris De Decker. Het IQ van Internet. Knack Magazine. NV RMG. Roeselaere..01112000.

Despiegelaere:

Guido Despiegelaere.De Alchemie van één plus één. Knack Magazine. NV RMG. Roeselaere. 190400.

Desurtins:

Daniela Desurtins. Eine virtuelle Baustelle. Tages-Anzeiger. TA-Media AG. Zürich. 111000.

DN:

DN. Sterben die Angestellten aus?. Tages-Anzeiger. TA-Media AG. Zürich. 260500.

Drucker:

Peter Drucker. Der Lieferant ist König.Aus dem Englischen von Michael Gnehm. Das Magazin. Tages-Anzeiger. TA-Media AG. Zürich. 52(99).

Dubois:

Marc Dubois. Maximum met minimum. Knack Magazine. NV RMG. Roeselaere. 180899.

Evans. Wurster:

Philip Evans, Thomas S. Wurster. Getting Real About Virtual Commerce. Harvard Business Review. November-December 1999.

Fisystem.fr:

www. fisystem.fr. Werbebotschaft von FI System Belgien: „Reist Du alleine durch das Web, dann kommst Du einsamer zurück als Du verreist bist". Knack Magazine. NV RMG. Roeselaere. 2000.

Günther:

Johann Günther. Wenn E-Commerce Wirklichkeit wird. Marketing Journal. 2/2000.

Hammer. Stanton:

M. Hammer, St. Stanton. How Enterprises really Work. Harvard Business Review. November-December 1999.

Hansen. Nohria. Tierney:

Morten T. Hansen, Nitin Nohria, Thomas Tierney. What's Your Strategy for Managing Knowledge?. Harvard Business Review. March-April 1999.

Hanser:

P. Hanser. Topthema B2B-Marktplätze. Absatzwirtschaftliche Gesellschaft e.V. Düsseldorf. 8/2000.

Hoffman. Novak:

D. L. Hoffman. Th. P. Novak. How to acquire customers on the web. Harvard Business Review. May-June 2000.

Horgren. Sundem. Elliot:

C.T. Horgren, G.L. Sundem, J.A.Elliot. Introduction to Financial Accounting. Prentice Hall. NJ. 1999.

Hosp:

Peter Hosp. Unveröffentlichter Text. Fachhochschule Liechtenstein. 1997.

HT:

HT. Sell und Amazon sind die Musterbeipsiele für Electronic Commerce. Frankfurter Allgemeine. 280799.

Internet:

- http://www.creditreform.de. Kreditmanagement. 23022000.
- http://www.ctp.com.2000.
- http://www.dbeuro.com. Who Owns Whom CD-ROM. 23022000.
- http://www. electronic-commerce.org.
- http://www.forrester.com. 2000.
- http://www. forresterresearch.com. 2000.
- http://www.gus-group.com. 22012000.
- http://www.informationweek.de/channels/channel04/000520 b.htm
- http://www.ksk-bc.de. Factoring – der Schritt vorias für Ihr Unternehmen. 23022000.
- http://www.Priceline.com. 2000. Bloomberg.net. c/o DRESDNER BANK.08012001. Mit Dank an Frau S. Ragaz.
- http://www.Priceline.com.Bloomberg.net. c/o DRESDNER BANK.181099. Mit Dank an Frau S. Ragaz.
- http://www.searchenginewatch.com. 2000. Knack Magazine. NV RMG. Roeselaere. 1100.
- http://www.vanderlande.com/solutions.html. Interview. 2000.

Kaplan. Sawhney:

Steven Kaplan. Mohanbir Sawhney. E-Hubs: The New B2B Marketplaces. Harvard Business Review. May-June 2000.

Kastenmüller:

Stefan Kastenmüller. Über "eBrands". Marketing Journal. 2/2000

Kauffels:

Franz-Joachim Kauffels. B2B: Methodisch und erfolgreich in das E Commerce-Zeitalter. Bonn MITP-Verlag. 1998.

Kert.

Stefan Kert. Customer Relationship Management. Unveröffentlicher Text. Fachhochschule Liechtenstein. 1999.

Laudon. Landon:

K. C. Laudon, J. P. Laudon. Management Information Systems. Fourth Edition. Prentice-Hall, Inc. New Jersey. 1996.

Löpfe:

Philipp Löpfe. Technoblues. Tages-Anzeiger. TA-Media AG. Zürich.11/10/2000.

Lutz:

Dr. Lutz. J. Heinrich: Systemplanung I. R.Oldenbourg Verlag München Wien, 7.Auflage. 1996.

Machiavelli

Luigi und Elena Spagnol. Machiavelli für Manager. Insel Verlag Frankfurt am Main – Leibzig. 1995.

Maruca:

Regina F. Maruca. Retailing: Confronting the challenges that face bricks-and-mortar stores. Harvard Business Review. Boston. MA. Reprint July-August 1999.

Metzger:

Dani Metzger. Goldsuche im Datenbergwerk. Tages-Anzeiger. TA-Media AG. Zürich. 1999.

Quelle: IDC, Gartner 2000. Keine weiteren Angaben bekannt.

Page-Jones:

Meilir Page-Jones. Praktisches DV-Projektmanagement. Carl Hanser Verlag München Wien, 1991

Paulus:

Jochen Paulus. Dauertelefonieren macht krank. Tages-Anzeiger. TA-Media AG. Zürich. 020500.

Penschke:

W. Penschke. Analyse von Rating- und Scoringverfahren am Beispiel der Hypovereinsbank AG. www.reelitz.de. 23022000.

Pogoda:

Andreas Pogoda. Auch im Internet Marke bleiben. Marketing Journal. 2/2000.

Porter:

M. E. Porter. Competitive Strategy. The Free Press. New York. 1980.

Prahalad. Ramaswamy:

C.K. Prahalad. V. Ramaswamy. Co-opting Customer Competence. Harvard Business Review. Boston. MA. Reprint January-February 2000.

Rayport. Sviokla:

Jeffrey F. Rayport and John J. Sviokla. Managing in the Marketspace. Harvard Business Review. Boston. MA. Reprint November-December 1994.

Reichheld. Schefter:

Frederick F. Reichheld, Phil Schefter. E-Loyalty. Your Secret Weapon on the Web. Harvard Business Review. July-August 2000

Reichheld. Saaser Jr:

Frederick F. Reichheld, W. Earl Saaser Jr. Customer loyalty. Harvard Business Review. Sept.-Oct. 1990.

Rosenbloom:

Prof. Dr. Bert Rosenbloom. Top Ten Most Controversial Issues in the World of E-Commerce. Dexel University. Vortrag an der Universität St Gallen im Dezember 2000.

Salzbrei:

Henrik Salzbrei. Die Welt in Zahlen: Aus dem Englischen von Henrik Salzbrei. Das Magazin. TA-Media AG. Zürich. 52(99).

Sealey:

P. Sealey. How E-Commerce will trump brand management. Harvard Business Review. July-August 1999.

Simon. Schumann. Butscher:

Hermann. Simon, Hans. Schumann, Stephan. A. Butscher. Das Zeitalter des Echtzeit-Pricing. Absatzwirtschaft. 4/99.

Schmid:

A. Schmid. Interview mit P. Grüschow. io management. Zürich. N 12 2000

SM:

S.M. Von den USA lernen. Tages-Anzeiger. TA-Media AG. Zürich. 270500.

SoftPoint. 2000

Keine weiteren Angaben bekannt.

Steimer:

Fritz L. Steimer: E-Commerce – das unbekannte Wesen. Absatzwirtschaft. 5/99.

Strauss:

Rolf E. Strauss. Electronic Commerce ändert die Strukturen. Absatzwirtschaft 5/99

Sveiby. 1997.

Keine weiteren Angaben bekannt.

TechConsult. 2000.

Tescher:

P. Michael Tescher. Wenn es um Ihre Kunden geht. Marketing Journal. 1/2000.

The Editors:

The Editors. The Future of Commerce. Harvard Business Review January-February 2000.

Unbekannt:

- Unbekannt (1). Daimler-Chrysler gründet DCX Net. Tages-Anzeiger. TA-Media AG. Zürich. 111000.1

- Unbekannt (2). Etoys entlässt. Tages-Anzeiger. TA-Media AG. Zürich. 060101

- Unbekannt (3). Mehr Internetpleiten. Tages-Anzeiger. TA-Media AG. Zürich. 040101.

von Blarer:

Ruth von Blarer. Allzeit Rat vom „Telefonarzt". Tages-Anzeiger. TA-Media AG. Zürich. 040900.

Vandormael:

Bart Vandormael. Het Internet is niet virtueel. Knack Magazine. NV RMG. Roeselaere. 020500

van Marcke:

Paul van Marcke: Was Bananenkurven, perfekte Bestellung und B2B verbindet, in: Bernd Britzelmaier/Stephan Geberl (Hrsg.). Information als Erfolgsfaktor. B.G. Teubner, 2000, S.269-278.

Paul van Marcke. Single Point Of Contact. BWL-Skriptum zur Marketing-Vertiefung. Fachhochschule Liechtenstein. 1998.

von Dahlen:

R. von Dahlen. Wie der Vertrieb die Sichtweise des Kundeneinkaufs nutzt. absatzwirtschaft. Absatzwirtschaftliche Gesellschaft e.V. Düsseldorf. 1/2001.

von Krogh. Ichijo. Nonaka:

Georg von Krogh. Kazuo Ichijo. Ikujiro Nonaka. Enabling Knowledge Creation. Oxford University Press. 2000.

Wemhoff:

Wemhoff, C. Das Management eliminationsverdächtiger Produkte. Peter Lang. Frankfurt am Main. 1999.

YANN:

Yann. Poesiebündel 1999-2000. Nouvo Rich Infotainment™. Vaduz, Fürstentum Liechtenstein. 2000.

- MORROW.
- CHILD.
- PIRATES.
- ALL RAINY GLOOM - MORNING PARK.
- ZURICH FLIGHT 101.
- CHILD OF DOUBT.
- GEORGE SAYS
- LITTLE SILHOUET
- MENLOVE AVENUE'6'8.
- THE FINALMIS UNDERSTAND-ING.
- POST WARRIAL THINKING.

- DEFY THE MOON.
- LAY DOWN FOR A WHILE.
- C.C. ZONE.
- MOULD.
- WHAT I AM YOU ARE.
- INSPIRATION.
- REALITY
- I'LL SORRY YOU.
- IN ADORATION OF YOU.
- LET'S PLAY HOUSE.
- THE CHILD WITH THE DROP IN HIS EYE.
- ALL IS RITUAL.

Zehnder.

Matthias Zehnder. Überforderte Internet-Suchmaschinen. Tages-Anzeiger. TA-Media AG. Zürich. 52(99).

Paul van Marcke, geboren 1957, Dipl. Ing., Techn. Ing., MBA, ist nach leitenden Tätigkeiten in den Bereichen Marketing und Technologie nach mehreren Jahren nun weltweit Verantwortlicher für die Schulung der Business Excellence-Modelle des multinational operierenden Konzerns Hilti Aktiengesellschaft.

Caroline Prenn, geboren 1972, Mag. Rer.oec. soec., ist nach Erfahrungen im Projektmanagement in den Bereichen Telekommunkation und Multimedia nun Consultant in der Arvato Group des international tätigen Konzerns Bertelsmann AG.

In teuerer Erinnerung an die Kindheit Jesu' Missionaris-Schwestern am Ufer des Kongos bei Mt. Ngaliema. An ihren Glauben, Mut und Selbstlosigkeit; Grundpfeiler der Menschenwürde und Lebensfreude ihrer Anvertrauten, die Aussätzigen.

PvM

Schlagwortverzeichnis

Z

Der Projektkompass eLogistik spiegelt unseren Erfolg von kundenorientierter Logistik auf Basis optimaler Lösungskonzepte wider. Hierbei konzentriert sich unsere Kernkompetenz auf die Konzeption und Implementierung effizienter B2B-Lösungen.

Bertelsmann mediaSystems beschränkt sich dabei jedoch nicht nur auf die geschäftsorientierte Entwicklung von IT-Systemen, sondern wir stehen für den gesamten Lebenszyklus eines Projektes: angefangen von der Vision, über die Planung, Konzeptionierung und Entwicklung bis hin zum Hosting in einem unserer Rechenzentren rund um die Uhr, sieben Tage in der Woche.

Bertelsmann mediaSystems (BmS) ist ein Unternehmen des Unternehmensbereiches Bertelsmann arvato AG der Bertelsmann AG (Gütersloh). Als langjähriger internationaler Anbieter von qualifizierten und maßgeschneiderten IT-Services hat sich BmS auf die Geschäftsfelder CRM, SCM und E-Solutions spezialisiert. Dabei realisiert Bertelsmann mediaSystems die weltumspannenden IT-Aktivitäten von Bertelsmann und vielen anderen namhaften Kunden.

Bertelsmann mediaSystems
An der Autobahn 18
33311 Gütersloh
Tel.: +49 (0) 5241 / 80 80 888
info@mediasystems.bertelsmann.de
www.mediasystems.bertelsmann.de

Weitere Titel aus dem Programm

Hans Jochen Koop/K. Konrad Jäckel/Anja L van Offern
Erfolgsfaktor Content Management
Vom Web Content bis zum Knowledge Management
2001. XVI, 289 S. mit 17 Abb. u. 21 Tab. Geb. € 49,00
ISBN 3-528-05769-6

Oliver Lawrenz/Knut Hildebrand/Michael Nenninger/Thomas Hillek
Supply Chain Management
Strategien, Konzepte und Erfahrungen auf dem Weg zu digitalen
Wertschöpfungsnetzwerken
2., überarb. u. erw. Aufl. 2001. XIV, 374 S. Geb. € 49,00
ISBN 3-528-15742-9

Matthias Meyer/Stefan Weingärtner/Fabian Döring
Kundenmanagement in der Network Economy
Business Intelligence mit CRM und e-CRM
2001. ca. 250 S. Geb. ca. € 49,00   ISBN 3-528-05766-1

Jürgen Lohr/Andreas Deppe
Der CMS-Guide
Content Management-Systeme: Erfolgsfaktoren, Geschäftsmodelle,
Produktübersicht
2001. XVI, 201 S. mit 14 Abb. Geb. € 99,00   ISBN 3-528-05768-8

Abraham-Lincoln-Straße 46
65189 Wiesbaden
Fax 0611.7878-400   Stand 1.10.2001. Änderungen vorbehalten.
www.vieweg.de   Erhältlich im Buchhandel oder im Verlag.

If you have any concerns about our products,
you can contact us on
ProductSafety@springernature.com

In case Publisher is established outside the EU,
the EU authorized representative is:
Springer Nature Customer Service Center GmbH
Europaplatz 3, 69115 Heidelberg, Germany

Printed by Libri Plureos GmbH
in Hamburg, Germany